Photoshop
淘宝天猫网店
美工与广告设计

张子杰 著

实战从入门到精通

U0259597

机械工业出版社
China Machine Press

图书在版编目（CIP）数据

Photoshop 淘宝天猫网店美工与广告设计实战从入门到精通／张子杰著. —北京：机械工业出版社，2016.5（2021.8 重印）

ISBN 978-7-111-53597-3

Ⅰ．①P… Ⅱ．①张… Ⅲ．①图像处理软件 Ⅳ．① TP391.41

中国版本图书馆 CIP 数据核字（2016）第 085265 号

随着电商竞争的加剧，网店的装修，也就是网店的美工与广告设计成为提高客流量与转化率的重要着力点。如何通过图片与文字的恰当搭配与编排，让自家店铺的商品在众多竞争对手中脱颖而出，吸引顾客点击浏览并下单购买，是每家网店进行店铺装修时都必须考虑的问题。

本书以淘宝天猫为平台，结合大量精美实例讲解了网店美工与广告设计的重点知识与技能。全书分为 2 个部分，第 1 部分讲解网店装修基础知识、Photoshop 快速上手、网店图像的快速调整、商品照片的修复与修饰、商品影调的调控、商品照片的调色、文字与图形的应用、商品的抠取与合成等理论精华和图像处理基本技法，第 2 部分以实例的形式讲解主图与直通车图片、店招、导航条、欢迎模块与促销广告、分类导航、商品细节描述、优惠券与收藏区、客服区等网店装修核心区域的设计，并通过 3 个店铺装修典型案例对前面所学进行综合应用。

本书内容全面，结构清晰，图文并茂，案例的实用性和可操作性强，不但适合初次开店想自己装修店铺的读者学习，也可作为电子商务相关专业或培训班的教材。

Photoshop 淘宝天猫网店美工与广告设计实战从入门到精通

出版发行：机械工业出版社（北京市西城区百万庄大街 22 号 邮政编码：100037）

责任编辑：杨 倩

印　　刷：北京富博印刷有限公司　　　　版　　次：2021 年 8 月第 1 版第 10 次印刷

开　　本：184mm×260mm　1/16　　　　印　　张：17

书　　号：ISBN 978-7-111-53597-3　　　　定　　价：69.00 元

客服电话：（010）88361066　88379833　68326294　　投稿热线：（010）88379604

华章网站：www.hzbook.com　　　　　　　　读者信箱：hzit@hzbook.com

前 言
PREFACE

随着互联网的迅速发展和各类电商平台的不断规范、完善，网购用户越来越多。众所周知，淘宝和天猫是各类电商平台中的翘楚，然而这两大平台的迅猛发展导致的商品同质化、价格透明化，意味着卖家要想提高客流量和转化率，已经不能再像过去那样大打价格战，除了要在营销、推广等方面下工夫外，网店的装修，也就是网店的美工与广告设计成为另一个重要的着力点。

本书即以帮助淘宝天猫卖家做好网店装修为出发点，以 Photoshop 为软件工具，结合大量精美实例，全面而系统地讲解了网店美工与广告设计的重点知识与技能。

 内容结构

全书分为 2 个部分。

第 1 部分为网店装修的理论精华和图像处理基本技法，包括网店装修基础知识、Photoshop 快速上手、网店图像的快速调整、商品照片的修复与修饰、商品影调的调控、商品照片的调色、文字与图形的应用、商品的抠取与合成等内容。

第 2 部分则以实例的形式讲解网店装修中各类核心区域的设计，包括主图与直通车图片、店招、导航条、欢迎模块与促销广告、分类导航、商品细节描述、优惠券与收藏区、客服区等，并在最后通过 3 个店铺装修典型案例对前面所学进行综合应用。

 编写特色

○ **内容全面：** 全书从网店装修的基础知识和基本技能入手，针对修图、抠图、调色与合成等重要技法进行讲解，并通过典型实例进行活学活用。从没接触过网上开店或网店装修的读者无需借助其他书籍就能轻松入门。

○ **案例精美**：书中选取大量精美的商品照片进行处理，通过详细的操作步骤、简洁美观的版面设计，让读者能够轻松阅读，提升学习兴趣。随书附赠的学习资源还包含所有案例的源文件，读者可以在实际工作中直接套用。

○ **设计理念**：对网店装修中的几大核心区域设计进行讲解时，还对案例的设计思路、配色方案、版式布局、技术要点等进行分析和介绍，引导读者深入思考案例背后的设计理念，从而能够举一反三，快速掌握网店装修的精髓。

○ **技巧提示**：技巧是知识的精华，本书中穿插了大量技巧提示，能有效地帮助读者理解知识难点、提高工作效率。

 学习资源

在微信的"发现"页面中单击"扫一扫"功能，打开"二维码／条码"界面，扫描本书封面上的二维码，即可关注我们的微信公众号。关注公众号后，回复本书书号的后 6 位数字"535973"，公众号就会自动发送本书附赠学习资源的下载地址及相应密码。在计算机浏览器的地址栏中输入并打开获取的下载地址（输入时注意区分字母大小写），然后在文本框中输入下载地址附带的密码，并单击"提取文件"按钮即可将云端资料下载到计算机中。

 读者对象

本书适合初次开店想自己装修店铺的读者阅读，而已能独立进行网店装修或正在从事网店装修工作的读者也可以通过本书学习更多布局、配色方面的知识。

由于作者水平有限，在编写本书的过程中难免有不足之处，恳请广大读者指正批评，除了扫描二维码添加订阅号获取资讯以外，也可加入 QQ 群 736148470 与我们交流。

作者

2016 年 3 月

本书作者张子杰，任职四川筑梦电子商务有限公司设计总监，硕士研究生学历，高级数字艺术设计师。主要研究方向为数字艺术、互动媒体、用户体验和电子商务等，已参与设计项目五十余项，发表和出版过多部论文、著作。本书受四川筑梦电子商务有限公司、内江筑梦教育咨询有限公司联合科研资助基金项目（项目编号：ZM201517）资助出版。

目 录
CONTENTS

第10章　导航条设计

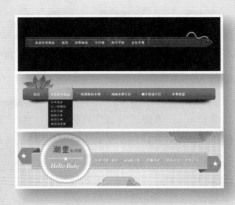

第11章　欢迎模块与促销广告设计

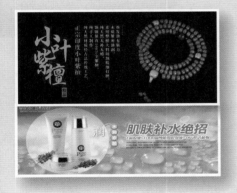

第12章　分类导航设计

第13章　商品细节描述设计

第14章　优惠券与收藏区设计

第15章　客服区设计

第16章　网店装修的综合应用

写在阅读之前
网店装修基础知识

　　简单来说，网店装修是指对店铺页面进行美化和装饰，这是提高网店转化率的有效途径。在进行网店装修之前，首先需要知道为什么要进行网店装修、网店装修的组成要素有哪些、如何定位网店的装修风格等知识，这样才能更轻松高效地完成网店装修设计工作。下面就来一一讲解上述网店装修的重要基础知识，为后面学习具体的装修设计操作打好基础。

本章内容

01 ▶ 网店装修的必要性

02 ▶ 网店装修设计的组成要素

03 ▶ 网店装修中不同元素的尺寸设计

04 ▶ 网店装修中文字、图片、色彩与版面的搭配

05 ▶ 确定网店装修设计风格

06 ▶ 常见的网店装修设计误区

01 网店装修的必要性

　　与传统实体店的消费方式不同，网购主要通过图片与点击交互的操作方式来完成商品的交易，所以当消费者只能通过图片——也就是视觉角度去了解商品时，做好网店装修，让视觉营销去触发消费者的购买冲动，是提高网店商品点击率和销量的最关键的步骤。视觉营销可以说是营销的一种技术，即通过视觉设计对视觉元素进行合理编排，将视觉体验转换为购买力，达到促进消费的目的。

　　当消费者进入一个网店后，最终是否会购买这个店铺中的商品是受到很多因素影响的，如商品质量是否有保证、后期服务怎么样、商品是否实用等，而这些问题大多可以通过网店装修来解决。从视觉营销的角度来看，网店装修是让商品变得足够吸引人的关键，只有把图片处理得美美的，才能更好地抓住消费者的视线，激发消费者的点击欲望，达到良好的视觉营销效果。

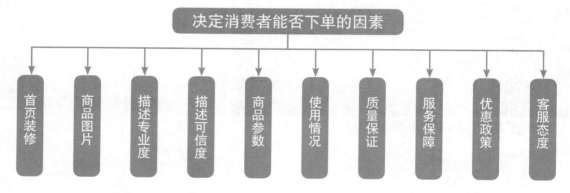

　　网店装修的目的是让店铺页面变得更加漂亮、更有设计感，以便吸引消费者。需要注意的是，好的视觉营销固然需要漂亮的图片，但是漂亮的图片却不完全等同于好的视觉营销。网店装修更注重的是将所售产品的相关信息准确地传递出来。例如，有一款新品准备上架，要想得到更多的关注，那么新品上架的广告制作、商品图片的修饰、商品详情页的制作都是网店装修的过程，只有运用图片和文字等元素把商品的整体形态、材质细节、价格优势等信息表现出来，才能在无形之中为店铺增加关注度。

　　以右图为例，拍摄出来的照片中商品没有经过后期润色与修饰，显得毫无生气，这样的图片是很难激起顾客的兴趣的；而经过后期调整与修饰之后，图像中的商品变得更加精致、美观，将这样的图像应用于网店中，再对它的细节进行分解介绍，并搭配文字、图形等元素进行装修和美化，可以大大提高商品的表现力，从而吸引更多的顾客。

02 网店装修设计的组成要素

　　网店装修与实体店铺装修存在很大区别，想要在有限的页面把商品的各个方面都传递给顾客显然是不可能的。所以在网店装修过程中，只有合理地安排页面中的元素，才能在限定的空间内，尽可能地将店铺的活动和商品信息最大限度地告知顾客。

　　网店装修的页面不一定要做得特别精美、高端，只要能吸引顾客的注意，给顾客留下良好的印象，就能在一定程度上提高店铺的点击率和商品的销量。网店装修一般包括背景、图像、文字、留白等几个重要组成要素，下面将用具体的图像来展示这些要素的设计与应用。

图像

图像是网店页面中展示商品的主要区域，它主要指一些商品照片、模特展示照片和装饰画面的图形、符号等。由于它们本身就包含一些信息，因此，将这些图像进行一定的组织和编排，就能营造出特定的氛围，直观地表现商品信息。

文字

文字是为辅助图像而存在的，主要是对商品信息进行补充说明，它的设计风格由商品的风格所决定。在一个页面中，文字不但可以用于传递商品信息，还可以起到美化版面的作用，使设计出的画面更加美观。

背景

背景是网店页面的重要组成部分，需要根据店铺的活动、商品特点以及要表现的主题风格来选择。一幅好的背景图不但可以让画面显得更加统一，更能为版面营造独特的氛围，以加深顾客对店铺的印象。装修时可以使用纯色、图案、图像等充当背景。

留白

将背景、图像、文字安排好以后，余下的空白部分即为留白区域。由于网店页面中已经包含了大量的图片、文字信息，必要的留白可以让页面具有一定的节奏感和韵律感。

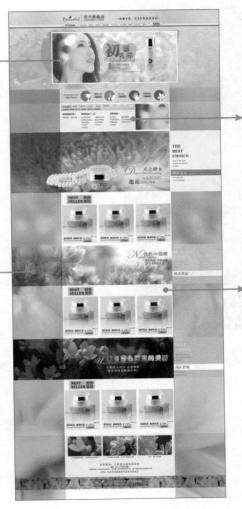

　　良好的布局可以让整个页面更有观赏性，并且能让画面中的信息更容易被顾客所了解和接受。

　　进行网店装修之前，无论是店铺主页的设计还是商品详情页的设计，在确定页面的整体布局后，为了让整个设计流程更加流畅，首先都会抓住版面中较大的一块，将其位置确定下来，然后对它进行细节的设计，最后确定画面中其他各部分组成要素的位置和信息，通过合理的安排将商品要表现的信息完整地传递出来。对网店进行装修时，需要根据装修风格对画面进行规划，切记不要东拼西凑，否则容易导致装修出来的页面中的元素显得杂乱，不利于商品的展示。

03 | 网店装修中不同元素的尺寸设计

　　网店装修最关键的两个页面就是首页和商品详情页，首页决定了顾客对店铺的第一印象，商品详情页决定顾客是否会对商品产生购买欲望。

　　知道网店装修的两个主要页面后，还需要了解这两个页面由哪些模块组成。网店首页中需要装修的区域包括店招、导航、客服、收藏区等内容，商品详情页中则包括橱窗照、商品的分类、商品细节描述等。

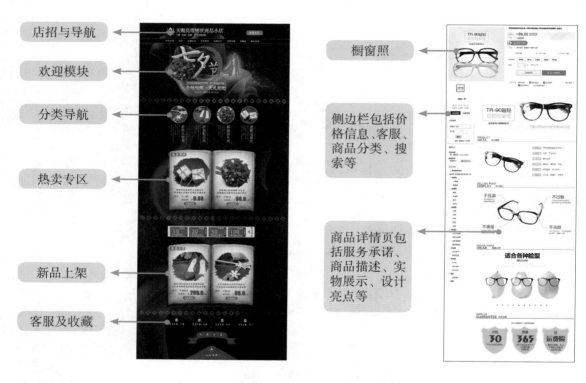

　　前面介绍了网店首页和详情页的组成模块，下面就来了解这些模块的尺寸要求。为了让顾客得到最佳的浏览体验，网店中对不同模块的图片尺寸有着不同的要求，如下表所示。

图片	尺寸	图片	尺寸
主图	500像素×500像素	旺旺自定义图片	宽度750像素以内，高度不限
店招	950像素×150像素	橱窗照	310像素×310像素
导航	950像素×50像素	商品细节描述	宽度750像素以内，高度不限
欢迎模块	宽度950像素以内，高度不限	公告栏	宽度480像素以内，高度不限
商品分类	宽度150像素以内，高度不限	左侧模块（收藏模块）	宽度190像素以内，高度不限
旺旺图标	16像素×16像素	右侧模块	宽度750像素以内，高度不限

技巧提示： 设置网店装修设计图的尺寸大小

　　虽然网店装修中各个区域对图片的尺寸大小有所限制，但是在具体的装修过程中，为了便于查看和处理图像，在处理图片时，可以按比例适当放大设计图的尺寸，在制作完成后再将图片存储为限定的大小和格式即可。

04 | 网店装修中文字、图片、色彩与版面的搭配

由于装修一个店铺会运用到大量的图片、文字等信息，所以进行网店装修设计前，首先需要掌握一些网店装修中的图像、文字、配色与版面搭配方案，这样才能更加流畅和快速地设计出更多的网店装修作品。

常用配色方案

进入一个网店，首先影响人们观感的就是页面中的色彩，由此可见色彩对于网店装修的重要性。正确运用色彩之间的差异对比才能产生相应的效果，在网店装修设计中，常用的色彩搭配方案有色相对比配色、明度对比配色、纯度对比配色等。

左图利用了色相对比的配色方案，将两种以上的色彩放在一起，由于色彩相互之间的差异而产生了醒目的效果。采用这样的配色方案不仅使画面显得更有生机，而且能够表现出丰富的层次感。

左图利用了纯度对比配色方案组织画面，低纯度的黑色、灰色等作为文字和背景色彩，将其与纯度不同的红色搭配，使得画面中要突出展示的商品更加醒目。

在网店装修中，元素的层次感与空间关系大多以色彩的明度对比来体现。右图就采用了明度差异对比的配色方案，利用不同明度的黄褐色处理画面中不同区域的色彩，相近颜色之间的颜色变化区域并不大，这样的画面能够给人和谐、自然的舒适感，用于客服区装修更能提升顾客的信任感。

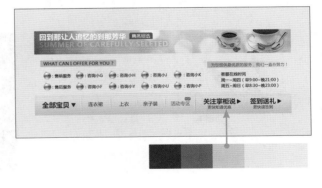

图形与文字的搭配方案

　　网店装修中，无论是首页还是商品详情页，都离不开文字与图片的搭配使用。如果一个页面中只有图片而没有文字，顾客就不知道这些图片要表现的主要内容是什么；而如果大量地使用文字，没有为文字配图，则容易让顾客在阅读的时候产生疲劳感，而且完全无法感受到商品的实物效果。在网店装修设计中，为了把握好商品图片与文字的搭配效果，可以在安排图片与文字时采用左文右图、左图右文、上文下图、上图下文等不同的搭配方式。

　　将文字与图像按上图下文方式搭配，可以有效地使观者的视觉重心落在图片上，使人感受到图片的魅力，而文字部分安静地置于图片下方，给人更为理想、合理的感觉。如下所示的两张图片都是分类导航图，将多张不同的商品照片利用统一的外形轮廓进行调控，让顾客一眼就知道商品的类别划分，位于商品下方的文字则对商品的分类做了进一步的补充说明，有规律的排列方式给人端正、规整的感受。

　　上文下图的搭配方式就是将文字置于图像的上方，这样的组合方式同样可以达到简明扼要的效果。如右图所示，这是一张商品促销广告图片，画面中将醒目的主题文字置于商品图像上方，使版面呈现出上轻下重的视觉效果，从而带给人稳重感。

　　左图右文是将要表现的商品图片或模特图像置于版面的左侧，而文字置于图片右侧，这样的搭配方式可更好地对商品进行分析和说明，如下左图所示；而左文右图是将文字置于画面左侧，图片置于画面右侧，这样的处理方式遵从了顾客从左至右的阅读习惯，顾客可以从阅读文字开始了解商品的特征或卖点等信息，如下右图所示。

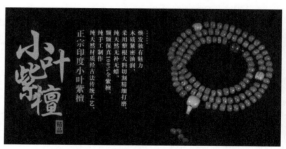

📖 网店装修版面布局

好的版面布局设计能够更快、更准确地传达信息，是提高店铺点击率和商品销量的一个重要因素。进行网店装修时，可以将商品页面的组成要素进行合理安排，组成各种不同的版面编排形式，以此来体现店铺的品位，从而达到吸引顾客的目的。

网店的版面布局往往具有一定的视觉导向性，它可以引导顾客完成对店铺商品的浏览，将顾客的视线集中到要展示的商品上。虽然网店中销售的商品丰富多样，但是仔细观察不难发现，目前网店装修的布局大多为单向型版面布局、S曲线型版面布局和对称型版面布局3种。

单向型版面布局是最为普遍的页面布局方式，一般分为水平排列和垂直排列两种。垂直排列的单向型版面布局可以让画面产生稳定感，使版面条理更为清晰；而水平排列的单向型版面布局具有更强的条理性，也更符合人们的阅读习惯。为了让画面更丰富，往往会将水平排列和垂直排列的布局方式结合起来使用。

如右图所示，在网店装修中，为了营造一种曲折迂回的视觉感受，有时还会用到 S 曲线型版面布局方式，这样的版面布局可以让画面产生一定的韵律感，让顾客更加灵活地查看店铺中的商品，设计感也更强。

上图是为某店铺设计的首页装修效果，从整体上来看，画面采用了垂直排列的布局方式，让顾客的视线随着画面的下移而发生改变，同时，在细节的处理上又采用了水平排列的布局方式，调节了垂直排列布局的单调感，让顾客被画面所吸引。

对称型版面布局在商品详情页中经常会被用到，这种版面布局可以保证版面各构成元素之间的平衡感，使版面具有统一、规整的视觉效果，利用均衡的版面传递信息。如下所示的两张图片都是商品详情页中的商品卖点展示图，其中左图以中间的商品整体效果为基准，将商品的细节元素以放射状展开，形成一个类似于环状的版面布局，富有很强的趣味性，给人以欢快的感受，与要表现的商品特点非常吻合；右图采用了左右对称的形式进行设计，让画面中商品的细节得到了更直观的展示。

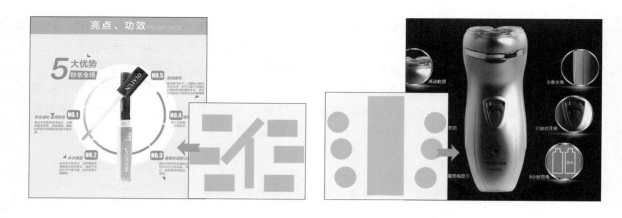

05 | 确定网店装修设计风格

　　网店的装修风格在一定程度上会影响店铺的经营。定位准确而又美观大方的装修风格不但可以带给顾客美好的视觉感受，更能提升店铺品位，吸引更多的潜在消费者，增加顾客浏览的时间，从而达到引导并促进顾客消费的目的。

　　虽然现在网上也有很多漂亮的装修模板，但是并不是对每个店铺都适用，如果选择的装修模板与店铺中销售的商品风格不搭，则会给人一种不伦不类的感觉。所以，在进行网店装修之前，需要根据商品的特征来定义装修的风格。右图所示的思维导图是确定网店装修风格的思路。由于网店的装修风格主要是针对店铺中所销售的商品特点进行定位的，而所谓的确定店铺风格，就是根据所销售的商品及对整个店铺的定位来将头脑中的思维具象化。所以在进行装修前需要收集相关的装修素材，这些素材包括拍摄的商品照片、用于装饰页面的图形等。通过对素材的分析，了解店铺中所有商品的特点，在脑海中形成一个初步的构思，确定理念中的视觉映射、物化映射等，并将这些映射根据准备好的素材有序地组织起来，就可得到有效而统一的视觉效果。

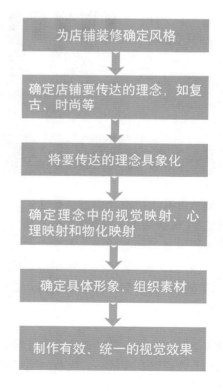

网店的装修风格主要体现在店铺的整体色彩、色调及图片的拍摄风格上，需要体现店铺的灵魂。一个好的装修风格的呈现并不仅仅依靠卖家或设计人员个人的品位，它需要一个系统的方法，如下图所示。为了让设计的店铺装修风格更具特色，可以多观察同类店铺的装修风格，并从中学习和提炼关键点，以打造出更加新颖、更有创意的店铺装修风格。

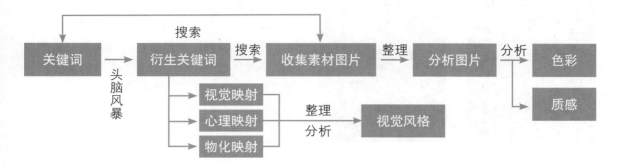

随着网购大军越来越壮大，网购商品也更加丰富多样，包括服装、鞋靴、箱包、美妆、食品、珠宝、百货等诸多大类，如右图所示。不同类别商品的店铺在装修风格上也越来越多样化。设计者需要通过解读商品特点、风格确定其店铺的整体装修风格，再利用提供的商品照片，通过页面的布局、配色等方式，把商品的特征、价值突显出来，达到吸引顾客购买商品的目的。不同的店铺销售的商品不同，所以在对商品进行包装和设计的时候需要呈现的效果也各有不同。目前网店常见的装修风格包括清新唯美风格、经典复古风格、炫酷时尚风格、清爽风格等，下面几幅图片分别展示了几种不同风格的装修效果，通过对比可以发现，这些图片在元素搭配和整体配色上都采用了不同的表现方式，用各自的风格树立自身的店铺形象。

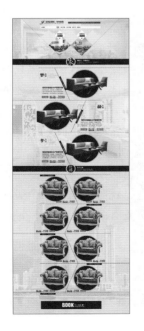

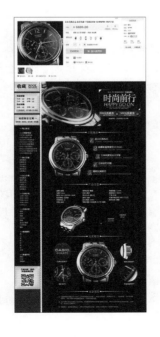

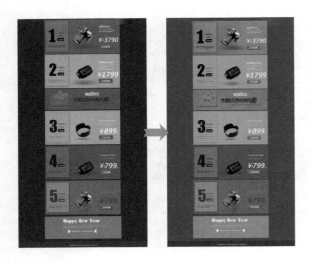

虽然网店的装修风格是由店铺销售的商品的特点决定的，但它并不是一成不变的，有时候为了达到某种特定的促销效果，可以适当更改店铺的装修风格。以左图为例，网店根据销售的数码商品的特征将画面整体风格设置为优雅的蓝色调，而在"双十一"活动时，为了渲染出更为强烈的活动氛围，设计人员在画面中应用了大量的红色调，加强了活动的宣传力和表现力，画面变得更加具有吸引力。

06 | 常见的网店装修设计误区

在了解并确定店铺的装修风格之后，就可以着手进行店铺的装修设计工作。现在很多的网店都装修得十分漂亮，面对这些形形色色的店铺装修，应当仔细观察，总结一些小的细节问题，引以为鉴，避免一不小心进入网店装修的误区。下面简单介绍网店装修过程中常见的误区。

图片尺寸过大

图片是人们认识、了解商品的重要途径，因此一些店家为了让顾客了解更多的商品信息，在店铺的店招、导航、公告栏等诸多区域全部放上了图片，而且其中还用了不少大图。这样虽然让画面变得充实了，但是页面加载速度会变得很慢，甚至可能半天都看不到图，导致顾客失去等待的耐心，造成流量的浪费。

布局过于复杂

网店装修过程中切记不能将页面布局设计得过于复杂，不要把店铺设计成门户类网站的风格，而是要更多地考虑顾客的使用感受，页面布局应当简单明了。过于复杂或不合理的布局只会让顾客觉得眼花缭乱。合理的装修布局只需要让顾客进入店铺后，能够快速地找到自己所想要的商品信息，并且浏览到商品的详细特征即可。

配色搭配太多，画面太凌乱

合理的色彩搭配可以增加店铺的点击率，但并不是说要把店铺的色彩搭配得五彩缤纷。网店装修的颜色不能太丰富，要统一且有一个固定的配色方案，对颜色进行规范，即在一个版面中只需要一个或两个较为醒目、靓丽的色彩，减少视觉垃圾，让内容显得更有条理。总的来说，色彩的搭配原则就是"总体协调，局部对比"。

过多地使用模特图片

为了让顾客直观地感受商品的真实效果，很多网店在装修的过程中都会用模特图片来进行商品的展示，但是过多地使用模特图片会让页面中的信息过载，给顾客造成信息重复的印象。所以，只需要对重要的特点、方位使用模特图片进行展示，并且要注意信息表现的节奏，以获得最佳的画面效果。

大量运用闪图

闪图就是通过动画方式显示的图片。装修店铺的时候要适度使用闪图，因为闪图非常耗费计算机空间，如果顾客的计算机配置不是很好，进入店铺就会使计算机运行变慢、等待时间过长，最终带给顾客不好的购物体验。

添加不合理的水印

一些卖家为了节约开店成本，会盗用其他店铺的商品图片用于商品的展示，为了避免这种情况的出现，有些卖家会在商品图片上添加个性化水印。但是，在设计水印的时候，需要考虑水印图像的位置、大小，切记不能喧宾夺主，影响商品的展示。由于网店中商品图片的尺寸有限，一般情况下水印的宽度要在 150 像素以内，高度在 50 像素以内，既不能太大，也不能太小。

第 1 章
Photoshop 快速上手

　　Photoshop 是 Adobe 公司研发的平面图像处理软件，主要用于对图像进行加工处理及添加特殊效果，是专业设计人员的首选软件之一，也是目前很多网店美工人员最为常用的图像编辑与设计软件。在网店装修过程中，经常会使用 Photoshop 对拍摄的商品照片进行一些简单的处理工作，如新建与打开图像、查看商品照片细节、网店装修图像的存储与导出等。本章将对这些基础的 Photoshop 功能进行简单的讲解。

本章内容

- **01** 网店装修图像的新建与打开
- **02** 将拍摄的商品图像置入指定位置
- **03** 为商品添加简单的注释信息
- **04** 显示并查看商品的细节
- **05** 选择不同的排列方式以查看商品效果
- **06** 商品图像的快速缩放与查看
- **07** 更改屏幕模式显示更多的商品内容
- **08** 将编辑后的商品图像存储于指定位置
- **09** 指定多种格式导出商品图像

实例 01 网店装修图像的新建与打开

新建文件是网店装修设计的一项基础操作，无论是店招、导航、欢迎模块还是收藏区的设计，都是在新建文件的基础上完成的。因此在学习网店装修前，首先要学习如何快速创建一个符合网店装修条件的图像文件。在 Photoshop 中新建文件可以通过"新建"菜单命令进行。

素 材	随书资源\素材\01\01.psd
源文件	随书资源\源文件\01\网店装修图像的新建与打开.psd

步骤 01 执行"新建"菜单命令

执行"文件>新建"菜单命令，打开"新建"对话框，在对话框中会自动以"未标题-1"命名新建的文件。

步骤 03 创建新文件

单击"新建"对话框中的"确定"按钮，新建文件，可发现Photoshop已根据上一步设置的背景内容为新建的图像填充了背景颜色。

步骤 02 指定新建文件的背景颜色

为了便于区分网店装修模块，可以在"名称"文本框中输入新的文件名称。在新建文件时，不仅可以根据需要设置图像尺寸，还可以通过"新建"对话框中的"背景内容"选项指定图像的背景颜色。单击"背景内容"右侧的颜色块，打开"拾色器（新建文档背景颜色）"对话框，在对话框中重新设置文档背景颜色。设置好后单击"确定"按钮，返回"新建"对话框。

步骤 04 打开并复制图像

执行"文件>打开"菜单命令，打开"打开"对话框，在对话框中选择素材文件01.psd，单击"打开"按钮，即可打开图像。选中所有图层，单击工具箱中的"移动工具"按钮，然后将鼠标移至需要的图像上，按下鼠标并将其拖曳至新建的文件中。复制图像后，调整图像的位置、大小，完成店铺装修模块的制作。

实例 02 | 将拍摄的商品图像置入指定位置

在进行网店装修时，常常会对图像进行多次缩放、旋转等变换操作，以便使其达到理想的效果。如果将图像直接复制到页面中，则可能导致图像在变换时出现模糊的情况，这时最好的方法就是通过置入的方式把素材照片放到页面中的指定位置。置入时图像将自动转换为智能对象图层，无论对图像进行多少次缩放、旋转等变换操作，其品质都不会下降。

素　　材	随书资源\素材\01\02.psd、03.jpg
源文件	随书资源\源文件\01\将拍摄的商品图像置入指定位置.psd

步骤01　执行"置入嵌入的智能对象"菜单命令

执行"文件>打开"菜单命令，打开素材文件02.psd，然后执行"文件>置入嵌入的智能对象"菜单命令。

步骤02　选择要置入的图像

打开"置入嵌入对象"对话框，在对话框中选择素材文件03.jpg，单击"置入"按钮。

步骤03　调整置入图像的大小和位置

默认情况下，置入的图像与打开图像的宽度相同。因此，为了让整个画面显得更加协调，还需要对置入图像的大小、位置进行调整。将鼠标移到置入图像的角点位置，当指针变为双向箭头时，单击并拖曳鼠标，调整图像大小和位置，完成后按Enter键，完成图像的置入操作。置入图像后在"图层"面板中可以看到被置入图像自动生成了一个智能图层，且以置入文件的名称命名。

技巧提示：自由变换置入的图像

置入图像后，会在图像边缘产生自由变换编辑框，按下**Shift**键的同时单击并拖曳自由变换编辑框，可以进行等比例缩放；按下**Shift+Alt**组合键可以向自由变换编辑框的中心等比例缩放。

实例 03 ｜ 为商品添加简单的注释信息

在编辑商品照片时，为了保留一些与照片相关的重要信息，如作者、拍摄时间、商品特征等，可以在照片中加入注释信息。首先使用 Photoshop 中的"注释工具"为照片添加注释图标，然后结合"注释"面板对相关的注释信息进行设置。

素　材	随书资源\素材\01\04.jpg
源文件	随书资源\源文件\01\为商品添加简单的注释信息.psd

步骤01 打开素材文件

执行"文件>打开"菜单命令，打开"打开"对话框，在对话框中选择素材文件04.jpg，再单击"打开"对话框下方的"打开"按钮，可以看到这是一张为灯具拍摄的照片。

步骤03 在"注释"面板中输入注释信息

添加注释图标后，接下来就是注释信息的录入。打开"注释"面板，在该面板的文本框中输入文本，根据此照片的特点，这里输入"10月8日新品推荐——商品整体展示"注释信息。

步骤02 选择"注释工具"

按住工具箱中的"吸管工具"按钮✐不放，在弹出的隐藏工具中单击"注释工具"按钮，将鼠标移至需要添加注释信息的位置并单击，即可在该处添加一个注释图标。

技巧提示："注释工具"选项栏解析

在图像中添加注释图标后，会显示对应的"注释工具"选项栏。其中，"作者"选项用于输入注释者的姓名或注释的标题；"颜色"选项用于设置注释图标的颜色，默认为黄色，单击色块可以打开"拾色器（注释颜色）"对话框来重新设置注释图标的颜色；单击"清除全部"按钮，可以将图像中的所有注释删除；单击"显示或隐藏注释面板"按钮，可以对"注释"面板进行显示或隐藏。

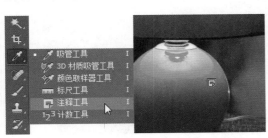

实例 04 | 显示并查看商品的细节

查看商品细节是网店装修时经常会遇到的一项操作，Photoshop 中可以运用"导航器"面板或"抓手工具"快速查看照片的各个区域。

| 素 材 | 随书资源\素材\01\05.jpg |

步骤 01 放大图像至100%

在Photoshop中打开素材文件05.jpg，为了看到更清晰的鞋子细节，执行"视图>100%"菜单命令，将图像放大至100%显示。

步骤 02 使用"导航器"面板移动图像

执行"窗口>导航器"菜单命令，打开"导航器"面板，在面板中会以红色的实线框提示当前图像窗口中显示的区域。如果需要查看商品照片的其他区域，则可将鼠标移至"导航器"面板中，当指针显示为抓手图标时，单击并拖曳红色实线框。

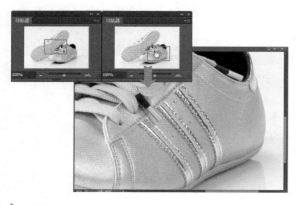

步骤 03 使用"抓手工具"移动图像

查看商品照片的不同区域时，除了可以通过"导航器"面板来实现外，也可以使用"抓手工具"来完成。单击工具箱中的"抓手工具"按钮，将鼠标移至图像窗口中，此时指针会变为抓手图标，单击并拖曳鼠标，即可移动图像窗口中显示的图像，同时"导航器"面板中红色实线框的位置也会随之变化。

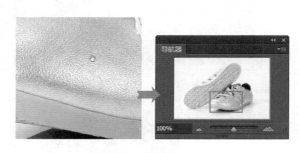

步骤 04 按屏幕大小缩放图像

在确定图像效果后，可以将图像恢复到适合屏幕大小，以便查看整体效果。执行"视图>按屏幕大小缩放"菜单命令，缩放图像。

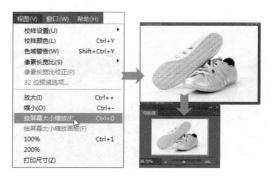

实例 05 | 选择不同的排列方式以查看商品效果

在 Photoshop 中打开多张商品照片后，如果需要同时查看这些打开的图像，可以选择 Photoshop 提供的多窗口排列方式来进行图像的查看操作，而且还可以在多个窗口中同时调整图像的显示区域。

| 素 材 | 随书资源\素材\01\06.jpg～09.jpg |

步骤 01　打开多张照片

执行"文件>打开"菜单命令，打开"打开"对话框，按住Ctrl键不放，选中素材文件06.jpg～09.jpg，再单击"打开"按钮，打开多个图像。默认情况下，图像以"将所有内容合并到选项卡中"排列方式显示于工作界面中。

步骤 02　执行"四联"菜单命令

为了便于同时查看多张照片效果，可以对打开图像的排列方式进行调整。执行"窗口>排列"菜单命令，由于这里同时打开了4张饰品照片，因此在弹出的级联菜单中执行"四联"菜单命令，将图像以四联排列方式显示。

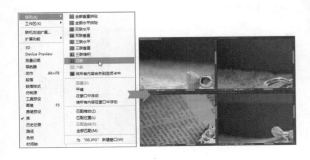

步骤 03　滚动单个窗口图像

在四联排列方式下，可以发现主体商品被遮挡住了。单击"抓手工具"按钮，将鼠标移至左上角的图像上，当指针变成抓手图标时，单击并拖曳鼠标，移动并查看窗口中的图像。

步骤 04　滚动所有窗口图像

在上一步操作中，仅对其中一个窗口的图像进行了位置的移动。如果需要同时移动并查看所有窗口的图像，则可勾选"抓手工具"选项栏中的"滚动所有窗口"复选框，然后在图像中单击并拖曳鼠标，同时移动并查看所有图像。

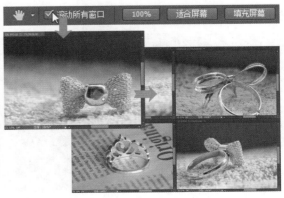

实例 06 | 商品图像的快速缩放与查看

网店装修过程中，通过缩放可以更全面地了解图像的整体效果。Photoshop 中可以使用"缩放工具"对打开的图像进行自由缩放操作，还可以同时缩放多个窗口中的图像。下面简单介绍图像的快速缩放与查看。

| 素 材 | 随书资源\素材\01\10.jpg～12.jpg |

步骤 01 调整窗口排列方式

打开素材文件10.jpg～12.jpg，这是一组儿童服饰上身效果图。执行"窗口>排列>三联堆积"菜单命令，调整窗口的排列方式，显示更多的图像。

步骤 02 放大指定窗口中的图像

单击工具箱中的"缩放工具"按钮，在显示的选项栏中单击"放大"按钮，将鼠标移至图像上，当指针变为放大图标时，单击鼠标即可放大显示图像。

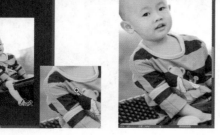

步骤 03 放大所有窗口中的图像

如果需要同时缩放所有窗口中的图像，则可勾选"缩放工具"选项栏中的"缩放所有窗口"复选框，然后将鼠标移至任意一个窗口中，当指针变为放大图标时，单击鼠标即可同时放大所有窗口中的图像。

步骤 04 缩小所有窗口中的图像

网店装修过程中不但需要学会放大显示图像，还需要学会缩小显示图像。单击"缩放工具"选项栏中的"缩小"按钮，将鼠标移至图像上，当指针变为缩小图标时，单击鼠标即可缩小窗口中显示的图像。

实例 07 ｜ 更改屏幕模式显示更多的商品内容

Photoshop 中提供了"标准屏幕模式""带有菜单栏的全屏模式"和"全屏模式"3 种屏幕显示模式。在调整和编辑商品图像时，可以在这 3 种屏幕模式下自由切换，观察图像处理的效果。

素　材	随书资源\素材\01\13.psd

步骤 01　在"标准屏幕模式"下查看图像

执行"文件>打开"菜单命令，打开素材文件13.psd，这是一张为一家销售数码相机的店铺设计的装修效果图。Photoshop默认以标准屏幕模式显示该图像。

步骤 02　切换至"带有菜单栏的全屏模式"

为了更好地查看图像效果，可以在Photoshop中调整屏幕显示模式。单击工具箱底部的"更改屏幕模式"按钮，在弹出的隐藏工具中单击"带有菜单栏的全屏模式"按钮，将屏幕模式切换至"带有菜单栏的全屏模式"。

步骤 03　切换至"全屏模式"

如果需要隐藏所有的窗口元素，则单击"更改屏幕模式"按钮，在弹出的隐藏工具中单击"全屏模式"按钮，即可以全屏模式显示图像。

步骤 04　在全屏模式下拖曳图像

在全屏模式下，按下键盘中的H键即可选中"抓手工具"，此时通过拖曳鼠标可以查看任意区域中的图像效果。

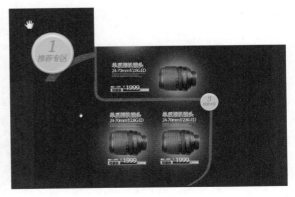

实例 08 | 将编辑后的商品图像存储于指定位置

完成商品照片或网店装修图片的制作与设计后，需要将图像存储到指定位置。在 Photoshop 中使用"存储"和"存储为"命令可以实现图像的快速存储。

素　材	随书资源\素材\01\14.psd
源文件	随书资源\源文件\01\将编辑后的商品图像储存于指定的位置——促销广告.tif

步骤 01　执行"文件 > 存储为"菜单命令

打开素材文件14.psd，这是已完成的商品促销广告图片。为了便于管理图像，可以将图像重新存储于指定位置，执行"文件>存储为"菜单命令，打开"另存为"对话框。

步骤 02　设置文件名和保存类型

为便于以后随时更改图像，采用默认的Photoshop(*.PSD;*.PDD)保存格式，然后在"文件名"下拉列表框中输入文件名"将拍摄的商品图像置入到指定的位置——促销广告"，输入后单击"保存"按钮。

步骤 03　设置存储选项

弹出"Photoshop格式选项"对话框，单击"确定"按钮，目标文件夹中就会显示存储的图像。

步骤 04　另存为TIFF格式

将图像存储为PSD格式后，如果要查看图像效果，则需要使用Photoshop软件，对于没有安装此软件的用户来说就非常麻烦，所以在存储时也可以将图像另存为其他格式。执行"文件>存储为"菜单命令，打开"另存为"对话框，对话框中的文件名不变，选择保存类型为TIFF（*.TIF;*.TIFF）格式，设置后单击"保存"按钮；弹出"TIFF选项"对话框，在对话框中单击"确定"按钮，在弹出的对话框中再单击"确定"按钮，存储图像。

实例 09　指定多种格式导出商品图像

在 Photoshop 中制作图像时，由于图片较大，直接存储整个图片上传到网店上会大大影响网页的打开和浏览速度，给顾客造成不便。这时需要使用 Photoshop 中的"切片工具"和导出功能将图像分成多张导出，且保存为适合网络传输的格式，然后上传至网店，以加快网页图片的下载速度。

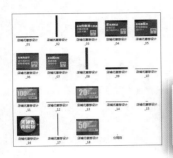

素　材	随书资源\素材\01\15.psd
源文件	随书资源\源文件\01\店铺优惠券设计.html、images文件夹

步骤01　使用"切片工具"对图像切片

打开素材文件15.psd，单击工具箱中的"切片工具"按钮，将鼠标移至图像上，单击并拖曳鼠标，在图像窗口中将图片分成若干份。

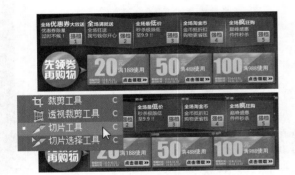

步骤02　设置存储选项

执行"文件>导出>存储为Web所用格式（旧版）"菜单命令，或者按下快捷键Shift+Ctrl+Alt+S，打开"存储为Web所用格式"对话框，在对话框中修改图片的格式、品质等选项。

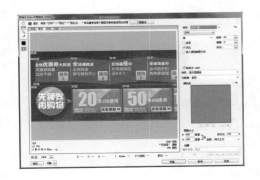

步骤03　指定文件名和保存格式

设置完成后单击"存储"按钮，弹出"将优化结果存储为"对话框。由于最终需要将图像应用于网络，因此单击"格式"下拉按钮，在展开的列表中选择"HTML和图像"选项，设置后单击"保存"按钮。

步骤04　导出并查看效果

弹出警告对话框，单击对话框中的"确定"按钮，导出图像。打开文件夹，可以看到根据切片划分存储好的图片。

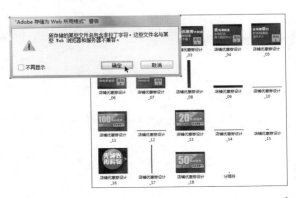

第 2 章
网店图像的快速调整

　　网店装修是一项较为精细和繁琐的工作，需要对采集的素材进行一系列的整理、修饰、美化和组合，才能最终应用到网店中。在进行网店的装修设计之前，首先需要掌握一些网店图像的快速处理技巧，如调整图像的大小、分辨率，更改网店图像的构图和对图像进行自由旋转、缩放等。这些操作均可以使用 Photoshop 中的菜单命令或工具来完成。通过对图像的快速调整，可以让照片在网店装修中得到更完美的应用。

本章内容

实例 10 | 调整拍摄的商品照片尺寸

为了给后期处理留下更多的调整空间，拍摄时相机中所设置的照片尺寸一般相对较大，通常会达到 2MB 以上。如果将这样的照片作为商品介绍上传到互联网上，会占用较大的存储空间，并且会增加顾客浏览时等待的时间。为了解决这个问题，在后期处理时应当使用"图像大小"命令对照片的尺寸进行调整。

素　材	随书资源\素材\02\01.jpg
源文件	随书资源\源文件\02\调整拍摄的商品照片尺寸.jpg

步骤01 执行"图像大小"菜单命令

打开素材文件01.jpg，执行"图像>图像大小"菜单命令。

步骤02 查看图像大小

弹出"图像大小"对话框，在对话框左侧显示了图像的预览效果，右侧则为当前打开照片的宽度、高度等信息。这张照片为了便于后期处理，宽度和高度相对较大，而且分辨率为314ppi（像素/英寸），也比较大。

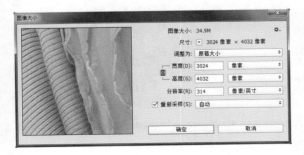

步骤03 更改图像大小

对于网店装修来讲，这张照片的尺寸太大，会增加浏览等待时间，所以需要在后期处理时缩小图像的尺寸。由于网店中展示商品的图像宽度限制为950像素，所以在"宽度"文本框中输入950，输入后可看到图像的高度也随之发生了改变。

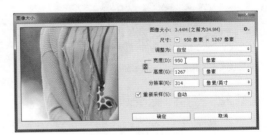

步骤04 查看图像效果

设置完成后单击"确定"按钮，返回图像窗口，可以看到在相同的显示比例下，图像变小了。执行"视图>100%"菜单命令，将图像以100%显示，同样可以看到清晰的画面效果。

实例 11 | 调整分辨率快速缩小照片

除了高度、宽度会影响照片的尺寸外，分辨率也是影响照片尺寸的一个因素。数码相机拍摄的商品照片的分辨率大多数情况下为 300ppi 以上，而网店装修中的图像分辨率不需要那么高，只需要达到 72ppi 即可。所以在上传照片前，可以将照片的分辨率调整为 72ppi。

素材	随书资源\素材\02\02.jpg
源文件	随书资源\源文件\02\调整分辨率快速缩小照片.jpg

步骤 01 执行"图像大小"菜单命令

打开素材文件02.jpg，执行"图像>图像大小"菜单命令。

步骤 02 打开"图像大小"对话框

打开"图像大小"对话框，在对话框右侧显示了当前打开图像的大小和像素值，可以看到为了便于后期操作，拍摄时将相机分辨率设置为300ppi。

步骤 03 重新输入分辨率

将鼠标移至"分辨率"文本框中，将分辨率设置为72ppi，设置后发现图像的宽度和高度也发生了变化。根据网店装修图像的宽度限制，再将"宽度"设置为950像素，设置后单击"确定"按钮。

步骤 04 查看图像效果

选择"缩放工具"，单击"放大"按钮，将图像放大，同样可以看到非常清晰的鞋子图像。

技巧提示：图像大小的设置

位图图像在高度和宽度方向上的像素总量称为图像的像素大小。设置"重新采样"选项时，如果设置的像素大于原图像的像素，则图像会出现模糊或像素块。

实例 12 | 根据网店装修情况调整画布大小

在后期处理时，一些商品照片由于拍摄时的尺寸设置和拍摄角度问题，不便再裁剪或重设像素，这时就可以通过调整画布大小的方式来解决后期的输出问题。Photoshop 中的"画布大小"命令可快速增大或减小照片的画布大小，使照片满足网店装修的要求。

素 材	随书资源\素材\02\03.jpg
源文件	随书资源\源文件\02\根据网店装修情况调整画布大小.jpg

步骤01 执行"画布大小"菜单命令

打开素材文件03.jpg，发现画面中纳入了过多的背景元素，导致画面主体不够醒目。执行"图像>画布大小"菜单命令，打开"画布大小"对话框，其中显示了当前文件的大小。

步骤02 设置画布大小

这里要将这张照片设置为主图效果，所以在"画布大小"对话框中单击"宽度"和"高度"右侧的第二列选项，将单位设为"像素"，再根据主图的尺寸要求，输入"宽度"与"高度"值，输入后单击"确定"按钮。弹出提示对话框，单击"继续"按钮，调整画布大小。

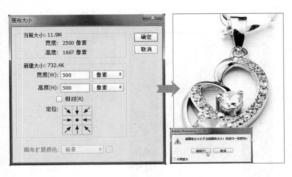

步骤03 设置画布扩展颜色

为了让画面显得更紧凑，还可以为图像添加边框效果。执行"图像>画布大小"菜单命令，打开"画布大小"对话框，将单位选定为"像素"，设置比原图像大一些的"宽度"和"高度"值，再单击"画布扩展颜色"下拉按钮，在展开的列表中单击"其他"选项，在弹出的对话框中设置颜色为R132、G132、B131。

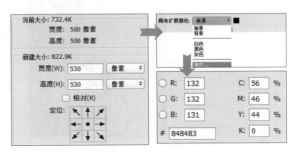

步骤04 应用添加的边框效果

设置完成后单击"确定"按钮，返回"画布大小"对话框，在对话框中会显示重新设置的画布颜色，单击"确定"按钮，应用画布大小设置，为图像添加边框效果。

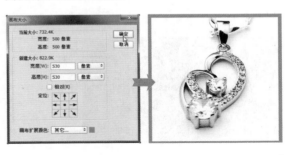

实例 13 | 快速复制和缩放文件中的商品图像

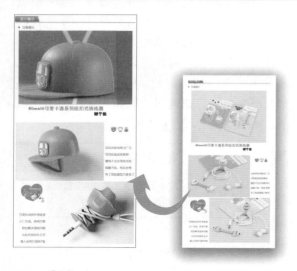

网店装修中为了让图像达到更完美的状态，往往会对照片的大小、位置等进行调整。Photoshop 中可以使用"变换"或"自由变换"命令对照片进行大小、位置的调整，也可以按下快捷键 Ctrl+T，打开自由变换编辑框，利用编辑框编辑图像的大小和位置。

素　材	随书资源\素材\02\04.jpg～07.jpg
源文件	随书资源\源文件\02\快速复制和缩放文件中的商品图像.psd

步骤 01　打开并复制图像

打开素材文件04.jpg，这是一张下载的商品细节展示模板，这里需要用自己拍摄的商品照片替换模板中的商品对象。打开素材文件05.jpg，选择"移动工具"，把打开的绕线器图像拖曳至04.jpg中。

步骤 02　使用自由变换编辑框缩放图像

复制图像后，可以看到照片尺寸较大，所以需要对它进行缩放操作。按下快捷键Ctrl+T，打开自由变换编辑框，将鼠标移至编辑框右下角位置，当鼠标变为双向箭头时，单击并向内侧拖曳，缩放图像。

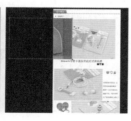

步骤 03　移动缩小后的图像位置

继续对图像进行缩放，将图像缩小至合适的大小后，再单击并拖曳图像，调整图像的位置，按下Enter键，应用调整操作，完成图像大小和位置的更改。

步骤 04　使用同样的方法调整其他图像

继续使用同样的方法，把素材文件06.jpg、07.jpg也复制到模板中，得到"图层2"和"图层3"图层，分别选中这两个图层中的图像，调整其大小和位置，完成商品图像的制作。

实例 14 | 商品照片的翻转

在对商品进行拍摄时，为了配合拍摄环境和构图需要，有时会将数码相机竖起来拍摄，这样拍摄的数码照片不便于后期的浏览，也不利于网店中商品的展示。因此，可以使用Photoshop中的"图像旋转"命令旋转或翻转整个数码照片，将倒立或镜像的数码照片转正。

素 材	随书资源\素材\02\08.jpg
源文件	随书资源\源文件\02\商品照片的翻转.jpg

步骤 01 打开图像执行旋转操作

打开素材文件08.jpg，发现照片是倒立的，需要对其进行旋转，恢复至正常的视觉效果。执行"图像>图像旋转>逆时针90度"菜单命令。

步骤 02 逆时针旋转图像

将图像按逆时针方向旋转90°后，发现图像的角度还是不对，再执行"图像>图像旋转>逆时针90度"菜单命令。

步骤 03 水平翻转图像

执行命令后发现图像的角度恢复到正常状态了。为了让顾客感受到不同角度下的商品效果，还可以执行"图像>图像旋转>水平翻转画布"菜单命令，水平翻转画布效果。

技巧提示：不同角度的图像旋转

在"图像旋转"级联菜单中，执行"180度"菜单命令，可以将图像旋转180°；执行"顺时针90度"菜单命令，可以将图像按顺时针方向旋转90°；执行"逆时针90度"菜单命令，可以将图像按逆时针方向旋转90°；执行"任意角度"菜单命令，可打开"旋转画布"对话框，在对话框的"角度"选项中可设置要旋转的角度，并且可以设置旋转的方向；执行"水平翻转画布"菜单命令，可以以水平方向进行翻转；执行"垂直翻转画布"菜单命令，可以以垂直方向进行翻转。

技巧提示：快捷键操作还原图像

旋转图像后，按下快捷键 **Ctrl+Z**，可以快速取消上一步的操作；按下快捷键 **Ctrl+Alt+Z**，则可以逐步取消之前的操作。

实例 15 | 快速裁剪商品图像

完成照片的拍摄后，如果只需要照片中某一部分图像，就需要把多余的部分裁掉，Photoshop中的"裁剪工具"可以对商品照片进行快速的裁剪操作。此工具通过绘制裁剪框来控制裁剪范围，操作者可以根据实际需要快速裁剪照片。

素　　材	随书资源\素材\02\09.jpg
源文件	随书资源\源文件\02\快速裁剪照片突出商品图像.jpg

步骤01　选择"裁剪工具"

打开素材文件09.jpg。这张照片主要表现的商品为模特身上的牛仔裤，但是因为构图不当，导致主体不突出，让观者不知道图像要表现的商品是衣服、裤子还是鞋子。所以在后期处理时需要对照片进行裁剪，调整构图。单击工具箱中的"裁剪工具"按钮，在图像边缘显示虚线边框效果。

步骤02　调整裁剪框的大小

将鼠标移至照片中间位置并单击鼠标，显示一个与图像同等大小的裁剪框，这里主要表现的对象是裤子，所以首先要将上半部分裁剪掉。将鼠标移至裁剪框顶部，当指针变为双向箭头时，单击并向下拖曳鼠标，调整裁剪框的大小。

步骤03　裁剪照片突出商品

继续使用同样的方法，调整裁剪框的大小，保留主要的牛仔裤区域。设置好后单击"裁剪工具"选项栏中的"提交当前裁剪操作"按钮 ✓，完成照片的裁剪操作。

技巧提示：使用预设裁剪照片

使用"裁剪工具"裁剪照片时，可以选择"预设"列表中的选项将照片快速裁剪为指定大小。单击"预设"选项右侧的下拉按钮，在展开的下拉列表中可看到其中包含了"原始比例""1：1（方形）""4：5（8：10）""前面的图像""4×5英寸300ppi"等选项。裁剪时可以选择这些预设的尺寸及比例对裁剪框进行快速设定，也可以将设置的裁剪比例存储为预设，方便下次使用。

实例 16 ｜ 商品图像的精确裁剪

Photoshop 中使用"裁剪工具"可以实现照片的快速裁剪，而在网店装修中，不同的模块会有不同的尺寸限制，如果要将拍摄的照片裁剪为特定的尺寸，则使用"裁剪工具"就不太适合了。此时可结合选区工具和"裁剪"命令来完成更为精确的照片裁剪工作。

素　　材	随书资源\素材\02\10.jpg、11.psd
源文件	随书资源\源文件\02\商品图像的精确裁剪.psd

步骤01　使用"矩形选框工具"绘制选区

打开素材文件10.jpg，这张照片将用于制作欢迎模块的图片，需要根据网店中该模块的尺寸要求对照片进行裁剪。由于欢迎模块中图像的高度最高不可超过600像素，而宽度则应大于或等于750像素，所以选择"矩形选框工具"，在"矩形选框工具"选项栏中选择"固定大小"样式，先把"高度"设置为600像素，再设置"宽度"为1200像素，然后在图像中单击就会得到一个同等大小的选区。

技巧提示：设置选区样式

在"矩形选框工具"选项栏中有一个"样式"选项，用于设置选区的样式。默认情况下选择"正常"选项，即绘制自由大小的选区；如果选择"固定大小"或"固定比例"选项，则会激活旁边的"宽度"和"高度"选项，此时可以在图像中创建固定比例或固定大小的矩形选区。

步骤02　执行"裁剪"菜单命令裁剪图像

创建固定大小的选区后，选区内的图像就是要保留的图像区域。此时执行"图像>裁剪"菜单命令，会将选区以外的图像全部裁剪掉，只保留选区中的图像。

步骤03　取消选区并添加文字

执行"选择>取消选择"菜单命令，或者按下快捷键Ctrl+D，取消选区。打开素材文件11.psd，将打开的素材复制到裁剪的照片中，调整至合适的大小，即可看到将照片裁剪并应用于欢迎模块时的效果。

实例 17 | 校正拍摄原因导致的倾斜照片

摄影师在拍摄商品时，为了更好地展示商品的细节或某些局部特征，会在拍摄的时候调整相机的拍摄角度。如果数码相机没有保持水平或垂直，那么拍摄出来的照片就容易出现倾斜的情况，不利于商品的查看。这时需要通过后期处理，对倾斜的照片进行校正。

素 材	随书资源\素材\02\12.jpg
源文件	随书资源\源文件\02\校正拍摄原因导致的倾斜照片.psd

步骤01 绘制水平拉直参考线

打开素材文件12.jpg，因为拍摄角度的原因，图像中的礼服变得倾斜，需要加以校正。在校正图像前，复制"背景"图层，创建"背景 拷贝"图层。单击工具箱中的"标尺工具"按钮，沿照片中的水平线单击并拖曳鼠标。

步骤02 执行"任意角度"菜单命令

当拖曳至一定位置后释放鼠标，创建拉直参考线，执行"图像>图像旋转>任意角度"菜单命令。

步骤03 旋转倾斜的图像

打开"旋转画布"对话框，在对话框中会根据绘制的参考线自动设置图像旋转的角度，这里只需要单击"确定"按钮，就可以校正倾斜的图像。

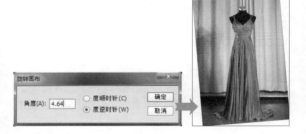

步骤04 使用"裁剪工具"裁剪图像

校正图像后，发现由于设置的背景色为白色，所以校正后多余的部分自动应用白色填充。为了让画面效果更加完美，可以将这些白色的部分裁掉。选择"裁剪工具"，将鼠标移至礼服图像上，单击并拖曳鼠标，绘制一个裁剪框，确定裁剪范围后右击裁剪框中的图像，在弹出的快捷菜单中执行"裁剪"命令，裁剪图像。

第 3 章
商品照片的修复与修饰

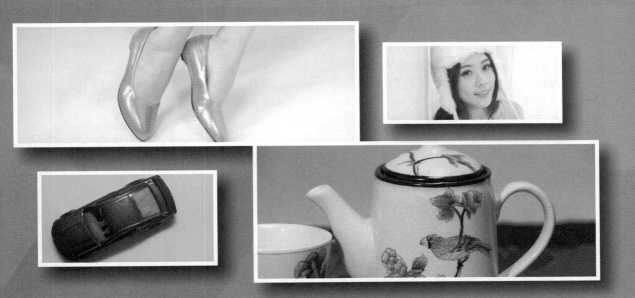

　　拍摄完商品照片后，可能会发现拍摄的照片存在很多瑕疵，如污点、杂点、斑点、划痕等，这些都会影响顾客对商品的印象，加之网店营销本身就是一种视觉上的营销，如果图片不能吸引人，自然就不会有很高的销量。所以，在进行照片的设计之前，对照片瑕疵的修复是网店装修中非常重要的环节之一。在 Photoshop 中可以运用多种不同的图像修复与修饰工具完美修复商品照片的瑕疵。

本章内容

实例 18 | 快速修复商品照片中的细小瑕疵

在拍摄饰品、帽子和服装照片的时候，大多数情况下模特的面部都会展示出来，而模特妆容难免会存在一些细小的瑕疵，影响画面中商品的表现，这时就需要对这些细小的瑕疵进行修复。

素　材	随书资源\素材\03\01.jpg
源文件	随书资源\源文件\03\快速修复商品照片中的细小瑕疵.psd

步骤01 打开素材图像

打开素材文件01.jpg，这张照片总体效果不错，为某品牌家居服模特上身效果图。但是按快捷键**Ctrl++**放大图像后观察细节，发现模特面部皮肤有一些小的色斑，因此在后期处理中需要将这些色斑去掉。

步骤02 使用"污点修复画笔工具"修复

对于照片中细小的瑕疵，可以选用"污点修复画笔工具"加以修复。此工具适合于较小且密集的瑕疵的修复，通过单击即可快速修复图像。选择"污点修复画笔工具"，把鼠标移至皮肤上的斑点位置，单击鼠标后即可看到该位置的斑点被去掉了。

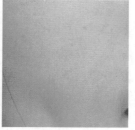

步骤03 继续修复图像

为了让模特的皮肤变得更干净，可以继续使用"污点修复画笔工具"在皮肤上的瑕疵位置单击，通过连续的单击操作，去除皮肤上更多的瑕疵。

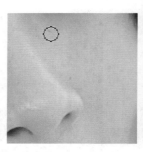

步骤04 设置"表面模糊"滤镜模糊图像

去除瑕疵后，如果希望模特的皮肤看起来更光滑，则可以将图层复制，执行"滤镜>模糊>表面模糊"命令，设置滤镜选项，对人物进行模糊，再通过添加图层蒙版，对皮肤外的部分用黑色画笔涂抹，进行磨皮处理。处理完成后，模特的皮肤看起来将更水嫩光滑。

实例 19　去除商品照片中的杂物

在网店装修的过程中，如果想使商品照片的背景更加纯粹或者是突出画面中的商品对象，则可以将照片背景中的杂物去掉。Photoshop 中可以使用"修复画笔工具"来去除商品照片中的杂物，本实例将介绍具体的操作方法。

素　材	随书资源\素材\03\02.jpg
源文件	随书资源\源文件\03\去除商品照片中的杂物.psd

步骤 01　打开并复制图像

打开素材文件02.jpg，由于这张照片中的模特是坐在椅子上完成的拍摄，因此画面中出现了椅子图像，影响了整体效果，在处理时需要将其去掉。先按下快捷键Ctrl+J，复制图像，得到"图层1"图层。

步骤 02　选择"修复画笔工具"并取样图像

确保复制的"图层1"图层为选中状态，选择工具箱中的"修复画笔工具"，选择工具后，首先确定图像修复源。按住Alt键不放，在椅子旁边干净的背景处单击，设置修复源，再将鼠标移至椅子所在位置，单击并进行涂抹操作。

步骤 03　创建选区确定修复范围

继续使用相同的方法修复图像。当处理椅子与模特相交的部分时，为了让修复的图像更准确干净，可选择"钢笔工具"，在要修复的区域绘制路径，并将绘制的路径转换为选区，然后按住Alt键不放，在旁边干净的背景处单击，进行图像的取样。

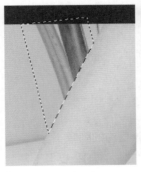 

步骤 04　结合"仿制图章工具"修复图像

将鼠标移至选区内的椅子所在位置，单击并进行涂抹操作，修复图像。修复图像后，如果觉得被修复区域与背景融合得不太自然，则可以使用"仿制图章工具"对细节做简单的美化，使修复后的画面变得更加自然、漂亮。

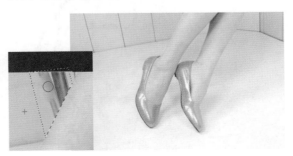

实例 20 | 修复商品照片大面积的瑕疵

在拍摄照片的时候，为了让拍摄出来的照片显得更干净，往往会对拍摄环境进行布置。本例所用的照片即利用单色背景纸进行布景拍摄，但是拍摄出来的照片中出现了大面积的折痕及黑色的背景，下面将运用"修补工具"对背景进行处理，修复照片上的瑕疵。

素　材	随书资源\素材\03\03.jpg
源文件	随书资源\源文件\03\修复商品照片大面积的瑕疵.psd

步骤 01　使用"修补工具"创建选区

打开素材文件03.jpg，可以看到画面中左上角非常明显的黑色背景。先将图像复制，选择工具箱中的"修补工具"，将鼠标移至左上角位置，然后沿着黑色区域单击并拖曳鼠标，创建选区，确定要修补的图像范围。

步骤 02　单击并拖曳选区内的图像

确定要修补的区域后，单击并向下拖曳至干净的背景处，当拖曳至合适位置后释放鼠标，此时可以看到原选区中黑色的背景被下方干净的背景替换了。

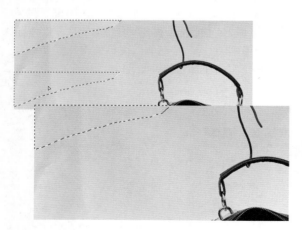

步骤 03　使用"修补工具"选择并去除挂钩

这张照片为了让观者更清楚地了解包包的内部效果，将其打开采用挂拍的方式拍摄，所以处理背景后，发现照片顶部还有多余的挂钩。选择"修复工具"，在挂钩所在位置单击并拖曳，创建选区，选中挂钩部分，再向右拖曳至旁边干净的背景上。

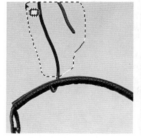 

步骤 04　继续修复图像

要去掉照片中多余的挂钩，使用"修补工具"还远远不够，对于挂钩与包包相交的部分，可以用"仿制图章工具"，做更精细的修复。选择"仿制图章工具"，按住Alt键不放，在挂钩旁干净的背景处单击，取样图像，然后在包包手带边缘的挂钩位置单击并涂抹，得到干净的画面效果。

实例 21 | 修补商品自身缺陷

对于网店中的商品而言，通常不会只用于一次拍摄，而在长期的拍摄过程中，商品难免会出现磨损，这样拍摄出来的商品照片会让顾客对商品的质量产生怀疑。所以在后期处理过程中，为了让顾客看到商品最完美的状态，需要对商品自身外观上的缺陷进行修复。本实例将通过详细的步骤介绍照片中商品缺陷的修复技术。

素 材	随书资源\素材\03\04.jpg
源文件	随书资源\源文件\03\修补商品自身缺陷.psd

步骤 01　打开图像并复制图层

打开素材文件04.jpg，按下快捷键Ctrl++，将图像放大，可以看到鼠标线已经断裂，需要通过后期处理加以修复。在修复之前，为了保证原图不发生损伤，先把原图像复制，创建"背景 拷贝"图层。

步骤 02　使用"仿制图章工具"修复图像

为了防止用户看到图像有修复的痕迹，这里选择适合精细修复的"仿制图章工具"加以修复。单击工具箱中的"仿制图章工具"按钮，将鼠标移至完好的鼠标线位置，按住Alt键不放，单击取样仿制源，然后将鼠标移至断裂的鼠标线位置，单击并涂抹修复图像。

步骤 03　继续修复其他瑕疵

修复后发现鼠标上还有一些发丝等瑕疵。按住Alt键不放，在鼠标商品上单击取样图像，将鼠标移至发丝所在位置，单击并涂抹图像，去掉鼠标上明显的发丝。继续使用相同的操作方法对鼠标上的其他瑕疵进行修复，处理后得到更加干净、完整的商品效果。

实例 22 | 擦除商品图像上无用的信息

在网店装修中，为了让商品更突出，在后期处理时会将商品图像上无用的信息去掉。本例所用的照片展示的商品是玩具汽车，在拍摄时为了突出商品，用了一本黄色的杂志做背景，导致拍摄出来的照片中出现了杂志上的文字及色块，使画面变得不太干净。下面将通过后期处理用"橡皮擦工具"去掉照片中无用的信息，还原干净的画面效果。

素　材	随书资源\素材\03\05.jpg
源文件	随书资源\源文件\03\擦除商品图像上无用的信息.psd

步骤 01　打开图像吸取颜色

打开素材文件05.jpg，可看到背景中出现了与玩具汽车不符的文字，在后期处理时需要用"橡皮擦工具"将其擦掉。为了让擦除后的画面颜色更加统一，选择"吸管工具"，按住Alt键不放，吸取鼠标单击位置的颜色，将背景颜色设置为黄色。

步骤 02　使用"橡皮擦工具"涂抹

单击工具箱中的"橡皮擦工具"按钮，将鼠标移至照片右侧的文字位置并涂抹，可看到涂抹区域的文字被擦除并显示为黄色效果。对于汽车投影与背景相交的位置，为了使擦除效果更自然，可以在选项栏中适当降低不透明度，然后进行涂抹操作。

步骤 03　连续涂抹去除多余信息

经过反复的涂抹绘制，去掉了商品右侧的文字。为了让画面变得更干净，还可以把画面下方的彩色渐变条也去掉。在选项栏中重新把"不透明度"调整为100%，然后在颜色条上涂抹，完成照片中多余对象的擦除操作。

技巧提示：选择擦除模式

使用"橡皮擦工具"擦除图像时，在其选项栏的"模式"选项中可以设置擦除图像边缘的尖锐程度。默认选择"画笔"选项，此时擦除的图像边缘会根据设置的画笔笔尖样式进行改变；若选择"铅笔"选项，则擦去的图像边缘会显得尖锐；若选择"块"选项，则橡皮擦会变成一个方块进行擦除。

实例 23 ｜ 修复轻微变形的商品

拍摄商品照片时，有时会因为拍摄的角度问题造成照片中的商品出现变形，从而影响顾客对商品外形的判断和理解，此时就需要对商品的外形进行校正、修复。在 Photoshop 中可以用"斜切""镜头校正"等命令相结合的方式快速校正并变换图像的透视，让照片中的商品恢复正常的透视视觉。

素　材	随书资源\素材\03\06.jpg
源文件	随书资源\源文件\03\修复轻微变形的商品.psd

步骤 01　执行"镜头校正"命令校正图像

打开素材文件06.jpg，可以明显看到图像有变形现象，所以需要在后期处理时加以修复。先复制图层，得到"背景 拷贝"图层，执行"滤镜>镜头校正"菜单命令，打开"镜头校正"对话框。在对话框中单击"自定"按钮，切换至"自定"选项卡，向右拖曳"移去扭曲"滑块，当拖曳至+16时，可以看到变形的图像得到了修复。

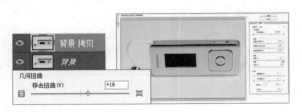

步骤 02　创建参考辅助线

校正变形后，还要对透视角度进行调整。在调整前，为了让修复后的图像透视角度更理想，按下快捷键Ctrl+R，显示标尺，然后拖曳参考线，按下快捷键Ctrl+T，打开自由变换编辑框。由于此照片需要对透视角度进行修正，因此右击编辑框中的图像，在弹出的快捷菜单中执行"斜切"命令。

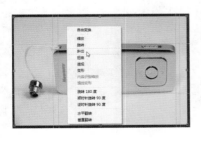

步骤 03　单击并拖曳校正透视效果

将鼠标移至编辑框左上角的控制点位置，单击并向左拖曳，使商品的左侧边缘与创建的参考线呈现平行状态；然后将鼠标移至编辑框右侧，使用同样的方法拖曳右上角和右下角的控制点，调整图像的透视角度。设置完成后按下Enter键，应用变换效果。

步骤 04　复制图层更改混合模式

为了让校正后照片中的商品更加突出，按下快捷键Shift+Ctrl+Alt+E，盖印可见图层，得到"图层1"图层，将此图层的混合模式调整为"滤色"，"不透明度"设置为40%，提高图像的亮度；再创建图层蒙版，选用黑色画笔在商品位置涂抹，还原图像的亮度。

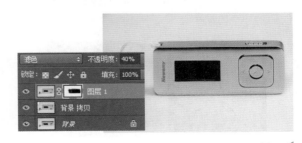

实例 24 | 模糊背景让照片中的商品更突出

在商品照片拍摄的过程中，可以利用相机的光圈设置模糊背景，以突出要表现的商品。对于背景与主体商品同样清晰的照片，则需要通过后期处理对背景进行模糊。Photoshop 中提供了多种不同的模糊工具和命令，应用它们可以完成照片的快速模糊。下面介绍具体的处理方法。

素　材	随书资源\素材\03\07.jpg
源文件	随书资源\源文件\03\模糊背景让照片中的商品更突出.psd

步骤 01　复制图像执行"光圈模糊"命令

打开素材文件07.jpg，画面要表现的商品为童鞋，但背景中的图案太多，影响了商品的呈现，此时可以适当模糊背景。先复制图层，创建"背景 拷贝"图层。为了让模糊效果更自然，这里选用"光圈模糊"滤镜模糊图像。执行"滤镜>模糊画廊>光圈模糊"菜单命令，在打开的模糊画廊中显示了椭圆形光圈控制图钉。

步骤 02　调整模糊的范围

为了实现更准确的模糊处理，将鼠标移至椭圆形模糊图钉上，单击并拖曳，调整椭圆的大小和位置。由于这张照片中有两只鞋子，所以可以设置两个模糊焦点，将鼠标移至另一只鞋子上单击，创建另一个模糊焦点。

步骤 03　设置模糊的强度

根据焦点位置的鞋子的大小和位置，进一步单击并拖曳椭圆，调整模糊的范围，然后在"模糊工具"面板中把"模糊"值增大，设置为20像素，以表现不同的景深效果。

步骤 04　运用"模糊工具"模糊图像

完成滤镜参数的调整后，单击"确定"按钮，模糊图像。为了让图像的模糊区域与清晰的主体部分过渡更自然，选择"模糊工具"，在选项栏中调整选项后继续在背景上涂抹，模糊图像。

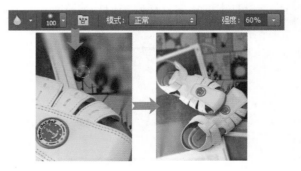

实例 25 | 让商品变得清晰

　　在网店装修中，商品图像清晰是最基本也是最重要的一个要求。网店中所有的商品都依靠图像向顾客展示，如果图像不清晰，那么顾客就不能真实地了解商品的细节。因此，商品照片不清晰时，就需要提高其锐度，让它变得清晰。下面介绍如何快速让模糊的图像变得清晰。

素　材	随书资源\素材\03\08.jpg
源文件	随书资源\源文件\03\让商品变得清晰.psd

步骤 01　打开图像复制图层

打开素材文件08.jpg，原照片因为锐化太低，茶具上的花纹不是很清晰，所以要对其进行锐化。在锐化之前，先复制图层，创建"背景 拷贝"图层。

步骤 02　设置"智能锐化"选项

为了避免图像因锐化而出现噪点，这里选用"智能锐化"滤镜来锐化图像。执行"滤镜>锐化>智能锐化"菜单命令，打开"智能锐化"对话框，对照左侧预览框中的锐化效果，调整右侧的锐化选项。

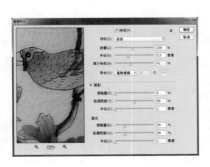

步骤 03　编辑图层蒙版控制锐化范围

设置完成后单击"确定"按钮，锐化图像。由于只需要对商品进行锐化，因此为"背景 拷贝"图层添加图层蒙版，然后选择"画笔工具"，单击"背景 拷贝"图层蒙版，用黑色的画笔在背景部分涂抹。为了让画面呈现自然的景深效果，还可以在选项栏中适当降低不透明度，在茶具边缘位置涂抹，以呈现更自然的从清晰到模糊的过渡效果。

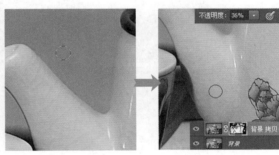

步骤 04　使用"锐化工具"再次锐化图像

按下快捷键Shift+Ctrl+Alt+E，盖印可见图层，得到"图层1"图层。为了使茶具中间部分的花纹更清晰，选择"锐化工具"，在茶具中间位置涂抹，锐化图像。

第 4 章
商品影调的调控技术

　　对于商品照片来讲，太暗或太亮都不利于顾客查看并了解商品信息及其主要特征。因此，为了让商品形象更完美地展现在顾客面前，在修复商品瑕疵之后，还要对画面的影调进行调整，通过提亮偏暗的图像、降低偏亮的图像或增强对比修复偏灰的图像来提高照片质量。在 Photoshop 中可以应用"自动对比度""曝光度""曲线"等命令来调整照片的明亮度、对比度等，让照片恢复到最自然、理想的状态，更准确地表现商品形象。

本章内容

实例 26 | 快速修复偏灰的商品图像

当拍摄的商品图像对比度不够时，画面会显得整体偏灰。对于这类情况，可以使用 Photoshop 中的"自动对比度"命令快速校正。本实例将通过详细的操作步骤介绍使用"自动对比度"命令校正照片的过程。

素　材	随书资源\素材\04\01.jpg
源文件	随书资源\源文件\04\快速修复偏灰的商品图像.psd

步骤01　打开图像复制"背景"图层

打开素材文件01.jpg，这张照片要表现的商品为芭比娃娃，但是因为对比不足，画面偏灰，所以需要加强对比。先把"背景"图层复制，创建"背景 拷贝"图层。

步骤02　执行"自动对比度"菜单命令

确保"背景 拷贝"图层为选中状态，执行"图像>自动对比度"菜单命令，可以看到加强了对比，芭比娃娃显得更加可爱。

步骤03　选择并复制图像

为了让芭比娃娃的五官更加立体，再选择"椭圆选框工具"，设置"羽化"值为200像素，在芭比娃娃的脸部单击并拖曳鼠标，创建选区。按下快捷键Ctrl+J，复制选区内的图像，生成"图层1"图层。

步骤04　使用"USM锐化"滤镜锐化五官

执行"滤镜>锐化>USM锐化"菜单命令，打开"USM锐化"对话框。在对话框中调整"数量"和"半径"值，设置后单击"确定"按钮，应用滤镜，得到更加清晰的五官效果。

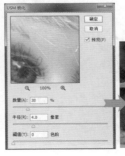

实例 27　让曝光不足的商品图像整体变亮

曝光度会直接影响图像的明亮程度，商品照片曝光过度会导致商品高光部分的细节丢失，而曝光不足可能会导致商品阴影部分的细节丢失。本实例将运用"曝光度"命令快速修复曝光不足的图像，展现更精细的商品细节。

素　材	随书资源\素材\04\02.jpg
源文件	随书资源\源文件\04\让曝光不足的商品图像整体变亮.psd

步骤01　创建"曝光度"调整图层

打开素材文件02.jpg，可以看出这是一张曝光不足的照片，整个画面太暗，因此需要提亮图像。单击"调整"面板中的"曝光度"按钮，创建"曝光度1"调整图层。

步骤02　设置"曝光度"提亮图像

在打开的"属性"面板中将"曝光度"滑块向右拖曳，增大曝光度值，提亮图像。

步骤03　调整"灰度系数校正"削弱对比

增加曝光度值以后，发现图像对比较强，中间调部分略微偏暗。因此，把"灰度系数校正"滑块向右拖曳至1.15位置，此时可以看到削弱了对比，图像变得更有层次了。

步骤04　使用"减少杂色"滤镜去除噪点

调整曝光度后图像虽然变亮了，但是噪点也增加了，所以还需要做降噪处理。按下快捷键Shift+Ctrl+Alt+E，盖印可见图层，得到"图层1"图层。执行"滤镜>杂色>减少杂色"菜单命令，打开"减少杂色"对话框。在对话框中调整相关参数，单击"确定"按钮，去除噪点。

实例 28 | 快速调整商品的对比度

在对照片进行明暗调整的过程中，要先观察照片整体的明暗效果。在 Photoshop 中可以使用"亮度/对比度"调整对比较弱的图像，也可以调整图像的亮度，修复轻微偏暗或偏亮的图像。本实例将使用"亮度/对比度"命令调整商品的对比度，创建更有层次感的画面效果。

素　材	随书资源\素材\04\03.jpg
源文件	随书资源\源文件\04\快速调整商品的对比度.psd

步骤 01 创建"亮度/对比度1"调整图层

打开素材文件03.jpg，可以看到照片因对比不强，瓶子的通透感不强。单击"调整"面板中的"亮度/对比度"按钮，新建"亮度/对比度1"调整图层。

步骤 02 单击"自动"按钮

为了快速调整图像，增强对比效果，单击"属性"面板中的"自动"按钮，可看到系统自动完成了"对比度"值的调整。

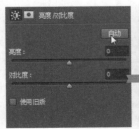
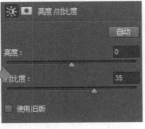

步骤 03 设置选项调整图像

经过上一步操作，调整了照片的对比度，但是感觉对比还是不够强。因此继续向右拖曳"对比度"滑块，当拖曳至60时，可看到照片的对比变得更强了。再向右拖曳"亮度"滑块，提亮偏暗的图像，得到层次更为分明的商品照片。

技巧提示：即时查看调整效果

使用"亮度/对比度"调整照片的明暗时，如果不注意细节的处理，则很容易忽略图像中部分存在的色彩，造成细节的丢失。因此使用它调整图像时，应该勾选"预览"复选框，以便即时查看应用调整后的图像效果。此外，在"亮度/对比度"选项下还包括"使用旧版"复选框，勾选该复选框可以使用更早版本中的"亮度/对比度"功能来调整图像。

实例 29 | 精细调整商品的对比度

前面的实例介绍了使用"亮度/对比度"快速调整商品的对比度,下面将介绍如何精细调整图像的对比度。在 Photoshop 中要对照片的对比度做精细调整,则可以使用"曲线"命令来实现。用户可以控制曲线中任意一点所对应位置的影调,能实现较小范围内图像明暗的调整,使调整后的图像具有更多的层次。

素 材	随书资源\素材\04\04.jpg
源文件	随书资源\源文件\04\精细调整商品的对比度.psd

步骤 01 创建"曲线1"调整图层

打开素材文件04.jpg,这是一张毛衣细节展示照片,原图像对比较弱,衣服的细节及针织纹理都不是很清晰。单击"调整"面板中的"曲线"按钮█,创建"曲线1"调整图层。

步骤 02 设置曲线提亮图像

由于这张照片整体偏暗,为了让其亮部变得更加明亮,在打开的"属性"面板中,先在曲线右上部分单击,添加一个曲线控制点,然后向上拖曳该控制点,提高高光部分的亮度。

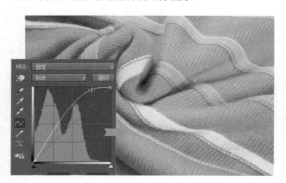

步骤 03 设置曲线加强对比

为了加强对比效果,在提亮高光后,还可以降低暗部的亮度。在曲线左下角单击,添加另一个曲线控制点,然后向下拖曳该控制点,使阴影部分变得更暗。

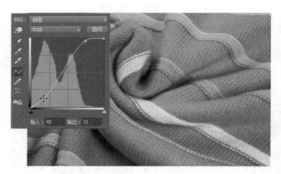

步骤 04 设置曲线进一步提亮图像

经过前面的操作,发现衣服的层次感变丰富了,但是图像还是偏暗。因此创建"曲线2"调整图层,在曲线的中间位置单击并向上拖曳曲线,提亮中间调。提亮后由于衣服上的高光部分有点曝光过度了,所以用黑色画笔在该区域涂抹,还原图像的影调。

实例 30 | 自由调整商品不同明暗区域的亮度

对于一张照片来讲，通常分为亮部区域、中间调区域和暗部区域，如果需要分别对这些区域进行亮度的调节，则可以使用 Photoshop 中的"色阶"命令。"色阶"通过改变照片中像素的分布来控制图像的亮度。使用"色阶"命令调整商品图像时，还可以借助色阶直方图观察需要调整的图像的范围，从而获得更准确的曝光效果。

素　材	随书资源\素材\04\05.jpg
源文件	随书资源\源文件\04\自由调整商品不同明暗区域的亮度.psd

步骤01　创建"色阶1"调整图层

打开素材文件05.jpg，由于这张照片明显偏暗，所以需要对它的亮度进行调整。为了让调整的图像更有层次，这里可以使用"色阶"分别对图像的中间调和高光进行调整。单击"调整"面板中的"色阶"按钮，新建"色阶1"调整图层。

步骤02　拖曳滑块提亮高光部分

打开"属性"面板，在面板中可以看到图像高光部分的像素较少，说明此图像曝光不足。单击代表高光部分的白色滑块，向左拖曳，提亮高光部分，恢复高光细节。

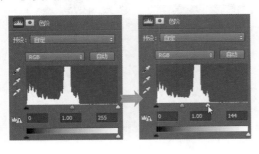

步骤03　提亮中间调

提亮高光后，发现图像整体明显偏暗。所以再单击代表中间调区域的灰色滑块，向左拖曳该滑块，提高中间调部分的图像亮度，完成图像亮度的调整。

技巧提示："色阶"中的自动校正

在"色阶"对话框中提供了一个"选项"按钮，单击该按钮，即可打开"自动颜色校正选项"对话框。在该对话框中可以设置黑色像素和白色像素的比例，从而控制图像的明暗对比。此外，在"自动颜色校正选项"对话框中还提供了多种调整图像整体色调范围的算法。其中，"增强单色对比度"能统一剪切所有通道，使高光显得更亮、暗调显得更暗的同时，保留图像整体色调关系，"自动对比度"命令即采用此算法调整明暗对比；"增强每通道的对比度"可最大化每个通道中的色调范围，以产生更明显的校正效果，它与"自动色阶"命令的算法一致；"查找深色与浅色"可查找图像中平均最亮和最暗的像素，并用它们进行最小化剪切的同时最大化对比度。

实例 31 | 修复逆光拍摄的商品图像

某些时候为了突出商品的外形轮廓，会采用逆光的方式进行拍摄，这样拍出来的照片很容易出现暗部细节损失、细节不清晰的情况，此时可以用"阴影／高光"命令加以修复。本实例将使用"阴影／高光"命令调整逆光拍摄的图像，显示更多的照片细节。

素　材	随书资源\素材\04\06.jpg
源文件	随书资源\源文件\04\修复逆光拍摄的商品图像.psd

步骤01　复制打开的图像

打开素材文件06.jpg，可以发现照片中相机镜头的阴影部分太暗，使得一些细节都没有了，因此需要在后期处理时加以修复。选择"背景"图层，将其拖曳至"创建新图层"按钮 ，释放鼠标，复制图层，得到"背景 拷贝"图层。

步骤02　调整"阴影/高光"选项

确保"背景 拷贝"图层为选中状态，执行"图像>调整>阴影/高光"菜单命令，打开"阴影/高光"对话框。在对话框中默认设置阴影"数量"为35%，发现图像阴影部分还是太暗，因此向右拖曳阴影"数量"滑块。当拖曳至50%时，图像阴影变得明亮起来。

步骤03　对更多选项进行调整

为了让调整的图像更加出色，勾选"阴影/高光"对话框中的"显示更多选项"复选框，显示更多的选项设置；然后将"颜色"滑块向左拖曳至-100位置，去掉颜色，让画面色彩更为干净，再向右拖曳"中间调"滑块，单击"确定"按钮，提高中间调部分的亮度。

步骤04　使用"USM锐化"滤镜锐化图像

提亮图像后发现相机镜头不太清晰，因此执行"滤镜>锐化>USM锐化"菜单命令，打开"USM锐化"对话框。在对话框中调整锐化选项，单击"确定"按钮，锐化图像，得到更清晰的细节效果。

实例 32 | 针对商品照片中的高光进行提亮

调整商品影调时，如果需要对它的一小部分进行提亮，最方便有效的方法就是使用"减淡工具"来完成。"减淡工具"可以根据设置的范围，提亮照片中的阴影、中间调和高光等部分。本实例为了突出中间闪亮的项饰，将使用"减淡工具"对项链进行提亮，得到更耀眼的效果。

素　材	随书资源\素材\04\07.jpg
源文件	随书资源\源文件\04\针对商品照片中的高光进行提亮.psd

步骤01 根据"色彩范围"选择阴影

打开素材文件07.jpg，为了突出画面中间的项链，可以降低背景区域的亮度。执行"选择>色彩范围"菜单命令，打开"色彩范围"对话框。由于这里需要对较暗的背景进行调整，因此选择"阴影"选项，单击"确定"按钮，创建选区，选择阴影部分。

步骤02 用"曲线"降低阴影部分的亮度

新建"曲线1"调整图层，这里需要降低背景阴影的亮度，所以在"属性"面板中单击并向下拖曳曲线。

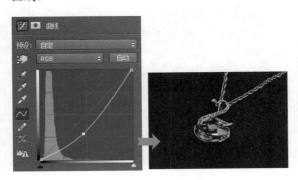

步骤03 使用"画笔工具"编辑图层蒙版

经过上一步操作，发现在降低背景图像亮度的同时，也降低了中间项链阴影部分的亮度。因此单击"曲线1"图层蒙版，用黑色画笔在不需要调整的项链位置涂抹，还原图像亮度，再用白色画笔在背景上涂抹，将整个背景都涂抹为白色。

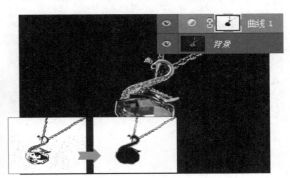

步骤04 使用"减淡工具"提亮高光

为了展现更加耀眼的项链效果，按下快捷键Shift+Ctrl+Alt+E，盖印可见图层，选择"减淡工具"，在选项栏中将范围设置为"高光"，"曝光度"设置为20%，然后在项链上涂抹，提亮高光部分。

实例 33 | 加深商品的暗部区域

在 Photoshop 中打开商品照片后，如果需要对图像进行局部加深处理，则可以使用"加深工具"控制加深的范围，并通过画笔的涂抹加深暗部区域。

素 材	随书资源\素材\04\08.jpg
源文件	随书资源\源文件\04\加深商品的暗部区域.psd

步骤 01　用"矩形选框工具"创建选区

打开素材文件08.jpg，发现原照片对比不强，画面表现力较差。为了突出中间的商品，选择"矩形选框工具"，在选项栏中调整参数，设置后沿照片边缘单击并拖曳鼠标，绘制选区，执行"选择>反选"菜单命令，选择边缘部分。

步骤 02　调整"色阶"添加晕影

新建"色阶1"调整图层，打开"属性"面板。这里需要降低边缘部分的图像的亮度，因此单击并向右拖曳面板中的灰色滑块，降低选区内图像的亮度，为图像添加晕影效果。

步骤 03　使用"加深工具"加深阴影

按下快捷键Shift+Ctrl+Alt+E，盖印可见图层，得到"图层1"图层。为了让画面中间的玩具车对比变强，选择"加深工具"，在选项栏中设置范围为"阴影"，"曝光度"为10%，在车身上涂抹，加深图像。

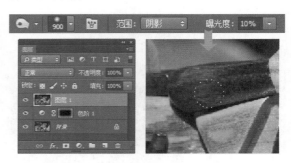

步骤 04　设置"色阶"提亮高光

继续使用"加深工具"涂抹并加深图像。最后创建"色阶2"调整图层，打开"属性"面板，在面板中向左适当拖曳白色滑块，提高高光部分的亮度。

第 5 章
商品照片调色秘笈

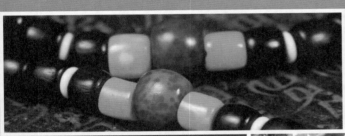

　　由于受到环境光线和白平衡设置不当的影响，拍摄出来的商品照片的色彩会和人眼看到的效果不同，因此，后期对商品照片的色彩修复与美化就显得尤为重要。商品照片中的商品颜色是帮助顾客判断、决定是否购买商品的关键因素，因此，在对商品照片进行调色时，不但需要对色彩进行美化，还需要较为准确地表现商品的色彩特征，以免为顾客带来错误的视觉感受，从而引起一些不必要的麻烦。

本章内容

实例 34 | 快速修复偏色的商品照片

偏色是商品摄影中经常会遇到的问题，一旦照片偏色，就会给顾客带来视觉上的误差，从而造成不必要的麻烦。所以对于网店中用于商品展示的照片来说，需要对其颜色进行校正。本实例是对偏色的糖果盒照片进行颜色校正。下面通过具体的操作步骤讲解如何快速修复偏色的商品照片。

素材	随书资源\素材\05\01.jpg
源文件	随书资源\源文件\05\快速修复偏色的商品照片.psd

步骤 01 复制图层

打开素材文件01.jpg，发现原照片受到拍摄环境的影响，画面偏暖色，需要通过后期处理加以还原。选择"背景"图层，将此图层拖曳至"创建新图层"按钮，复制图层，得到"背景 拷贝"图层。

步骤 02 执行"自动色调"命令

先对照片的色调进行快速校正。执行"图像>自动色调"菜单命令，可以看到照片的颜色得到了一定的修复。

步骤 03 执行"自动颜色"命令

为了让照片中糖果盒的颜色更接近于实物，还需要进一步对颜色进行校正。执行"图像>自动颜色"菜单命令，可以看到照片中的商品颜色呈现出了最自然的状态。

技巧提示："自动色调"和"自动颜色"

"自动色调"命令可以理解为自动色阶，它是将红色、绿色和蓝色3个通道的色阶分布扩展至全色阶范围。通过此命令可以增加图像色彩的对比度，但可能会造成图像偏色。"自动颜色"命令通过搜索图像来标示阴影、中间调和高光，从而调整图像的对比度和颜色，以达到校正颜色的目的。"自动颜色"命令可以自动调整照片中最亮的颜色和最暗的颜色，并将照片中的白色提高到最高值255，将黑色降低至最低值0，同时将其他颜色重新分配，避免照片出现偏色。

实例 35 | 快速提高商品照片的颜色鲜艳度

在商品照片中，颜色的鲜艳程度决定了画面的美观度。如果拍摄照片中的商品颜色非常暗淡，则肯定难以激发顾客的购买欲望。因此，在后期处理时可以根据要表现的商品的特点，对颜色暗淡的照片进行增色。本实例将通过"自然饱和度"快速提高照片的颜色鲜艳度。

素 材	随书资源\素材\05\02.jpg
源文件	随书资源\源文件\05\快速提高商品照片的颜色鲜艳度.psd

步骤01 创建"自然饱和度1"调整图层

打开素材文件02.jpg，可以看到图像中鞋子的颜色很暗淡，没有将鞋子的特点表现出来，因此在后期处理时需要提高其鲜艳度。为了方便调整或设置参数，单击"调整"面板中的"自然饱和度"按钮▽，创建"自然饱和度1"调整图层。

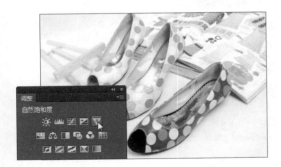

步骤02 设置选项调整颜色

打开"属性"面板，这里需要提升照片的颜色鲜艳度，因此先单击"自然饱和度"选项下的滑块，并将此滑块拖曳至最大数值。设置后照片中鞋子的颜色鲜艳度得到了一定的提高，但是还不够，为了让颜色变得更加吸引人，再适当向右拖曳"饱和度"滑块，再次增强颜色。

步骤03 编辑图层蒙版

经过上一步操作，可以发现不但调整了图像中鞋子的颜色，同时背景的颜色也变得更鲜艳了，为了突出照片中的鞋子主体，可对背景颜色进行还原。单击"自然饱和度1"图层蒙版，将前景色设置为黑色，按下Alt+Delete组合键，将蒙版填充为黑色，隐藏所有的调整效果；再把前景色设置为白色，选择"画笔工具"，在画面中的鞋子部分涂抹，经过反复涂抹鞋子，得到了鲜艳的鞋子效果。

技巧提示：调整照片溢色

使用"自然饱和度"调整照片颜色时，要注意观察照片的颜色，如果调整的参数过大，则可能会使照片变得过于鲜艳，出现溢色的情况。在 Photoshop 中，可以使用拾色器或"颜色"面板即时观察图像调整的效果。如果图像有溢色的情况，则在颜色块旁边会显示一个警示图标 ▲，此时就需要对颜色做进一步调整，降低颜色饱和度，直到警示图标 ▲ 消失。

实例 36 | 突出商品照片的单个颜色

当需要突出商品的某个特定颜色时，可以用 Photoshop 中的"色相 / 饱和度"功能，调整这个颜色的色相、饱和度及明度，从而突显照片主体，让要表现的商品形象更生动。

素　材	随书资源\素材\05\03.jpg
源文件	随书资源\源文件\05\突出商品照片的单个颜色.psd

步骤01 创建"色相/饱和度1"调整图层

打开素材文件03.jpg，单击"调整"面板中的"色相/饱和度"按钮▦，新建"色相/饱和度1"调整图层。

步骤02 选择并设置颜色

打开"属性"面板，由于此处是要增强化妆品的颜色，因此在"编辑"下拉列表框中选择"红色"选项，确定要调整的颜色范围。设置后单击并向右拖曳"饱和度"滑块。

技巧提示：还原调整效果

使用"色相 / 饱和度"调整颜色后，如果对设置的调整参数或图像效果不满意，可通过恢复默认值将图像还原至未调整前的效果。单击"预设"下拉按钮，在展开的下拉列表中选择"默认值"选项即可。

步骤03 继续选择并设置颜色

继续进行颜色的调整，为了让化妆品盖子颜色更统一，单击"编辑"右侧的下拉按钮，在展开的下拉列表中选择"洋红"选项，然后向右拖曳"饱和度"滑块。经过设置，在图像窗口中会看到调整后的效果。

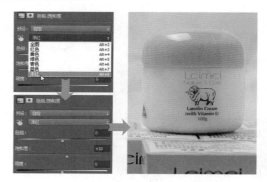

步骤04 用"色阶"提亮高光

调整颜色后，感觉照片亮度不够，图像显得不太干净。创建"色阶1"调整图层，打开"属性"面板，为了突出中间的化妆品，可以把背景提亮。单击并向左拖曳白色滑块，提亮高光部分。

实例 37 | 调节商品照片的冷暖感

在调整商品照片的色彩时，还可以在后期调色过程中更改照片的色调，赋予画面全新的色彩，让照片的色彩表现更独特，使其更符合商品所要传递的思想和情感。本实例将通过具体的操作来讲解如何调节商品照片的冷暖感，打造当下网店流行的色调效果。

素　材	随书资源\素材\05\04.jpg
源文件	随书资源\源文件\05\调节商品照片的冷暖感.psd

步骤 01　设置"中间调"选项

打开素材文件04.jpg，单击"调整"面板中的"色彩平衡"按钮，新建"色彩平衡1"调整图层。原照片要表现的商品为茶具，为了营造氛围，可以增强暖色，因此在"属性"面板中将"青色、红色"滑块向右拖曳，加强红色，再将"黄色、蓝色"滑块向左拖曳，加强黄色。

步骤 02　设置"阴影"选项

上一步操作中是对"中间调"部分的颜色进行调整，接下来为了让照片的色调更加完美，还将对"阴影"色调进行调整。单击"色调"右侧的下拉按钮，在展开的下拉列表中选择"阴影"选项，选择后将"青色、红色"滑块向右拖曳，加强红色，再将"黄色、蓝色"滑块向左拖曳，加强黄色。

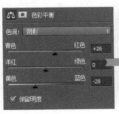

步骤 03　用"色彩平衡"增强色彩

经过前两步操作，图像颜色已经变为温暖的红、黄色调效果了。为了增强暖色调效果，创建"色彩平衡2"调整图层，继续使用同样的方法调整颜色，加深红色和黄色。设置后发现茶具的颜色太深了，单击"色彩平衡2"图层蒙版，用黑色画笔在茶具和茶叶位置涂抹，还原其颜色。

步骤 04　调整"色阶"降低背景亮度

按住Ctrl键不放，单击"色彩平衡2"图层蒙版，载入选区。新建"色阶1"调整图层，在打开的"属性"面板中拖曳滑块，调整图像的亮度，使画面的颜色显得更柔和。

实例 38 | 自由更改照片中的商品颜色

　　网店销售的商品往往有多种不同的颜色供顾客选择，很多时候为了节省拍摄成本，会在完成其中一种颜色的商品的拍摄后，通过后期处理调出与其他商品颜色相符的多种颜色。在Photoshop中可以应用"可选颜色"功能自由更改照片中的商品颜色，得到色彩更为丰富的商品效果。

素　材	随书资源\素材\05\05.jpg
源文件	随书资源\源文件\05\自由更改照片中的商品颜色.psd

步骤 01 创建"选取颜色1"调整图层

打开素材文件05.jpg，为了让顾客看到不同颜色的衣服的整体效果，这里可以对小朋友身上的服装颜色进行调整。由于只需要调整单个颜色，因此可以用"可选颜色"进行处理。单击"调整"面板中的"可选颜色"按钮 ，新建"选取颜色1"调整图层。

步骤 02 选择并设置颜色百分比

从打开的图像中可以看到小朋友穿着的衣服颜色为青色，所以单击"颜色"右侧的下拉按钮，在展开的下拉列表中选择"青色"选项，然后对颜色的百分比进行设置。

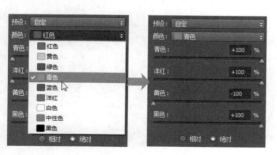

步骤 03 用"画笔工具"编辑蒙版

经过反复调整，最终确定将衣服颜色设置为蓝色。设置后小朋友所穿着的裤子颜色也发生了一定的变化，因此单击"选取颜色1"图层蒙版，选择"画笔工具"，把前景色设置为黑色，在裤子位置单击并涂抹，经过多次涂抹，还原裤子颜色。

> **技巧提示：指定颜色的混合方式**
>
> 　　在"可选颜色"下可以应用方法选项设置颜色的混合方式。选中"相对"单选按钮，可按照总量的百分比修改现有的青色、洋红、黄色或黑色的含量。例如，如果从**50%**的洋红像素开始添加**10%**，则5%将添加到洋红，结果为**55%**的洋红（50%*10%=5%）。选中"绝对"单选按钮，则采用绝对值调整颜色。例如，如果从**50%**的洋红像素开始添加**10%**，则结果为**60%**的洋红。

实例 39 | 修复偏冷或偏暖的商品照片

在室内拍摄商品时，很容易因为光线原因造成拍摄出来的商品图像偏冷或偏暖，此时可以利用 Photoshop 中的"照片滤镜"加以校正。"照片滤镜"模拟相机镜头上安装彩色滤镜的拍摄效果，可以快速消除色偏或对照片应用指定的色调。

素 材	随书资源\素材\05\06.jpg
源文件	随书资源\源文件\05\修复偏冷或偏暖的商品照片.psd

步骤 01 创建"照片滤镜1"调整图层

打开素材文件06.jpg，可以看到因为设置了错误的白平衡，导致拍摄出来的照片整体偏冷。为了让顾客看到更准确的包包颜色，需要先对颜色进行校正，这里用互补色进行校正。单击"调整"面板中的"照片滤镜"按钮，新建"照片滤镜1"调整图层。

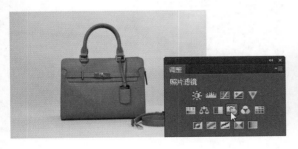

步骤 02 选择滤镜校正颜色

仔细观察不难发现原图像整体偏青绿色，打开"属性"面板，单击"滤镜"右侧的下拉按钮，在展开的下拉列表中选择青绿色的互补色"洋红"，再设置其浓度。设置后可以看到照片的颜色得到了还原。

步骤 03 设置"曲线"提亮高光

为了突出照片中间的手提包，可以对照片的亮度进行调整。执行"选择>色彩范围"命令，打开"色彩范围"对话框，选择"高光"选项，确定要调整的范围为包包旁边的背景部分；再创建"曲线1"调整图层，打开"属性"面板，在面板中单击并向上拖曳曲线，提亮图像。

步骤 04 设置"曲线"提亮手提包

提高背景亮度后，感觉手提包还是略微偏暗，因此，按住Ctrl键不放，单击"曲线1"图层蒙版，载入选区。执行"选择>反选"菜单命令，反选手提包图像；再创建"曲线2"调整图层，单击并向上拖曳曲线，提亮手提包。

实例 40 | 突出商品图像的局部增色

对于某些商品照片来说，为了突出商品中的一部分区域，会对该区域的图像进行颜色调整，使其能淋漓尽致地表现出商品的特点和品质。在 Photoshop 中可以使用"画笔工具"对照片中局部区域的图像进行绘制，并结合图层混合模式叠加颜色，使照片中的商品颜色更为出色。

素 材	随书资源\素材\05\07.jpg
源文件	随书资源\源文件\05\突出商品图像的局部增色.psd

步骤 01 设置前景颜色

打开素材文件07.jpg，为了突出照片中红色的珠子，可以增强其颜色。单击工具箱中的"设置前景色"按钮，打开"拾色器（前景色）"对话框，在对话框中对要增强的颜色进行设置。

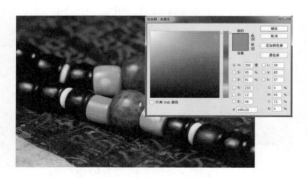

步骤 02 创建新图层更改混合模式

设置颜色后单击"图层"面板中的"创建新图层"按钮，新建"图层1"图层。为了让后面绘制的颜色与背景中的珠子颜色融合，需要对图层的混合模式进行调整。选择"图层1"图层，把此图层的混合模式设置为"饱和度"。

步骤 03 调整画笔属性

选择"画笔工具"，单击"画笔"右侧的下拉按钮，展开"画笔预设"选取器。为了让绘制的图像边缘更加柔和，单击"柔边圆"画笔笔触，再调整画笔的大小。调整后将鼠标移至链子中间的红色珠子位置，单击并进行涂抹操作。

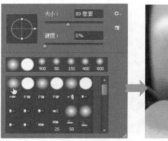
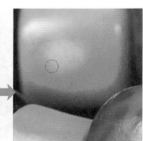

步骤 04 使用画笔涂抹图像

绘制到珠子边缘处时，为了让绘制的效果更精确，可以按下键盘中的 [键，缩小画笔笔触再进行涂抹，经过反复涂抹，增强颜色。由于涂抹后的珠子颜色显得太过鲜艳，所以把图层的不透明度适当降低。

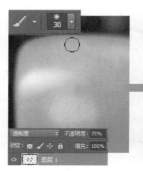

实例 41 ｜ 让商品的色彩变得丰富

在网店装修的过程中，对商品颜色进行适当调整可以让商品获得更高的点击率，提高商品的销量。本例所用的照片是拍摄的墨镜商品，为了让照片中的墨镜更加漂亮，利用"渐变工具"为其填充渐变颜色，并通过调整图层的混合模式，得到了颜色更为丰富的镜片效果。

素　材	随书资源\素材\05\08.jpg
源文件	随书资源\源文件\05\让商品的色彩变得丰富.psd

步骤 01　选择要调整颜色的区域

打开素材文件08.jpg，为了突出墨镜丰富的颜色，可以对它填充颜色。在填充颜色前选择"钢笔工具"，在镜片位置绘制路径，绘制完成后按下快捷键Ctrl+Enter，将绘制的路径转换为选区。

步骤 02　创建新图层更改混合模式

单击"图层"面板底部的"创建新图层"按钮，新建"图层1"图层。新建图层后，为了让填充的颜色叠加于镜片上，需要对混合模式进行调整，这里选择"柔光"混合模式。

步骤 03　设置并调整渐变颜色

选择"渐变工具"，单击选项栏中的渐变条，打开"渐变编辑器"对话框。根据要填充的渐变颜色进行颜色调整，此处单击"紫，橙渐变"，再单击并向右拖曳紫色滑块，调整渐变颜色，设置后单击"确定"按钮。

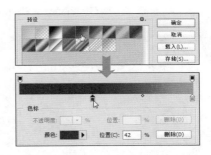

步骤 04　在选区中填充渐变颜色

确保"图层1"图层为选中状态，从模特额头位置向鼻梁下方单击并拖曳渐变，为墨镜镜片添加渐变的颜色效果。为了增强镜片颜色，按下快捷键Ctrl+J，复制图层，并把图层"不透明度"设置为30%。

实例 42 | 商品照片中的无彩色应用

现在很多网店为了吸引更多的顾客，在调整商品照片的过程中，会适当对商品的颜色进行艺术化处理，其中最为突出的就是黑白色调的应用。通过将拍摄的照片转换为黑白的无彩色效果，更能突显商品的高贵、精致等品质。本实例将运用"黑白"功能快速创建黑白色调的商品照效果。

素 材	随书资源\素材\05\09.jpg
源文件	随书资源\源文件\05\商品照片中的无彩色应用.psd

步骤01 创建"黑白1"调整图层

打开素材文件09.jpg，可以看到图像带有淡淡的黄色，显得很陈旧，需要进行调整。单击"调整"面板中的"黑白"按钮，新建"黑白1"调整图层。

步骤02 设置黑白选项

经过上一步操作，图像被转换为黑白效果。为了让转换后的黑白效果更加出色，单击"属性"面板右上角的"自动"按钮，自动调整颜色值。

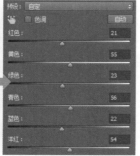

步骤03 用"亮度/对比度"调整对比

为了突出手表的高贵品质，可以对照片的颜色对比度进行调整。单击"调整"面板中的"亮度/对比度"按钮，新建"亮度/对比度1"调整图层，在打开的"属性"面板中单击并向右拖曳"对比度"滑块，增强图像的对比度，得到更有层次感的画面。

技巧提示：多种方法转换黑白效果

要将拍摄的彩色商品照片转换为黑白效果，除了使用"黑白"功能外，还有多种方法可以实现。方法一，执行"图像 > 调整 > 自然饱和度"菜单命令，在打开的对话框中将"自然饱和度"和"饱和度"设置为 **-100**；方法二，执行"图像 > 调整 > 色相／饱和度"菜单命令，在打开的对话框中将"饱和度"设置为 **-100**；方法三，执行"图像 > 模式 > 灰度"菜单命令，将图像转换为灰度模式。

实例 43 | 让一组照片中的商品颜色更统一

在拍摄商品照片时，很有可能会因为拍摄角度和相机设置等原因，导致拍摄出来的多张照片中商品颜色不太一致，这时可以通过后期处理，应用 Camera Raw 滤镜对照片进行批量调整。下面将通过具体的实例讲解如何快速批处理照片，统一商品的颜色。

素　材	随书资源\素材\05\10.cr2～14.cr2
源文件	随书资源\源文件\05\让一组照片中的商品颜色更统一.dng、让一组照片中的商品颜色更统一_1～4.dng

步骤01　打开多张照片并设置"基本"选项

启动Photoshop程序，在Camera Raw窗口中打开素材文件10.cr2～14.cr2，发现图像层次感偏弱，因此在窗口右侧的"基本"选项卡中调整选项，适当提高图像亮度。

步骤02　设置"色调曲线"调整颜色

经过上一步调整，图像的亮度还是不够，再单击"色调曲线"按钮，切换至"色调曲线"选项卡，在选项卡中单击"点"标签，然后单击并向上拖曳曲线，提亮图像，再在"通道"下拉列表框中选择"蓝色"选项，单击并向上拖曳曲线，提高蓝通道图像的亮度。

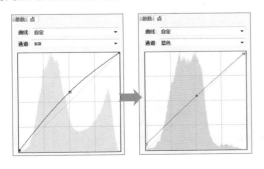

步骤03　更改局部颜色色相

调整亮度后，接下来是色彩的调整。单击"HSL/灰度"按钮，切换至"HSL/灰度"选项卡，在选项卡中先单击"色相"标签，展开对应的选项设置。这里为增强背景与人物主体的色彩反差效果，向右拖曳"黄色"和"绿色"滑块，调整黄色和绿色图像的色相。

步骤04　设置"饱和度"让颜色更鲜艳

单击"饱和度"标签，切换至"饱和度"选项卡。先向右拖曳"红色"滑块，再适当向右拖曳"黄色"和"绿色"滑块，使连衣裙和油菜花变得更鲜艳。

步骤05 设置"明亮度"以调整影调

观察调整后的图像，发现连衣裙和油菜花的绿色枝叶偏亮，因此切换至"明亮度"选项卡，先向左拖曳"红色"和"绿色"滑块，以降低这两个颜色的亮度；再向右拖曳"黄色"滑块，提亮黄色油菜花背景，突出中间穿着连衣裙的模特。

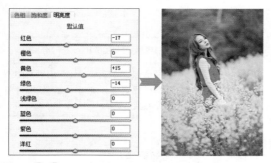

步骤06 设置"分离色调"来变换阴影色调

单击"分离色调"按钮，切换至"分离色调"选项卡。为了让阴影部分变得更蓝，将"色相"滑块拖曳到蓝色位置，然后向右拖曳"饱和度"滑块，调整颜色饱和度。

步骤07 使用"渐变滤镜"添加光晕效果

最后，为了让图像更柔美，可以为其添加光晕效果。单击工具栏中的"渐变滤镜"按钮，展开"渐变滤镜"选项卡，在其中调整参数并选择光晕颜色，设置后根据画面效果从图像右上角向中间位置拖曳鼠标，释放鼠标后即可看到设置光晕后的图像。

步骤08 全选要批量调整的照片

完成单张照片的调整后，接下来就需要进行照片的批量调整。单击窗口左侧的"全选"按钮，同时选中打开的多张照片。

步骤09 设置"同步"选项

单击窗口左侧的"同步"按钮，将会打开"同步"对话框，在其中可以设置同步选项。这里在"子集"下拉列表框中选择"全部"选项，然后单击"确定"按钮，开始照片的同步处理操作。

步骤10 存储调整后的图像

照片的同步处理操作完成后，为了保留处理结果，还需要把图像存储到指定位置。单击"全选"按钮以选中所有要存储的图像，再单击窗口左下角的"存储图像"按钮，打开"存储选项"对话框，在对话框中根据需要调整存储位置及文件名称，单击"存储"按钮，存储图像。

第 6 章
文字与图形的应用

　　在进行网店装修时，对商品照片进行处理是必不可少的环节，那么完成商品照片的美化和修饰后，如何让顾客了解更多的商品信息呢？可以通过在图像中添加文字和图形的方法来实现。无论是网店中的店招、导航还是活动宣传广告，这些模块的设计都包括文字与图形的设计。添加必要的文字和图形，能将画面中商品的特征、主要作用、功效等信息通过图片清晰地表达出来。

本章内容

实例 44 | 在照片中添加横排文字

完成照片影调、色彩的调整后，为了使表现的主题更加明确，需要在照片中添加文字，其中最为普遍的文字排列方式就是水平排列。在 Photoshop 中使用"横排文字工具"可以在照片中快速创建沿水平方向排列的文字，并且可结合"字符"面板对文字的字体、大小等属性进行调整。

素　材	随书资源\素材\06\01.jpg
源文件	随书资源\源文件\06\在照片中添加横排文字.psd

步骤 01　用"裁剪工具"裁剪图像扩展画布

打开素材文件01.jpg，将背景色设置为R245、G241、B232。选择"裁剪工具"，沿图像边缘单击并拖曳鼠标，绘制裁剪框，然后调整裁剪框的大小，扩展画布效果。为了让背景与右侧的鞋子图像过渡更自然，选择"画笔工具"，将前景色设置为R245、G241、B232，降低不透明度，在图像与背景边缘衔接处涂抹。

步骤 02　使用"横排文字工具"输入文字

选择"横排文字工具"，在画面左侧的留白处单击并输入文字"新品发布会"。输入后为了让文字更加醒目，打开"字符"面板，在其中把字体设置为较粗的方正粗倩简体，颜色设置为R139、G49、B13，设置后对文字应用其效果。

步骤 03　继续输入文字

选择"横排文字工具"，继续在文字下方输入"满179即送高级鞋油"。输入后为了表现文字的主次关系，打开"字符"面板，将字体设置为方正超粗黑简体，然后将字号调小至88点，颜色设置为较鲜艳的红色。

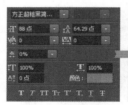 

步骤 04　输入更多横排文字

使用"横排文字工具"在画面左侧单击并输入更多文字。输入后利用"字符"面板调整文字的大小、字体和颜色，得到更丰富的画面效果。同时，在"图层"面板中将得到对应的文字图层。

技巧提示：更改文字排列方向

使用"横排文字工具"在照片中输入水平排列的文字后，单击选项栏中的"切换文本取向"按钮，可以将横排文字转换为直排文字效果。

实例 45 | 向商品图像添加直排文字

在商品照片中，不但可以添加沿水平方向排列的文字，也可以添加沿垂直方向排列的文字。具体操作方法是选择工具箱中的"直排文字工具"，然后在需要添加文字的位置单击并完成文字的输入操作。

素　材	随书资源\素材\06\02.jpg
源文件	随书资源\源文件\06\向商品图像添加直排文字.psd

步骤01　使用"直排文字工具"输入文字

打开素材文件02.jpg，单击工具箱中的"直排文字工具"按钮，选中"直排文字工具"。将鼠标移至画面左侧的背景位置，单击鼠标，输入"古色"二字，然后打开"字符"面板，对文字属性进行更改。由于饰品为古典风格，且主要颜色为红色，为了统一画面效果，在"字符"面板中把字体设置为叶根友毛笔行书，颜色设置为R198、G3、B3。

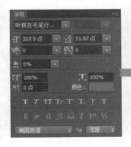

步骤02　设置选项调整颜色

为了让文字显得更加漂亮，可以更改单个文字的颜色。使用"直排文字工具"在输入的文字"色"上面单击并拖曳鼠标，选中单个文字，打开"字符"面板，将文字颜色设置为R238、G237、B190。

步骤03　复制文字图层

此时在"图层"面板中会得到对应的"古色"图层，按下快捷键Ctrl+J，复制"古色"图层，得到"古色 拷贝"图层。将复制的文字向右下方移动，得到错落的文字效果；再选择"直排文字工具"，选中复制的文字，将其更改为"生香"，得到相同样式的文字。

步骤04　输入更多文字

选择"直排文字工具"，继续在右侧输入手链名、所属品牌、产地等信息。为了不让文字过于抢眼，可以对字体进行更改，然后将文字的字号设置得稍小一些，得到更加完整的画面效果。

实例 46 | 添加段落文字描述商品信息

如果一张照片中需要添加大量的文字信息，则可以通过创建段落文本的方式来实现。选择"横排文字工具"或"直排文字工具"后，在要添加文字处单击并拖曳鼠标，即可创建一个段落文本框，在文本框中输入文字即可完成段落文本的创建。

素　材	随书资源\素材\06\03.jpg
源文件	随书资源\源文件\06\添加段落文字描述商品信息.psd

步骤 01　用"横排文字工具"创建段落文本

打开素材文件03.jpg，选择"横排文字工具"按钮，在画面左侧单击并拖曳鼠标，绘制一个文本框，然后在文本框中输入文字。

步骤 02　更改文本框大小

输入文字信息后，为了让文字与商品区分开来，结合"字符"面板分别对文本框中文字的字体、颜色、大小进行调整。调整后发现文字不小心遮挡了下方的咖啡机，所以选择"横排文字工具"，在文字上单击，显示文本框，将鼠标移至文本框右侧，当鼠标变为双向箭头时，单击并向左侧拖曳，调整文本框大小。

步骤 03　更改文本对齐方式

由于默认情况下，输入的段落会以左对齐的方式显示，为了让文字显得更加紧凑，可以对文字的对齐方式进行更改。执行"窗口>段落"菜单命令，打开"段落"面板。在面板中单击"居中对齐文本"按钮，将文本框中的文字对齐方式更改为居中对齐。

技巧提示：设置段落对齐的要点

需要调整段落文字的对齐方式时，如果段落文字处于正在编辑状态，单击段落对齐按钮，只会对光标所在段落的文字进行调整；如果需要对图层中的所有段落设置相同的对齐方式，则需要单击工具箱中的任意工具，先退出文本编辑状态，再单击"段落"面板中的文本对齐按钮，对齐段落文字。

实例 47　添加更随性动感的文字效果

为了让画面中的文字表现出律动感，可以使用 Photoshop 中的"变形"功能对输入的文字进行变形。在变形文字时，可以根据画面的整体效果，尝试不同的变形样式，以获得最佳的画面效果。本实例将讲解如何制作动感的文字效果。

素　材	随书资源\素材\06\04.jpg
源文件	随书资源\源文件\06\添加更随性动感的文字效果.psd

步骤01　使用"钢笔工具"绘制文字底纹

打开素材文件04.jpg，选择"钢笔工具"，设置绘制模式为"形状"，然后在图像右下方连续单击，绘制不规则图形，用于确定要输入的文字位置；再选择"形状1"图层，将此图层的"不透明度"设置为70%，降低不透明度，让图形与背景自然融合到一起。

步骤02　使用"横排文字工具"输入文字

选择"横排文字工具"，打开"字符"面板，在面板中对文字属性进行设置，这里为了增强文字的可读性，将文字选择为较粗的汉仪双线体简体，颜色设置为白色。设置后按下快捷键Ctrl+T，打开自由变换编辑框，对文字进行适当调整。

步骤03　设置"变形文字"选项

确保"横排文字工具"为选中状态，单击选项栏中的"创建文字变形"按钮，打开"变形文字"对话框。为了表现动感的文字效果，单击"样式"下拉按钮，选择"旗帜"样式，再将"弯曲"值调整为+43%，设置后单击"确定"按钮，应用文字变形效果。

步骤04　添加更多动感的文字

继续使用"横排文字工具"在主标题文字下输入更多文字，输入后单击选项栏中的"创建文字变形"按钮，打开"变形文字"对话框。为了表现动感的文字效果，单击"样式"下拉按钮，选择"旗帜"样式，再将"弯曲"值调整为+20%，统一画面中的文字变形效果。

实例 **48** 照片中的个性化文字设计

字体决定了文字输入后的整体效果，进行网店装修时，为了让画面中的文字更吸引人，会对文字做艺术化设计。Photoshop 中使用"转换为形状"命令可以将输入的文字转换为图形，结合路径编辑工具，就能完成文字的艺术化变形了。

素　材	随书资源\素材\06\05.jpg
源文件	随书资源\源文件\06\照片中的个性化文字设计.psd

步骤01 使用"横排文字工具"输入文字

打开素材文件05.jpg，选择"横排文字工具"，在画面中输入文字"清凉一夏狂降到冰点"，输入后会在"图层"面板中得到对应的文字图层。

步骤02 将文字转换为图形

单击"图层"面板中的"清"图层，选择首个文字"清"，执行"文字>转换为形状"菜单命令，将文字转换为图形。为了看到转换的图形效果，选择"直接选择工具"，单击"清"字，可以看到路径及路径上的锚点。选择"转换点工具"，将鼠标移至路径上需要转换的锚点位置，单击鼠标，转换路径锚点。

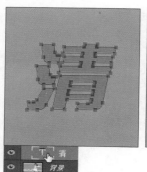 

步骤03 变形文字并设置"描边"样式

继续在路径上其他需要转换的锚点位置单击，转换路径锚点，然后结合其他路径编辑工具，对文字图形的外形轮廓进行设置，得到更简单的艺术化字体。执行"图层>图层样式>描边"菜单命令，打开"图层样式"对话框，在对话框中设置"描边"样式选项，为文字添加描边效果。

步骤04 完成更多文字的艺术化设计

使用与步骤02、03相同的方法，选中"图层"面板中的文字图层，执行"文字>转换为形状"菜单命令，把文字转换为图形；然后更改文字外形轮廓，并为其添加相同的描边效果；最后添加辅助文字，完成文字的艺术化设计。

实例 49 | 让商品照片中的文字表现出立体感

使用"横排文字工具"或"直排文字工具"在照片中输入文字后，为了让输入的文字表现出立体的视觉效果，可以使用"图层样式"为文字添加一种或多种样式效果。本实例将介绍如何快速设计立体的文字效果。

素　　材	随书资源\素材\06\06.jpg
源文件	随书资源\源文件\06\让商品照片中的文字表现出立体感.psd

步骤01 设置"斜面和浮雕"样式

打开素材文件06.jpg，使用"横排文字工具"输入文字。输入后发现主体文字"全新升级益智好吸收"颜色太淡，不够醒目，因此双击"全新升级"图层，打开"图层样式"对话框。在对话框中勾选"斜面和浮雕"复选框，设置"斜面和浮雕"样式选项。

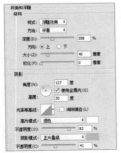

步骤02 设置"描边"和"投影"样式

继续在"图层样式"对话框中进行设置，勾选"描边"复选框，设置"描边"选项，将描边的颜色设置为与商品颜色接近的绿色，统一画面颜色。再勾选"投影"复选框，设置"投影"选项，为文字设置更自然的投影效果。设置完成后单击"确定"按钮，应用样式，得到更加立体的文字效果。

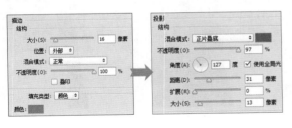

步骤03 复制图层样式

为了让画面的主体文字效果更加统一，右击"全新升级"图层下方的图层样式，在弹出的快捷菜单中执行"拷贝图层样式"命令，然后右击"益智好吸收"文字图层，在弹出的快捷菜单中执行"粘贴图层样式"命令，粘贴图层样式，得到相同的文字样式。

步骤04 设置"描边"样式

使用"横排文字工具"在画面中输入白色的文字"益智吸收组合"。执行"图层>图层样式>描边"菜单命令，打开"图层样式"对话框，在对话框中设置描边颜色为绿色，将白色的文字突显出来。

实例 50 | 在商品照片中绘制规则图形

在网店装修中，为了突出画面中的部分内容，会在指定区域绘制规则的圆形或矩形等图形。在 Photoshop 中，如果要绘制规则的图形，可以使用"矩形工具"和"椭圆工具"。在具体的操作过程中，只需要单击并拖曳鼠标就能快速完成图形的绘制。

素　材	随书资源\素材\06\07.jpg
源文件	随书资源\源文件\06\在商品照片中绘制规则图形.psd

步骤01　使用"裁剪工具"更改画面构图

打开素材文件07.jpg，由于这张照片要表现的商品是模特脖子上的围巾，所以选择"裁剪工具"，在图像上方单击并拖曳鼠标，绘制一个裁剪框。勾选"删除裁剪的像素"复选框，按下Enter键，裁剪图像，突出商品。

步骤02　使用"椭圆工具"绘制图形

将前景色设置为与背景颜色反差较大的颜色，选择"椭圆工具"，按住Shift键不放，在图像左上角位置单击并拖曳鼠标，绘制正圆图形。绘制后，为了让图形表现出立体的视觉效果，双击图层，打开"图层样式"对话框，勾选"投影"复选框，设置"投影"样式选项，添加投影。

步骤03　复制图层调整选项

按下快捷键Ctrl+J，复制一个圆形，按下快捷键Ctrl+T，显示自由变换编辑框，按住Shift+Ctrl键不放，单击并拖曳鼠标，稍微放大图像。放大后因图形的颜色、描边效果都一样，所以遮盖了下方的圆形。为了将两个图形区分开来，用"直接选择工具"选中较大的正圆图形，在选项栏中调整图形的填充、描边选项，得到圆点描边效果。

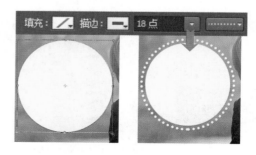

步骤04　添加矩形和文字

使用"横排文字工具"在图形中间和下方输入文字。输入文字后，为了突出文字"SHOW"，选择"矩形工具"，设置前景色为R105、G215、B186，在文字下方单击并拖曳鼠标，绘制矩形。

实例 51 在商品照片中绘制不规则图形

在网店装修的过程中，除了需要绘制规则的矩形、方形和圆形修饰图像或版面外，为了让画面更有特色，还经常需要在图像中绘制不规则的图形。本实例将使用"圆角矩形工具"和"多边形工具"绘制商品对比展示效果，突出商品的优质。

素 材	随书资源\素材\06\08.jpg
源文件	随书资源\源文件\06\在商品照片中绘制不规则图形.psd

步骤 01 使用"圆角矩形工具"绘制边框

打开素材文件08.jpg，首先为图像绘制边框。选择"圆角矩形工具"，在选项栏中将"半径"设置为0像素，沿图像边缘单击并拖曳鼠标，绘制同等大小的直角矩形；再单击"路径操作"按钮，在弹出的下拉列表中单击"排列重叠形状"选项，设置"半径"为15像素，在画面中间位置绘制圆角矩形效果。

步骤 02 绘制不同颜色的圆角矩形

继续使用同样的方法，在画面中间位置单击并拖曳鼠标，绘制一个白色的圆角矩形，划分图像。将前景色设置为R210、G57、B59，"半径"设置为30像素，在左半部分图像顶部绘制一个玫红色的圆角矩形。选择"横排文字工具"，在红色的图形上单击，输入文字"柔软厚实"。

步骤 03 在画面中添加更多圆角矩形和文字

继续使用同样的方法，在画面中绘制更多圆角矩形效果。绘制完成后选择"横排文字工具"，在绘制的图形上输入对应的文字，突出毛衣的材质特点。

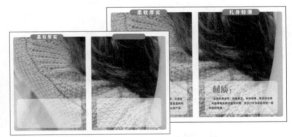

步骤 04 使用"多边形工具"绘制星形

为了表现衣服的材质品级，可以继续在图像中绘制星形图案。单击工具箱中的"多边形工具"按钮，单击选项栏中的"几何体选项"按钮，展开"几何体选项"下拉列表。由于这里要绘制平滑的星形图案，所以勾选"平滑拐角"和"星形"复选框，然后在选项栏中把"边"设置为5，在图像上单击并拖曳鼠标，绘制星形效果。

实例 52 | 添加箭头指示商品设计亮点

在制作商品卖点展示图时，为了让商品的主要功效、特点表现得更加明确，往往会在图像中添加一些线条或箭头图案。在 Photoshop 中，使用"直线工具"即可快速在照片中完成线条或箭头图形的添加，同时还能根据画面需要，灵活更改这些线条或箭头的粗细、颜色等。

素 材	随书资源\素材\06\09.jpg
源文件	随书资源\源文件\06\添加箭头指示商品设计亮点.psd

步骤01 绘制起点带箭头的线条

打开素材文件09.jpg，单击工具箱中的"设置前景色"按钮，打开"拾色器（前景色）"对话框。由于照片中的鞋子颜色为蓝色，所以将要绘制的图形的颜色设置为R29、G47、B69，单击"确定"按钮。选择"直线工具"，单击"几何体选项"按钮，展开"几何体选项"下拉列表，由于此实例需要绘制的图形为带箭头的直线，所以勾选"起点"复选框，调整线条粗细，单击并向上拖曳鼠标，绘制图形。

步骤02 绘制终点带箭头的线条

继续使用同样的方法，在鞋子上方绘制更多不同长短的带箭头的直线。接下来还需要在画面下方绘制带箭头的直线，单击"几何体选项"按钮，在展开的下拉列表中勾选"终点"复选框，单击并向上拖曳鼠标，继续绘制图形。

步骤03 绘制更多线条

根据要表现的鞋子的卖点，继续使用"直线工具"在画面中绘制出更多不同长短的直线。按下快捷键Ctrl+J，复制"背景"图层，创建"背景 拷贝"图层。使用"椭圆选框工具"绘制圆形选区，单击"添加图层蒙版"按钮，添加蒙版，隐藏多余的图像，显示鞋子的细节效果。

步骤04 设置更丰富的画面

为了让要表现的商品卖点更明确，选择"横排文字工具"，在图像上方单击，输入文字"精选头层牛皮"。继续使用同样的方法，复制图像，添加文字。

实例 53 ｜ 为商品照片添加个性水印

现在很多店家为了树立店铺的品牌形象，或者防止其他店铺盗用图片，都会在商品图片上添加个性化的水印。Photoshop 中可以结合"自定形状工具"和文字工具创建水印图案，并将其定义为预设的图案，方便在其他照片中添加相同的水印效果。

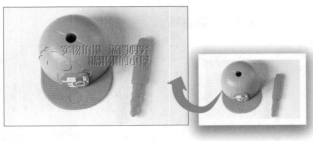

素　材	随书资源\素材\06\10.jpg
源文件	随书资源\源文件\06\为商品照片添加个性水印.psd

步骤01 新建文件绘制图形

在添加水印前需要先绘制水印图形，执行"文件>新建"菜单命令，打开"新建"对话框。在对话框中输入新建文件名、宽度和大小等选项，单击"确定"按钮，新建文件。选择"钢笔工具"，在画面中间位置绘制一个糖果形状的图形。

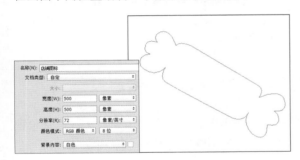

步骤02 继续绘制图形

单击选项栏中的"路径操作"按钮，在展开的下拉列表中单击"排除重叠形状"选项，继续在糖果图像中间位置绘制一个心形，得到复古形状效果。

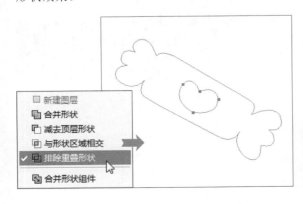

步骤03 自定义图形

将绘制的图形定义为新的水印图案，执行"编辑>定义自定形状"菜单命令，打开"形状名称"对话框。在对话框中输入形状名"店铺LOGO"，单击"确定"按钮，自定义形状。此时如果要查看定义的形状，则可单击"自定形状工具"按钮，则可单击"形状"右侧的下拉按钮，在展开的面板下方就会看到定义的图形。

步骤04 使用"自定形状工具"绘制图形

在Photoshop窗口中打开素材文件10.jpg，选择"自定形状工具"，单击"形状"右侧的下拉按钮，在展开的面板中单击自定义的"店铺LOGO"形状，在图像中单击并拖曳鼠标，绘制图形。

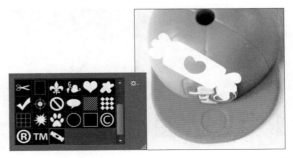

步骤05   使用"横排文字工具"输入文字

选择"横排文字工具"，在绘制的图形右侧单击并输入文字"实物拍摄 盗图必究 糖果果的小屋"。输入后打开"字符"面板，对输入文字的属性进行设置，将字体设置为较活泼的方正粗倩简体，颜色设置为清爽的白色。

步骤06   更改文字对齐方式

输入文字后，发现文字与绘制的店铺LOGO图形重合了。执行"窗口>段落"菜单命令，打开"段落"面板，单击"右对齐文本"按钮，将段落文字更改为右对齐效果。

步骤07   盖印选中图层

为了让设置的水印图案与下方的商品融合，需要为文字创建特殊的艺术效果。按住Ctrl键不放，单击"形状1"和文字图层，按下快捷键Ctrl+Alt+E，盖印选中图层，得到"实物拍摄 盗图必究 糖果果的小屋（合并）"图层。单击图层前的"指示图层可见性"图标，将下方的"形状1"和文字图层隐藏起来。

步骤08   设置"浮雕效果"滤镜

确保"实物拍摄 盗图必究 糖果果的小屋（合并）"图层为选中状态，执行"滤镜>风格化>浮雕效果"菜单命令，打开"浮雕效果"对话框。此处不需要对参数作更改，直接单击"确定"按钮，对图案应用浮雕效果。

技巧提示：滤镜的重复应用

对图层中的对象应用滤镜后，如果需要再应用相同的滤镜效果，则可以按下快捷键**Ctrl+F**，如果需要打开上一次设置的滤镜对话框，则可以按下快捷键**Ctrl+Alt+F**。

步骤09   更改图层混合模式

选中"实物拍摄 盗图必究 糖果果的小屋（合并）"图层，将此图层的混合模式更改为"强光"。设置后可看到水印图案显示为半透明效果。

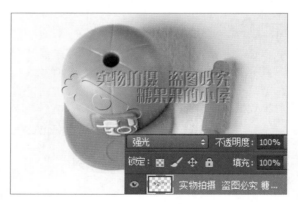

第 7 章
商品的抠取与合成

　　在网店装修的过程中，无论是制作首页欢迎模块还是详情页，都会遇到需要将商品从背景中抠出来的情况，只有将商品抠取出来，才能自由地进行合成与设计。因此，商品对象的抠取是合成图像的基础，也是网店美工设计人员必备的一项技能。那么，当打开一张商品照片时，选择哪种方法才能最快速地把商品对象抠取出来呢？

本章内容

实例 54 | 抠取外形较规则的商品

如果打开照片后发现要抠取的商品为较为规则的圆形、方形，则要快速抠出商品图像，最好的方法就是使用"矩形选框工具"或"椭圆选框工具"来完成。"矩形选框工具"和"椭圆选框工具"可以创建较规则的矩形或圆形选区。下面介绍外形规则的商品的抠取过程。

素　　材	随书资源\素材\07\01.jpg
源文件	随书资源\源文件\07\抠取外形较规则的商品.psd

步骤01 选择"矩形选框工具"绘制矩形选区

打开素材文件01.jpg，可以看到照片中咖啡机包装盒为规则的矩形，因此可以选择"矩形选框工具"来抠取。单击"矩形选框工具"按钮■，将鼠标移至包装盒左上角位置，单击并向右下角拖曳鼠标，当拖曳至一定位置后释放鼠标，选择图像。

步骤02 复制选区内的图像

选择图像后，按下快捷键Ctrl+J，就可以将选区内的图像复制。单击"背景"图层前的"指示图层可见性"按钮■，即可查看抠出的商品效果。

步骤03 创建新图层填充颜色

为了使抠出的图像背景更干净，可以为它添加新的纯色背景。在"图层1"图层下方新建"图层2"图层，设置前景色为R245、G241、B232，按下快捷键Alt+Delete，运用设置的前景色为背景填充颜色。

步骤04 复制图层添加投影

抠出图像后，还需要让抠出的图像表现出立体的视觉感。复制"图层1"图层，得到"图层1拷贝"图层，垂直翻转图层中的图像，并为其添加图层蒙版，选择"渐变工具"，从下方往上拖曳黑白渐变，得到渐隐的投影效果。

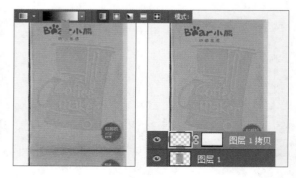

实例 55 ｜ 抠取不规则多边形对象

大多数情况下所接触的商品形状并不是非常规则的矩形、方形或圆形，这时应用选框工具就不能完整地抠出需要的商品对象。在 Photoshop 中，如果需要抠出多边形对象，需要使用"多边形套索工具"来实现。本实例介绍了使用"多边形套索工具"抠取商品的具体方法。

素　材	随书资源\素材\07\02、03.jpg
源文件	随书资源\源文件\07\抠取不规则多边形对象.psd

步骤 01　使用"多边形套索工具"创建选区

打开素材文件02.jpg，可以看到原照片中的商品外形轮廓为不规则的多边形，因此可以选用"多边形套索工具"进行图像的抠取操作。选择"多边形套索工具"，将鼠标移至化妆品图像边缘，通过连续单击，选择左侧的化妆品图像。

步骤 02　扩展选区效果

在处理这张照片时，不但要抠出左侧带包装的商品，还需要抠出右侧不带包装的商品。单击"多边形套索工具"选项栏中的"添加到选区"按钮，然后将鼠标移到右侧的化妆品图像上，连续单击鼠标，进行图像的选择操作。

步骤 03　复制并抠取图像

经过上一步操作，选中了画面中的所有商品图像，按下快捷键Ctrl+J，即可复制选区内的图像，抠出商品。单击"背景"图层前的"指示图层可见性"按钮，查看抠取的图像。隐藏"背景"图层后，发现图像因拍摄原因有点倾斜，按下快捷键Ctrl+T，打开自由变换编辑框，单击并拖曳编辑框，调整图像的透视角度。

步骤 04　修复偏暗的图像

抠出图像后，为了让抠出的商品更出色，可以为其添加新的背景图像。打开素材文件03.jpg，将打开的花朵图像复制到化妆品图像中。根据画面的整体效果，创建"色阶1"和"自然饱和度1"调整图层，调整商品的明暗和色彩。

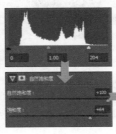

实例 56 | 从单一背景中快速抠取轮廓清晰的商品

当商品照片的背景颜色变化不大，需要选取的主体对象轮廓清晰，且与背景色之间有一定的差异时，使用"魔棒工具"可以快速选择并抠出对象。"魔棒工具"的使用方法非常简单，只需要在图像上单击，Photoshop 就会选择与单击处色调相似的像素。

素　材	随书资源\素材\07\04.jpg
源文件	随书资源\源文件\07\从单一背景中快速抠取轮廓清晰的商品.psd

步骤 01　使用"魔棒工具"单击背景

打开素材文件04.jpg，发现画面中间的鞋子与背景颜色反差较大，可以使用"魔棒工具"来抠取鞋子图像。选择"魔棒工具"，将鼠标移至灰色的背景处单击。

步骤 02　连续单击扩展选择范围

单击后发现选中了整个背景图像，为了实现更精细的选取，单击选项栏中的"添加到选区"按钮，将鼠标移至鞋子下方投影处，单击鼠标，添加选区，扩大选择范围。

步骤 03　反选选区

继续使用"魔棒工具"在鞋子旁边的背景处单击，扩展选区，直至选中整个背景区域。由于这张照片需要抠出的图像为画面中间的男鞋，因此按下快捷键Shift+Ctrl+I，反选选区，即选中了画面中间的鞋子部分。

步骤 04　复制并抠出图像

按下快捷键Ctrl+J，复制选区内的图像，得到"图层1"图层。隐藏"背景"图层，检查抠出的鞋子图像，发现鞋子边缘还有一些黑色的背景。选择"橡皮擦工具"，在边缘处涂抹，将黑色背景擦除干净。最后可以为抠出的图像添加新的背景和投影效果。

技巧提示："魔棒工具"使用技巧

对于"魔棒工具"来说，多尝试是获得满意选区的最佳方法。如果选择的范围过大，则可适当减小"容差"值；如果选择的范围过小，则可以增加"容差"值。

实例 57 | 从复杂背景中抠取轮廓清晰的商品图像

当商品照片的背景颜色较为复杂，需要选取的主体对象轮廓清晰时，可以使用"快速选择工具"快速选择并抠出图像。"快速选择工具"能够利用可调整的画笔笔尖像绘画一样涂抹出选区，涂抹时选区会自动扩展并查找与跟随图像中定义的边缘。

素　材	随书资源\素材\07\05.jpg
源文件	随书资源\源文件\07\从复杂背景中抠取轮廓清晰的商品图像.psd

步骤 01　使用"快速选择工具"创建选区

打开素材文件05.jpg，这张照片在拍摄时选择了一些物品搭配拍摄，但是拍摄出来的画面显得有些凌乱，为了更好地展示鞋子，在后期处理时可以将鞋子抠出。由于这张照片背景相对较复杂，因此为了让抠出的鞋子更完整，选择"快速选择工具"，将鼠标移至鞋子图像上，单击并拖曳鼠标，选择图像。

步骤 02　连续单击扩展选区

单击"快速选择工具"选项栏中的"添加到选区"按钮，继续在画面中的鞋子位置单击并涂抹，扩大选择范围，选择更多的鞋子区域。

步骤 03　继续调整选区效果

经过上一步操作，发现不但选中了鞋子，还把一些多余的背景也添加到了选区。因此单击"从选区减去"按钮，在鞋子旁边不需要选择的背景位置单击，减少选择范围，直到选择完整的女鞋部分。

步骤 04　抠出图像调整阴影亮度

按下快捷键Ctrl+J，复制选区内的图像，得到"图层1"图层，隐藏"背景"图层，查看抠出的图像，发现因为是侧逆光拍摄，鞋子右侧偏暗。执行"图像>调整>阴影/高光"菜单命令，在打开的对话框中设置选项，调整鞋子的亮度，最后填充纯白色的背景。

实例 58 抠取边缘复杂且与背景反差较大的商品

当要选择的图像边缘复杂且与背景对比较强时，要想轻松地选择并抠出图像，可以使用"磁性套索工具"。"磁性套索工具"能够自动检测和跟踪商品对象的边缘，用户只需要沿商品对象单击并拖曳鼠标，就可轻松完成图像的选择操作。

素 材	随书资源\素材\07\06.jpg
源文件	随书资源\源文件\07\抠取边缘复杂且与背景反差较大的商品.psd

步骤 01 使用"磁性套索工具"绘制选区

打开素材文件06.jpg，选择工具箱中的"磁性套索工具"，然后在选项栏中将"宽度""对比度"和"频率"都设置为较小的值，以便更准确地选择图像。将鼠标移至手提包边缘位置，单击并拖曳鼠标，选择手提包的外形轮廓。

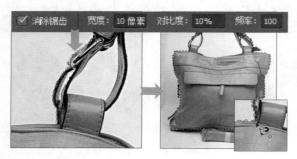

步骤 02 从选区中减去多余图像

经过上一步操作，发现不但选择了手提包，还将手提带内部的背景也选中了，所以需要对选区进行调整。单击"从选区减去"按钮，将鼠标移至手提带内部的边缘处，单击并拖曳鼠标，减小选择范围。

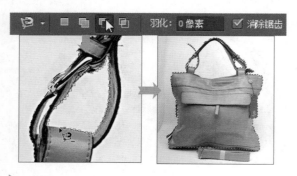

步骤 03 添加选区效果

接着是下方摆放的手提带的选择。单击"添加到选区"按钮，将鼠标移至包包下方的带子位置，单击并拖曳鼠标，添加选区，选择更为完整的手提包图像。

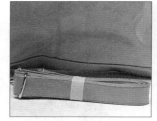

步骤 04 复制并抠出图像

按下快捷键Ctrl+J，复制选区内的包包图像。为了让抠出的图像更有视觉冲击力，创建新图层，为包包图像填充新的渐变色背景，最后使用"横排文字工具"在包包图像下方添加简单的文字说明信息。

实例 59 　根据色彩和影调差异抠取商品图像

如果需要选择的商品的色彩较明确，且与背景色彩反差较明显，则可以使用"色彩范围"命令选择并抠取图像。"色彩范围"命令主要根据图像的颜色和影调范围创建选区，应用它可非常轻松地选择某些特定的颜色。

素　材	随书资源\素材\07\07.jpg
源文件	随书资源\源文件\07\根据色彩和影调差异抠取商品图像.psd

步骤 01　执行"色彩范围"菜单命令

打开素材文件07.jpg，为了更好地表现包包的细节，这张照片拍摄时采用了棚拍的方式，由于只需要表现包包，所以后期处理时需要将它抠取出来。执行"选择>色彩范围"菜单命令，打开"色彩范围"对话框，在对话框中用"吸管工具"在背景上单击，选择部分背景。

步骤 02　调整吸样颜色区域

由于这里需要选择整个背景部分，所以单击"色彩范围"对话框中的"添加到取样"按钮，继续在包包旁边的背景位置连续单击，确定整个背景显示为白色后，单击"确定"按钮，创建选区，选择图像。执行"选择>反选"命令，反选选区，选中手提包图像。

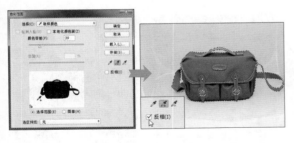

步骤 03　编辑并调整选区范围

创建选区后，按下快捷键Ctrl++，放大图像，发现部分手提包未被添加至选区中。因此选择"快速选择工具"，单击选项栏中的"添加到选区"按钮，在包包图像上单击，扩大选择范围；再单击"从选区减去"按钮，在画面左下角的背景选区处单击，减少选择范围，选择更完整的包包图像。

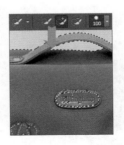

步骤 04　抠取图像调整影调

按下快捷键Ctrl+J，复制选区内的图像，得到"图层1"图层，使用"橡皮擦工具"擦除包包边缘多余的背景，执行"图层>复制图层"菜单命令，复制图层。由于原图像偏暗，因此更改图层混合模式，提亮图像，最后为包包添加新的背景和文字。

实例 60 | 通过通道对比抠取半透明的商品对象

在进行商品图像的抠取时，如果需要抠出半透明的商品，如化妆品、水晶、翡翠摆件、婚纱等，则可以使用通道来抠出图像。通道抠图主要是通过不同通道中的颜色明暗差异来选择图像，本实例介绍如何在通道中抠取半透明的商品对象。

素　材	随书资源\素材\07\08.jpg
源文件	随书资源\源文件\07\通过通道对比抠取半透明的商品对象.psd

步骤 01　使用"钢笔工具"绘制路径

打开素材文件08.jpg，这里需要将画面中的化妆品抠出。选择"钢笔工具"，沿商品边缘轮廓绘制路径，按下快捷键Ctrl+Enter，将绘制的路径转换为选区，选中商品图像。

步骤 02　复制选区内的图像

选择图像后按下快捷键Ctrl+J，复制选区内的图像，得到"图层1"图层，此图层中的图像即为抠出的商品。单击"背景"图层前的"指示图层可见性"按钮 👁，隐藏"背景"图层，查看抠出的商品效果。

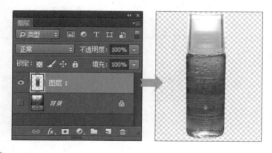

步骤 03　创建新图层填充纯色背景

经过前两步的操作，虽然抠出了商品的整体轮廓，但是并没有呈现出半透明的玻璃质感。因此复制"图层1"图层，单击"图层"面板中的"创建新图层"按钮 ⬜，新建"图层2"图层，设置前景色为黑色，按下快捷键Alt+Delete，将图层填充为黑色，可以看到抠出的商品变得更加清晰。

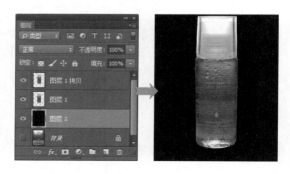

步骤 04　复制通道中的图像

切换至"通道"面板，单击各通道，查看通道中的图像，发现"蓝"通道中的图像对比较强，因此将该通道拖曳至"创建新通道"按钮 ⬜，复制通道，得到"蓝 拷贝"通道。

步骤05 设置"亮度/对比度"

确保"蓝 拷贝"通道为选中状态，执行"图像>调整>亮度/对比度"菜单命令，打开"亮度/对比度"对话框。为了抠出半透明的瓶子，将"亮度"滑块向右拖曳，以提亮图像；再将"对比度"滑块向右拖曳，以增强对比。

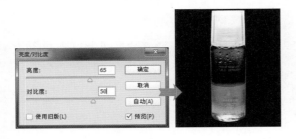

步骤06 载入通道选区

单击"通道"面板中的"将通道作为选区载入"按钮，将"蓝 拷贝"通道中的图像作为选区载入，这时可以看到通道中白色和灰色区域被添加至选区中。

技巧提示：载入通道选区

若要将通道中的图像载入到选区，还可以按住**Ctrl**键不放，单击通道缩览图。

步骤07 反选选区

执行"选择>反选"菜单命令，反选选区。单击"通道"面板中的RGB通道，返回"图层"面板，查看创建的选区效果。

步骤08 添加图层蒙版

创建选区后，接下来就是半透明质感的表现。选中"图层1拷贝"图层，单击"图层"面板底部的"添加图层蒙版"按钮，添加蒙版。再单击"图层1"图层前的"指示图层可见性"按钮，隐藏"图层1"图层，这时可以看到呈现半透明的玻璃瓶效果。

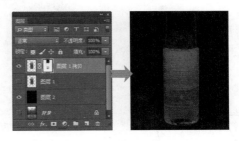

步骤09 抠取半透明的图像

在"图层2"图层上方新建"图层3"图层，设置前景色为白色，按下快捷键Alt+Delete，将背景重新填充为干净的白色。再选择"图层1"图层，单击"图层"面板中的"添加图层蒙版"按钮，添加蒙版，使用黑色画笔在需要设置为透明区域的瓶身及背景处涂抹。

 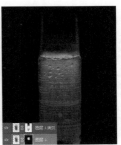

步骤10 调整商品的亮度

经过前面的操作，已经抠出了商品，但是因为拍摄时光线较暗，瓶子也偏暗，给人脏脏的感觉，所以创建"色阶1"调整图层，提亮图像。最后将瓶子及调整图层盖印，制作出倒影，并添加纯白色的背景效果。

实例 61 | 抠取边缘光滑的商品图像

前面介绍了单一背景、规则对象、轮廓清晰的对象的选取，但是这些抠取图像的方法都只能在画质要求不高的情况下使用。在网店装修中，如果对画质要求较高，则可以使用"钢笔工具"抠取图像。"钢笔工具"是最为准确的抠图工具，它具有良好的可控性，能够按照绘制的范围创建平滑的路径，边界清楚、明确，适合边缘光滑的图像的选取。

素　材	随书资源\素材\07\09.jpg
源文件	随书资源\源文件\07\抠取边缘光滑的商品图像.psd

步骤01　使用"钢笔工具"绘制路径

打开素材文件09.jpg，发现照片中的玩具虽然外形很复杂，但其边缘相对较光滑，因此选择"钢笔工具"来抠出商品图像。将鼠标移至玩具图像边缘位置，单击鼠标，添加一个路径锚点，然后将鼠标移至玩具边缘另一位置，单击并拖曳鼠标，创建曲线路径。

步骤02　调整路径操作方式绘制路径

继续使用与步骤01相同的方法，沿儿童玩具边缘轮廓绘制路径。绘制后单击"路径操作"按钮，在展开的下拉列表中单击"排除重叠形状"选项，在玩具提手内部单击并拖曳鼠标，绘制路径，创建复合路径。

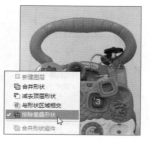

步骤03　将路径转换为选区抠出图像

切换至"路径"面板，可看到绘制的路径缩览图效果。单击"将路径作为选区载入"按钮，载入选区，选择玩具图像，按下快捷键Ctrl+J，复制选区内的图像，得到"图层1"图层。隐藏"背景"图层，查看抠出的玩具。

步骤04　设置"曲线"增强对比

在"背景"图层上新建"图层2"图层，将背景填充为白色，并扩展画布大小。观察图像发现玩具亮度不够，色彩也不够出彩，因此创建"曲线1"调整图层，单击并向上拖曳曲线，提亮图像，最后为图像添加文字。

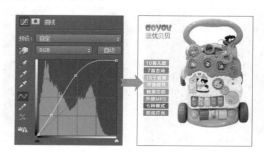

实例 62　保留更多细节的商品抠取

在网店装修中，如果需要选择边缘复杂的图像，为了保留更多的商品细节部分，可以在快速蒙版模式下抠取图像。快速蒙版可以将任意选区转换为蒙版，也可以将蒙版转换为选区。它主要是通过画笔涂抹的轨迹来选择图像，由于画笔绘制具有更高的自由性，所以使用快速蒙版可以抠出更精细的商品图像。

素　材	随书资源\素材\07\10.jpg
源文件	随书资源\源文件\07\保留更多细节的商品抠取.psd

步骤 01　在快速蒙版状态下涂抹图像

打开素材文件10.jpg，为了保留更完整的婚纱细节，选择快速蒙版抠图。单击工具箱中的"以快速蒙版模式编辑"按钮，进入快速蒙版编辑状态，选择"画笔工具"，在"画笔预设"选取器中单击"硬边圆"画笔，将鼠标移至裙子位置，单击并涂抹图像。

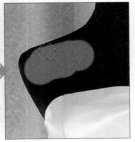

步骤 02　退出快速蒙版创建选区

按下键盘中的[或]键，调整画笔笔触大小，继续在照片中的裙子上面涂抹，将整个主体图像涂抹为半透明的红色。涂抹完成后单击"以标准模式编辑"按钮，退出快速蒙版编辑状态，创建选区。

步骤 03　复制选区内的图像

由于上一步创建的选区选择的是整个背景区域，所以需要执行"选择>反选"菜单命令，反选选区，选中画面中间的主体商品。为了让后面抠出的图像边缘更加干净，执行"选择>修改>收缩"菜单命令，打开"收缩选区"对话框。输入"收缩量"为1，单击"确定"按钮，收缩选区。按下快捷键Ctrl+J，复制选区，抠取选区中的裙子对象。

步骤 04　设置"色相/饱和度"修复偏色

抠出图像后，发现受环境因素影响，白色的裙子出现了偏红的情况。创建"色相/饱和度1"调整图层，打开"属性"面板，设置选项，校正颜色，并为图像添加渐变的背景和文字效果。

实例 63 | 为商品图像替换背景

　　网店装修中，相同的商品在不同的背景烘托下可以呈现出不同的视觉效果，一个好的背景图像可以提升商品品质，增强画面的美感。所以在处理图像时，可以根据要表现的商品的特点，使用图层蒙版快速为商品图像替换背景。

素　材	随书资源\素材\07\11、12.jpg
源文件	随书资源\源文件\07\为商品图像替换背景.psd

步骤01　复制图层添加图层蒙版

打开素材文件11.jpg，复制"背景"图层，创建"背景 拷贝"图层。为"背景 拷贝"图层添加图层蒙版，打开"属性"面板，显示"蒙版"选项，单击右下方的"颜色范围"按钮。

步骤02　在"色彩范围"对话框中调整图像

打开"色彩范围"对话框，在对话框中用"吸管工具"在背景位置单击，设置选择范围。为了让抠出的图像更干净，单击"添加到取样"按钮，继续在黑色和灰色的背景位置单击，调整选择范围。由于这里只需要显示指甲油瓶部分，而图像预览区中的黑色区域是要隐藏的区域，所以勾选"反相"复选框，使主体商品显示为白色。

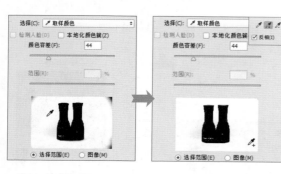

步骤03　根据颜色隐藏图像

设置完成后单击"确定"按钮，返回图像窗口。隐藏"背景"图层，可看到整个背景图像都通过蒙版隐藏了起来。按住Alt键不放，单击"背景 拷贝"图层蒙版，显示蒙版，选用白色画笔在指甲油瓶身位置涂抹，将它涂抹为白色，显示更为完整的指甲油瓶对象。

步骤04　复制图像添加图层蒙版

打开素材文件12.jpg，将打开的图像复制到指甲油瓶图像下方。选择"渐变工具"，在"渐变"拾色器中单击"黑，白渐变"，为"图层1"图层添加蒙版，从右侧向左侧拖曳黑白渐变。

步骤05　复制图层更改不透明度

按下快捷键Ctrl+J，复制"图层1"图层，得到"图层1拷贝"图层。执行"编辑>变换>水平翻转"菜单命令，翻转图像并将其移至画面的另一侧。调整"图层1拷贝"图层的混合模式和不透明度后，用"画笔工具"对蒙版进行编辑，控制图像的显示范围。

步骤06　创建新图层填充颜色

由于上一步操作中降低了图像的不透明度，图像呈现半透明效果，因此创建"图层2"图层，设置前景色为白色，按下快捷键Alt+Delete，将背景填充为白色。根据画面整体布局，再适当调整指甲油瓶的位置。

步骤07　设置"曲线"提亮偏暗商品

由于拍摄时光线太暗，使得拍摄出来的商品颜色不够鲜艳。因此创建"曲线1"调整图层，在打开的"属性"面板中调整曲线的形状，提亮图像，加强对比，得到色彩更加绚丽的指甲油瓶图像。

步骤08　编辑图层蒙版控制调整区域

观察图像发现调整后的指甲油瓶左侧的高光位置出现了局部曝光过度的情况。选择"画笔工具"，设置前景色为黑色，用较柔和的画笔在该区域涂抹，还原图像的亮度。

步骤09　设置"色相/饱和度"增强色彩

按住Ctrl键不放，单击"背景 拷贝"图层蒙版，载入选区。新建"色相/饱和度1"调整图层，打开"属性"面板，在面板中单击并向右拖曳"色相"滑块，使画面中的指甲油瓶颜色变得更加红艳。

步骤10　添加文字与图形

为了增强图像的表现力，可以运用"横排文字工具"在指甲油瓶左上角位置输入文字。输入后根据商品的特点，将突出的主体文字设置为与指甲颜色相近的红色，得到一幅简单的促销广告图片。

实例 64 | 多个商品的自由拼合

在设计网店欢迎模块、促销广告或分类导航时，往往会将多个商品组合，得到全新的版面效果。在 Photoshop 中可以应用"剪贴蒙版"快速合成图像。本实例将通过具体的操作方法讲解如何使用剪贴蒙版自由地拼合图像。

素　材	随书资源\素材\07\13.jpg～18.jpg
源文件	随书资源\源文件\07\多个商品的自由拼合.psd

步骤 01　新建文件绘制矩形

执行"文件>新建"菜单命令，打开"新建"对话框，在对话框中输入新建的文件名，调整新建文件的大小，设置完成后单击"确定"按钮，新建文件。新建文件后需要确定素材图像的摆放位置，选择"矩形工具"，在画面中间绘制一个黑色的矩形。

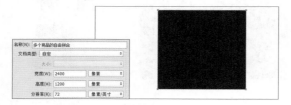

步骤 02　旋转图形效果

按下快捷键Ctrl+T，打开自由变换编辑框，在显示的选项栏的"旋转角度"文本框中输入数值-45，按下Enter键，旋转图像。选择"钢笔工具"，设置绘制模式为"形状"，继续在画面左上角绘制三角形图形。绘制完成后在"图层"面板中生成"形状1"图层。

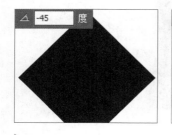 

步骤 03　复制图形调整位置

为了得到错位排列的图形组合效果，按下快捷键Ctrl+J，复制"图层1"图层，得到"图层1拷贝"图层。按下快捷键Ctrl+T，打开自由变换编辑框，右击编辑框中的图形，在弹出的快捷菜单中执行"水平翻转"命令，水平翻转图形，然后把该图形向右拖曳，得到与原图形对称的三角形效果。

步骤 04　添加更多图形

继续使用相同的方法，复制更多的三角形图形，然后分别选择各图层中的三角形图形，调整其大小和位置，得到全新的版面布局。

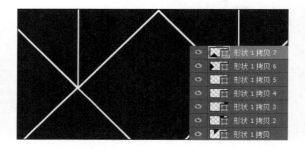

步骤05 复制图像创建剪贴蒙版

确定整个版面的布局后，接下来就可以添加对应的商品了。执行"文件>置入嵌入的智能对象"菜单命令，将素材文件13.jpg置入到新建的文件中。执行"图层>创建剪贴蒙版"菜单命令，创建剪贴蒙版，将饰品置入到图形内部。

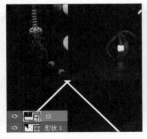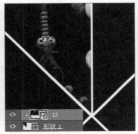

步骤06 复制图层创建剪贴蒙版

按下快捷键Ctrl+J，复制13图层，得到"13拷贝"图层。由于这里需要显示饰品的右半部分，所以将"13拷贝"图层移至"形状1拷贝"图层上方。执行"图层>创建剪贴蒙版"菜单命令，创建剪贴蒙版，将饰品置入到图形内部。

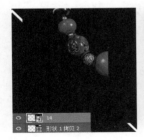

步骤07 复制图像创建剪贴蒙版

执行"文件>置入嵌入的智能对象"菜单命令，将素材文件14.jpg置入到新建的文件中。执行"图层>创建剪贴蒙版"菜单命令，创建剪贴蒙版，将饰品置入到图形内部。

步骤08 复制图层创建剪贴蒙版

按下快捷键Ctrl+J，复制14图层，得到"14拷贝"图层。将"14拷贝"图层移至"形状1拷贝3"图层上方，执行"图层>创建剪贴蒙版"菜单命令，创建剪贴蒙版，拼合图像。

步骤09 应用剪贴蒙版完成更多商品的组合

继续使用同样的方法，把更多的饰品图像置入到画面中，然后分别为图层创建剪贴蒙版，拼合图像，得到更丰富的画面效果。

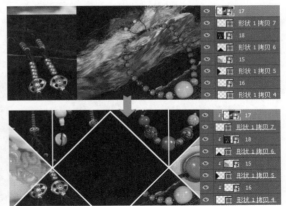

步骤10 输入文字绘制线条图案

选择"横排文字工具"，在画面中间的矩形上输入文字。为了让输入的文字层次更加突出，结合"字符"面板调整文字的大小和字体，最后使用"直线工具"在文字中间绘制一条粗细为5像素的直线。

实例 65 | 用图形控制商品的显示范围

矢量蒙版是从钢笔工具绘制的路径或形状工具绘制的矢量图形中生成的蒙版，它与分辨率无关，可以任意缩放、旋转和扭曲，而不产生锯齿。在设计商品详情页时，经常会使用矢量蒙版控制图像的显示范围，展现商品的局部特点。

素 材	随书资源\素材\07\19.jpg
源文件	随书资源\源文件\07\用图形控制商品的显示范围.psd

步骤01 打开图像扩展画布效果

打开素材文件19.jpg，按下快捷键Ctrl+J，复制图层。执行"图像>画布大小"菜单命令，打开"画布大小"对话框，在对话框中调整画布的宽度和高度，调整定位后单击"确定"按钮，扩展画布。

步骤02 创建"矢量蒙版"

在"图层1"图层下新建"图层2"图层，设置前景色为白色，按下快捷键Alt+Delete，将背景填充为前景色。执行"图层>矢量蒙版>显示全部"菜单命令，创建矢量蒙版。单击蒙版缩览图，选择"矩形工具"，在选项栏中设置绘制模式为"路径"，在人物图像上单击并拖曳鼠标，绘制路径。绘制后路径以外的区域会被隐藏。

步骤03 单击蒙版变换矢量路径轮廓

连续按下快捷键Ctrl+J，复制"图层1"图层，得到"图层1拷贝"和"图层1拷贝2"图层。隐藏"图层1拷贝2"图层后，单击"图层1拷贝"图层右侧的蒙版缩览图，选择"直接选择工具"，选中路径，按下快捷键Ctrl+T，打开自由变换编辑框，调整路径，更改要显示的对象范围。

步骤04 继续调整蒙版并添加文字

显示"图层1拷贝2"图层，使用同样的方法，对路径的形状进行调整，显示衣服的下半部分。设置后结合图形绘制工具和文字工具在画面中添加文字。

第 8 章
主图与直通车图片设计

　　在网店装修中，主图与直通车图片是顾客对一件商品的第一印象，它们是吸引顾客进店浏览的关键。在不同的电商平台中，主图的尺寸要求存在一定的区别，在设计的过程中要根据具体电商平台的尺寸要求对主图进行调节。同时，在设计图像的过程中，为了增强主图的表现力，可以根据店铺的活动动态、具体的商品内容，在画面中添加一些刺激客户购买欲望的文字，如超低价、包邮、惊爆价等，以起到增加商品点击率和销量的作用。

本章内容

实例 66 | 清爽风格的连衣裙主图设计

本实例是为某品牌一款连衣裙设计的主图。在设计的过程中，为了突出画面中间的模特，对背景进行模糊处理，增强景深效果，同时在文字的处理上采用了连衣裙上的颜色，让画面中的图像与文字显得更加协调。

素　材	随书资源\素材\08\01.jpg
源文件	随书资源\源文件\08\清爽风格的连衣裙主图设计.psd

步骤01　设置并新建文件

启动Photoshop程序，执行"文件>新建"菜单命令，打开"新建"对话框，在对话框中设置文件名，并调整新建文件的大小，新建一个文件。为了方便图像的处理，可以将尺寸设置得稍大一些。

步骤02　将素材复制到新建文件中

打开素材文件01.jpg，这是拍摄的模特上身的展示效果，把图像复制到新建的文件中，创建"商品照片"图层组，将图层组中的图像调整至合适大小，然后水平翻转图像。

步骤03　设置"高斯模糊"增强景深

由于本实例是为服装设计主图效果，所以要表现的主体对象应该是衣服。按下快捷键Ctrl+J，复制图层，执行"滤镜>模糊>高斯模糊"菜单命令，打开"高斯模糊"对话框，在对话框中设置选项，单击"确定"按钮，模糊图像。

步骤04　用"渐变工具"编辑图层蒙版

经过上一步操作，对全图进行了模糊。为了突出右侧的主体人物，为"图层1拷贝"图层添加图层蒙版，选择"渐变工具"，在选项栏中设置"黑，白渐变"，从图像右侧往左侧拖曳线性渐变，还原清晰的主体人物。

步骤 05 用"仿制图章工具"去除背景杂物

模糊图像后发现背景图像略显凌乱，所以按下快捷键Shift+Ctrl+Alt+E，盖印可见图层，创建"图层1拷贝（合并）"图层。选择"仿制图章工具"，按住Alt键不放，在干净的背景位置单击，取样图像，然后在杂乱背景位置涂抹，仿制修复图像。

步骤 06 用"污点修复画笔工具"修复肌肤瑕疵

继续使用"仿制图章工具"对背景进行处理，得到更干净的画面效果。放大图像，检查发现模特的皮肤上还有一些小的瑕疵。选择"污点修复画笔工具"，在瑕疵位置单击，修复图像，得到更干净的肌肤效果。

步骤 07 用"磁性套索工具"选择衣服

为了让衣服纹理更加清晰，选择"磁性套索工具"，沿模特穿着的衣服边缘单击并拖曳，选择衣服图像；再单击"从选区减去"按钮，在选择的皮肤位置单击并拖曳鼠标，调整选区范围，获得更精细的选择效果。

步骤 08 转换为智能对象图层

经过连续的单击并拖曳操作，调整选择范围，选择更完整的裙子效果。按下快捷键Ctrl+J，复制选区内的图像，得到"图层2"图层。执行"图层>智能对象>转换为智能对象"菜单命令，把图层转换为智能对象图层。

步骤 09 设置"USM锐化"滤镜锐化主体

执行"滤镜>锐化>USM锐化"菜单命令，打开"USM锐化"对话框，在对话框中参照上方的预览图设置锐化选项。设置完成后单击"确定"按钮，锐化图像，让画面中的连衣裙变得更加清晰。

步骤 10 设置"自然饱和度"增强色彩

为了让照片中主体图像的颜色更加鲜艳，单击"调整"面板中的"自然饱和度"按钮，新建"自然饱和度1"调整图层，在打开的"属性"面板中单击并向右拖曳"自然饱和度"滑块，增强色彩。

步骤 11　用"画笔工具"编辑蒙版

由于只需要对裙子和人物部分的颜色进行调整，因此单击"自然饱和度1"图层蒙版，选择"画笔工具"，设置前景色为黑色，用画笔在除人物和衣服外的背景处涂抹，还原涂抹区域的图像颜色。

步骤 12　设置"可选颜色"修饰色彩

调整颜色后发现模特的皮肤显得苍白，不够红润，需要进行润色。新建"选取颜色1"调整图层，打开"属性"面板。由于皮肤颜色主要表现为红色和黄色，所以在"颜色"下拉列表框中分别选择"红色"和"黄色"选项，选择后调整其颜色百分比，控制油墨比。

步骤 13　使用画笔编辑图层蒙版

单击"选取颜色1"图层蒙版，选择"画笔工具"，设置前景色为黑色，在模特的头发上面涂抹，还原涂抹区域的颜色。经过反复的涂抹，还原头发颜色，展现更加红润自然的皮肤颜色。

步骤 14　绘制矩形输入文字

经过前面的操作，完成了主图图像的制作。为了让设计的主图更有吸引力，需要为其添加简单的促销信息。选择"矩形工具"，在选项栏中设置工具选项，然后在模特旁边的背景上单击并拖曳鼠标，绘制一个矩形，用"横排文字工具"在矩形中输入文字。

步骤 15　设置文字效果

为了让画面的色调与风格更统一，选中文字图层，打开"字符"面板，在面板中对文字的字体、字号及颜色进行调整。

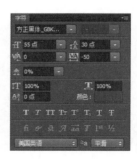

步骤 16　设置选项输入文字

选择"横排文字工具"，在已输入的文字下方再添加文字"热销新品"。输入后为了让文字的主次关系更突出，打开"字符"面板，调整文字的大小等属性。

步骤 17　选择并更改文字效果

如果画面的文字颜色相同，则要突出的主要信息很容易被忽略，所以这里为了突出此裙子为热销商品，选择"横排文字工具"，在文字"热销"二字上单击并拖曳，将其选取，然后打开"字符"面板，将文字颜色更改为鲜艳的橙色。

步骤 18　使用"椭圆工具"绘制图形

很多顾客都有贪便宜的心理，所以可以在画面中添加优惠信息。选择"椭圆工具"，在选项栏中对绘制图形的颜色进行设置，然后在画面中单击并拖曳鼠标，绘制渐变的圆形。

步骤 19　复制图形设置描边效果

按下快捷键Ctrl+J，复制一个圆形，按下快捷键Ctrl+T，打开自由变换编辑框，将鼠标移至复制的圆形的右下角，按住Shift+Ctrl键不放，单击并拖曳鼠标，等比例缩小图形。用"直接选择工具"选中中间小一些的圆，在选项栏中调整填充和描边选项，得到叠加的图形效果。

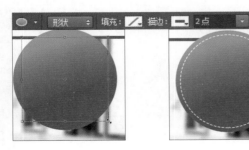

步骤 20　在圆形中输入文字

选择"横排文字工具"，在圆形中间输入价格158。为了让价格更加醒目，打开"字符"面板，将文字字体设置为较粗的"方正综艺简体"，并把字号调大。设置后运用"变换"命令适当旋转文字效果。

步骤 21　继续添加更多文字

继续结合"横排文字工具"和"字符"面板，在画面中输入更多文字。输入后在"图层"面板中会显示对应的文字图层。

实例 67 | 绚彩保温杯主图设计

本实例是为某品牌保温杯设计的主图。在设计的过程中，考虑到保温杯的实际情况，通过对拍摄的保温杯颜色进行调整，用多种颜色表现该款保温杯丰富的颜色款式，让顾客有更多的选择空间，同时将店铺名称和品牌徽标放于画面左上角，突显品牌文化。

素　材	随书资源\素材\08\02.jpg
源文件	随书资源\源文件\08\绚彩保温杯主图设计.psd

步骤 01　新建文件绘制渐变矩形

启动Photoshop程序，新建一个文件。选择"矩形工具"，在画面下方绘制一个矩形，然后在选项栏中将填充颜色设置为从R245、G246、B246到白色的渐变效果。

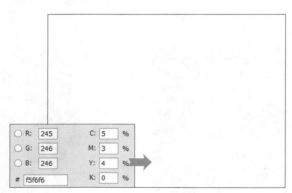

步骤 02　设置"高斯模糊"滤镜模糊图像

为了让绘制的图形边缘不那么生硬，可以对图形进行模糊。执行"滤镜>模糊>高斯模糊"菜单命令，打开"高斯模糊"对话框，在对话框中设置较小一些的"半径"值，使图像边缘更柔和。

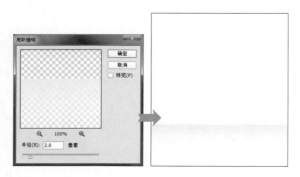

步骤 03　使用"矩形工具"绘制渐变矩形

将前景色设置为R245、G246、B246，选择"矩形工具"，单击选项栏中"填充"右侧的下拉按钮，在展开的列表中设置填充颜色为"前景色到透明渐变"，从图像中间向下拖曳鼠标，绘制渐变矩形。

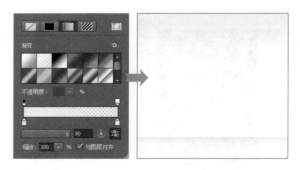

步骤 04　复制图像绘制路径

经过前面几步操作，确定了背景基调，下面需要添加主体商品。打开素材文件02.jpg，将打开的图像复制到画面中间位置。由于这里只需要保留主体商品，所以运用"钢笔工具"沿主体图像绘制路径。

步骤05 将路径转换为选区抠出图像

绘制完成后按下快捷键Ctrl+Enter，将绘制的路径转换为选区。单击"图层"面板底部的"添加图层蒙版"按钮，添加蒙版，将选区外的图像隐藏起来。

步骤06 复制图层更改混合模式

为了让保温杯与新背景合成的效果更自然，将"保温杯"图层的混合模式设置为"正片叠底"。按下快捷键 Ctrl+J，复制图层，得到"保温杯 拷贝"图层，将此图层的混合模式调整为"正常"。单击其右侧的图层蒙版，用黑色画笔在保温杯边缘处涂抹，隐藏图像，得到半透明的杯边沿效果。

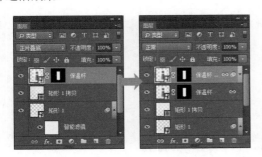

步骤07 设置"曲线"降低图像亮度

原照片中的保温杯偏亮，颜色看起来不是很艳丽，因此按住Ctrl键不放，单击"保温杯"图层缩览图，载入选区。在图像最上层创建"曲线1"调整图层，打开"属性"面板，单击并向下拖曳曲线，降低选区内的杯子亮度。

步骤08 载入选区调整"色阶"

按住Ctrl键不放，单击"曲线1"图层蒙版，载入选区。再次选中画面中的杯子图像，新建"色阶1"调整图层，在打开的"属性"面板中单击"预设"下拉按钮，选择"增加对比度2"选项，增强对比。这时可以看到画面中的杯子看起来更有质感了。

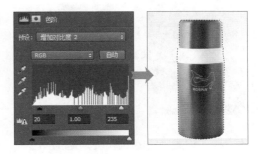

步骤09 盖印图层

选择"保温杯"及上方的所有调整图层，按下快捷键Ctrl+Alt+E，盖印选中的图层，得到"色阶1（合并）"图层。按下快捷键Ctrl+J，复制图层，创建"色阶1（合并）拷贝"图层，分别调整这两个图层中杯子的位置，创建并排效果。

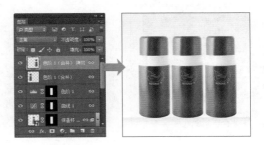

步骤10 设置"色相/饱和度"变换色彩

由于这款杯子还有绿色和蓝色款，为了让顾客感受不同颜色的杯子效果，可以将复制的杯子图像调整为与实物相近的颜色。按住Ctrl键不放，单击"色阶1（合并）"图层，载入选区。新建"色相/饱和度1"调整图层，在打开的"属性"面板中拖曳"色相"和"饱和度"滑块，更改杯子颜色。

步骤 11 设置"曲线"降低图像亮度

调整颜色后发现杯子的质感并不强，可以对它的影调进行调整。载入与上一步相同的选区，新建"曲线2"调整图层，打开"属性"面板，单击并向下拖曳曲线，降低杯子图像的亮度。

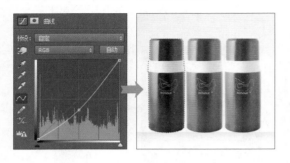

步骤 12 设置"色相/饱和度"变换颜色

完成最左侧杯子图像颜色的设置，接下来是右侧杯子图像的颜色调整。按住Ctrl键不放，单击"色阶1（合并）"图层，载入选区。新建"色相/饱和度1"调整图层，在打开的"属性"面板中拖曳"色相"和"饱和度"滑块，将保温杯颜色设置为与商品相同的绿色。

步骤 13 使用"曲线"调整图像亮度

按住Ctrl键不放，单击"色相/饱和度2"调整图层，载入选区。新建"曲线3"调整图层，在打开的"属性"面板中单击并向下拖曳曲线，降低绿色保温杯图像的亮度。

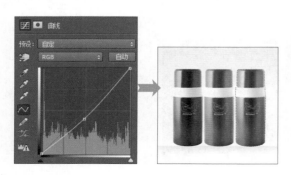

步骤 14 盖印图像设置倒影

为了让制作的保温杯呈现立体的视觉效果，可以为其添加投影效果。选中"保温杯"图层和以上的所有图层，按下快捷键Ctrl+Alt+E，盖印选中的图层，得到"曲线3（合并）"图层。执行"编辑>变换>垂直翻转"菜单命令，翻转图像。

步骤 15 用"渐变工具"编辑图层蒙版

为了使投影显得更为逼真，单击"曲线3（合并）"图层，为此图层添加图层蒙版。选择"渐变工具"，在"渐变"拾色器中选择"黑，白渐变"，从图像下方往上拖曳，当拖曳至一定位置后释放鼠标，隐藏图像。

步骤 16 添加文字和品牌徽标

最后为加深品牌印象，选择"自定形状工具"，在画面左上角绘制品牌徽标。选择"横排文字工具"，输入文字"印象保温杯"。至此，已完成该商品主图的设计。

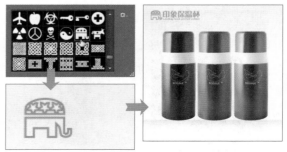

实例 68 ｜ 轻松活泼的奶粉直通车图设计

本实例是为某品牌奶粉设计的直通车图像。在设计的过程中，根据奶源纯净无污染的特征，用绿色作为设计的基调，既给顾客留下好的印象，也与奶粉的包装风格一致，同时在画面中添加简单的文字加以补充说明，增强了画面的完整性，也能让顾客了解更多有价值的信息。

素　材	随书资源\素材\08\03、04.jpg
源文件	随书资源\源文件\08\轻松活泼的奶粉直通车图设计.psd

步骤 01　将背景填充为绿色

启动Photoshop程序，新建一个文件。由于此实例是为小宝宝食用的奶粉制作一个直通车图展示效果，为了迎合安全、健康的主题，将前景色设置为R107、G195、B42，设置后新建"图层1"图层，按下快捷键Alt+Delete，将背景填充为绿色。

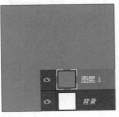

步骤 02　使用"吸管工具"取样颜色

打开素材文件03.jpg，将图像中的牛奶抠取出来作为主图背景。观察图像发现牛奶颜色与蓝色背景颜色反差明显，因此选用"吸管工具"在白色的牛奶位置单击，取样颜色。

步骤 03　根据"色彩范围"选择图像

执行"选择>色彩范围"菜单命令，打开"色彩范围"对话框。在对话框中根据取样颜色设置选择范围，但是发现牛奶中间还有一部分没有被选中，所以单击"添加到取样"按钮，继续在黑色的牛奶处单击。

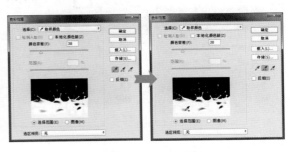

步骤 04　调整选择范围创建选区

通过运用"添加到取样"工具连续单击牛奶图像，选中整个图像中的牛奶，再单击"确定"按钮，返回图像窗口。根据设置的选择范围，选中了牛奶图像。

步骤05 复制选区内的图像

选择"移动工具"，把选区中的牛奶图像拖曳至绿色的背景图像上，得到"图层2"图层，完成背景图像的制作。下面需要在背景上添加商品，打开素材文件04.jpg，将图像复制到新建的文件中。

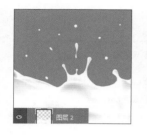

步骤06 添加图层蒙版

添加奶粉图像后，需要把奶粉旁边的灰色背景去掉，抠出奶粉部分。为了让抠出的商品更完整、干净，选择"钢笔工具"，沿画面中的奶粉桶绘制封闭的工作路径，绘制路径后按下快捷键Ctrl+Enter，将路径转换为选区。单击"添加图层蒙版"按钮，添加蒙版，隐藏灰色背景图像。

步骤07 设置"内发光"样式

放大图像，发现奶粉桶边缘部分显示为白色，与绿色的背景衔接不自然。执行"图层>图层样式>内发光"菜单命令，打开"图层样式"对话框。在对话框中将发光颜色设置为与背景颜色相近的绿色，再调整发光选项，设置后单击"确定"按钮，修饰边缘颜色。

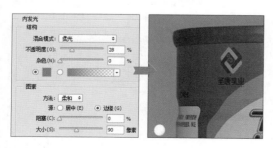

步骤08 使用"污点修复画笔工具"修复瑕疵

由于保存不当，在奶粉桶上出现了一些小的划痕、斑点。选择"污点修复画笔工具"，在这些污点瑕疵处单击，修复商品图像上的瑕疵。

技巧提示：调整画笔笔触大小

运用"污点修复画笔工具"修复商品瑕疵时，可以按键盘中的【或】键，调整画笔笔触大小，以获得更精细的图像修复效果。

步骤09 复制图像删除"内发光"样式

因为拍摄原因，画面中的奶粉桶锐化不够，图像不是很清晰，需要进行锐化。锐化前按住Ctrl键单击03图层蒙版，载入奶粉桶选区。按下快捷键Ctrl+J，复制选区内的奶粉桶，得到"图层3"图层。删除图层下的"内发光"样式，并将图层转换为智能对象图层，以便查看和调整锐化效果。

步骤10 设置锐化滤镜获取清晰图像

执行"滤镜>模糊>表面模糊"菜单命令，打开"表面模糊"对话框，在对话框中设置选项，模糊图像，去除噪点，让画面更干净。再执行"滤镜>锐化>USM锐化"菜单命令，打开"USM锐化"对话框，在对话框中设置选项，单击"确定"按钮，锐化图像。

步骤 11 使用"画笔工具"编辑图层蒙版

这里只需要突出商品中的重点信息，因此为"图层3"图层添加图层蒙版，选择"画笔工具"，将前景色设置为黑色，在奶粉桶边缘部分涂抹，还原图像的清晰度。

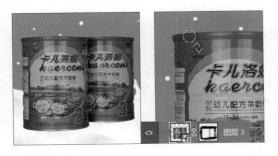

步骤 12 设置"曲线"提高图像的亮度

由于拍摄时光线不足，导致拍摄出来的画面整体偏暗，在处理时需要将它的亮度提高，呈现奶粉桶最自然的状态。按住Ctrl键不放，单击"图层3"图层缩览图，载入奶粉桶选区。新建"曲线1"调整图层，打开"属性"面板，在面板中单击并向上拖曳曲线，提亮图像。

步骤 13 调整"亮度/对比度"

再次按住Ctrl键不放，单击"曲线1"图层蒙版，载入选区。新建"亮度/对比度1"调整图层，在打开的"属性"面板中设置"亮度"为12，进一步提亮图像。

步骤 14 根据"色彩范围"控制调整范围

用"亮度/对比度"提亮图像后，发现奶粉桶的部分区域轻微曝光过度，因此选择"图层3"图层，按住Ctrl键不放，单击"图层3"图层缩览图，载入选区。执行"选择>色彩范围"菜单命令，打开"色彩范围"对话框，在对话框中选择"高光"选项，单击"确定"按钮，创建选区。单击"亮度/对比度1"图层蒙版，按下快捷键Alt+Delete，将选区填充为黑色。

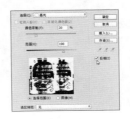

步骤 15 设置"色阶"提亮中间调区域

按住Ctrl键不放，单击"图层3"图层缩览图，载入选区。在图像最上方创建"色阶1"调整图层，打开"属性"面板，在面板中单击并向右拖曳灰色滑块，降低中间调部分的亮度。

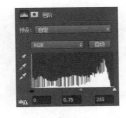

步骤 16 调整图层蒙版还原图像

经过上一步操作，画面中的奶粉桶变得太暗了，而此处只需要降低高光部分图像的亮度。因此，按住Ctrl键不放，单击"图层3"图层缩览图，载入选区。执行"选择>色彩范围"菜单命令，打开"色彩范围"对话框，在对话框中选择"高光"选项，单击"确定"按钮，创建选区。反选选区后，单击"亮度/对比度1"图层蒙版，按下快捷键Alt+Delete，将选区填充为黑色。

步骤 17 设置"色彩平衡"修饰颜色

为了让奶粉桶的颜色更吸引人，还要对它的颜色进行调整。按住Ctrl键不放，单击"图层3"图层缩览图，载入选区。在图像最上方新建"色彩平衡1"调整图层，打开"属性"面板，在面板中分别选择"高光"和"中间调"选项，向右拖曳"洋红、绿色"滑块，添加绿色，让奶粉桶的颜色显得更加翠绿。

步骤 18 设置"可选颜色"增强颜色反差

再次载入相同的选区，新建"选取颜色1"调整图层，打开"属性"面板，在面板中选择"黄色"选项，调整颜色百分比，增强颜色反差。

步骤 19 使用"曲线"提亮画面

载入奶粉桶选区，创建"曲线2"调整图层，打开"属性"面板，在面板中单击并向上拖曳曲线，进一步提亮图像，统一画面色调。

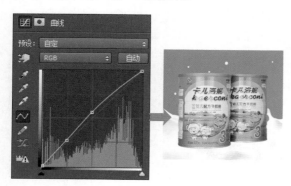

步骤 20 盖印图像并添加文字

选择"图层3"及该图层以上的所有图层，按下快捷键Ctrl+Alt+E，盖印选中的图层。为盖印图层添加图层蒙版，结合"渐变工具"编辑图层蒙版，为奶粉桶设置倒影效果。设置后选用"直排文字工具"在奶粉桶右侧输入规则的黑体文字。

步骤 21 设置"投影"图层样式

输入后为了让文字表现出立体的视觉效果，双击文字图层，打开"图层样式"对话框，设置"投影"样式。最后结合文字工具和"圆角矩形工具"在画面中添加更多文字和图形。

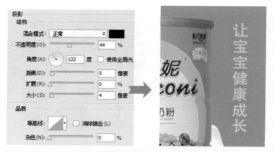

实例 69 | 干净整洁的手机主图设计

本实例是为手机设计的商品主图。在设计的过程中，为了突出销售的商品，将手机抠取出来，通过对手机正面和背面的展示，给顾客留下更深刻、直观的印象，同时由于拍摄时手机屏幕处于关闭状态，屏幕中出现了一些灰尘、杂点，因此在处理时进行了替换，增强了手机图像的美观度。

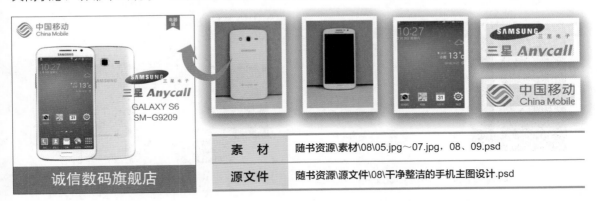

素　材	随书资源\素材\08\05.jpg～07.jpg，08、09.psd
源文件	随书资源\源文件\08\干净整洁的手机主图设计.psd

步骤 01　复制图像绘制路径

启动Photoshop程序，执行"文件>新建"菜单命令，新建一个文件。打开素材文件05.jpg，将手机照片复制到新建的文件中，命名为"手机背面"。为了让画面更干净，需要把旁边的背景去掉。选择"钢笔工具"，沿照片中的手机边缘绘制封闭的路径。

步骤 02　将路径转换为选区

按下快捷键Ctrl+Enter，将绘制的路径转换为选区。单击"图层"面板中的"添加图层蒙版"按钮，为图层添加图层蒙版，将手机旁边多余的背景隐藏起来。

步骤 03　创建"黑白"调整图层

手机背面本来是白色的，但是受到环境因素影响显示为淡淡的黄色。为了还原其颜色，单击"调整"面板中的"黑白"按钮，新建"黑白1"调整图层，将手机背面转换为黑白效果。

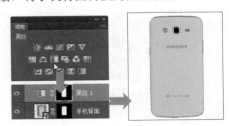

步骤 04　创建"曲线"调整图像的亮度

从图像上看，手机显得很暗，没有光泽感，所以需要对它的明暗进行处理。按住Ctrl键不放，单击"手机背面"图层缩览图，载入手机选区。新建"曲线1"调整图层，打开"属性"面板，在面板中添加并向上拖曳曲线控制点，提亮图像。

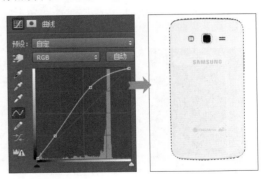

步骤 05 使用"渐变工具"编辑蒙版

按住Ctrl键不放，单击"手机背面"图层缩览图，载入选区。单击"曲线1"图层蒙版，选择"渐变工具"，在选项栏中选中"黑，白渐变"，从选区右侧往左侧拖曳线性渐变，隐藏曲线调整，提高手机右侧边缘部分图像的亮度。

步骤 06 调整"色阶"增强对比效果

按住Ctrl键不放，单击"手机背面"图层缩览图，载入选区。新建"色阶1"调整图层，打开"属性"面板，在面板中向右拖曳黑色滑块，使阴影部分变得更暗；向左拖曳灰色滑块，让中间调部分变亮；向左拖曳白色滑块，使高光部分变得更亮。

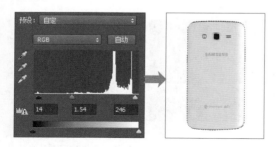

步骤 07 打开图像绘制路径

完成手机背面的处理后，接下来需要添加手机正面效果。打开素材文件06.jpg，将打开的图像复制到新建的主图文件中，命名为"手机正面"。选用"钢笔工具"沿手机边缘绘制路径，按下快捷键Ctrl+Enter，将路径转换为选区，并添加图层蒙版，隐藏多余的背景图像。

步骤 08 调整手机正面影调

为了让手机正面颜色更统一，按住Ctrl键不放，单击"手机正面"图层缩览图，载入选区。单击"调整"面板中的"黑白"按钮，新建"黑白1"调整图层，将手机正面转换为黑白效果。再创建"亮度/对比度1"调整图层，在打开的"属性"面板中设置参数，提高图像的亮度和对比度。

步骤 09 设置"曝光度"提亮手机正面

经过调整，发现手机还是不够亮，给人的感觉很不干净。因此再次载入"手机正面"选区，新建"曝光度1"调整图层，打开"属性"面板，单击并向右拖曳"曝光度"滑块，提亮手机正面。

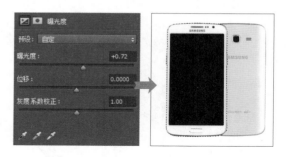

步骤 10 使用"圆角矩形工具"绘制图形

按下快捷键Ctrl++，放大图像，可以看到黑色的手机屏幕上有一些细小的灰尘，影响画面的效果。选择"圆角矩形工具"，在黑色的手机屏幕位置单击并拖曳鼠标，绘制一个"半径"为5像素的圆角矩形。

步骤 11　创建剪贴蒙版拼合图像

打开素材文件07.jpg，将打开的图像复制到手机屏幕上方，按下快捷键Ctrl+T，打开自由变换编辑框，将屏幕壁纸调整至比手机屏幕稍大一些。执行"图层>创建剪贴蒙版"菜单命令，创建剪贴蒙版，把超出屏幕的壁纸图像隐藏，用新的图像替换原来黑色的屏幕，增加商品的美观性。

步骤 12　绘制图形并输入店铺名

经过前面的操作，完成了商品图像的处理，接下来需要添加商品介绍信息。选择"矩形工具"，在图像底部绘制一个矩形条，为了整个画面色调的统一，将矩形条的颜色填充为与手机屏幕相近的蓝色，然后用"横排文字工具"在矩形条上输入文字。

步骤 13　设置"斜面和浮雕"样式

打开素材文件08.psd，将其复制到手机图像右侧。为了让图形显得更加立体，执行"图层>图层样式>斜面和浮雕"菜单命令，打开"图层样式"对话框，在对话框中设置样式选项。

步骤 14　应用样式效果

为了让产生的浮雕效果更自然，继续对样式选项进行调整。将高光颜色设置为白色，"不透明度"设置为50%；阴影颜色设置深蓝色，"不透明度"设置为56%；设置完成后单击"确定"按钮，应用样式效果。

步骤 15　添加更多图形和文字

选择"钢笔工具"，在图像右上角绘制一个不规则的多边形图形，绘制后在图形中输入商品所属种类"电器城"。最后打开09.psd，将其复制到画面左上角，完成手机主图的设计。

实例 70 ｜ 彰显美味口感的曲奇饼主图设计

本实例是为某品牌曲奇饼干设计的主图。在素材的选择上，为了突出饼干的美味口感，选择了商品特写照片，通过对饼干色泽的调整，还原商品的自然色彩，获得顾客的青睐，最后通过在图像中添加富有创意的文字，增强图像的表现力。

素　材	随书资源\素材\08\10.jpg
源文件	随书资源\源文件\08\彰显美味口感的曲奇饼主图设计.psd

设计分析

▶ **设计要点 01**：由于主图的尺寸相对较小，因此为了让顾客更直观地看到实物效果，选择了近距离拍摄的饼干图像作为素材。

▶ **设计要点 02**：为了让饼干的色泽更诱人，在处理时加深了照片中的红色和黄色，并通过提亮背景来突出图像中的饼干部分。

▶ **设计要点 03**：在文字的处理上，选择了较活泼可爱的字体，并通过在主体文字旁边添加动感的水珠图形，赋予了画面更强的设计感。

版式分析

在本实例的布局设计中，将文字分别放置于图像顶部和底部，形成局部对称的效果，使得画面中间要突出展示的商品图像不至于被文字遮挡，影响视觉效果的传达。

配色方案

由于实例中饼干的颜色主要为红色和橙色，因此搭配文字的时候选择了互补的绿色。画面中红色的饼干部分与绿色的文字色域面积对比适当，给人以强烈的刺激，画面色彩效果呈现出紧张感和平衡感。在装饰元素的设计中，选择了与橙色互补的蓝色，起到了很好的缓冲作用，为画面增添了一丝清爽感。

技术要点

▶ 使用"移动工具"把饼干素材图像复制到文件中，通过调整其大小和位置突出要表现的饼干部分。

▶ 使用"USM 锐化"滤镜锐化图像，突出饼干的质感。利用调整图层对饼干的明暗和色彩进行修复，让饼干的色泽更吸引人。

▶ 使用"横排文字工具"在图像中输入文字，结合"字符"面板设置文字的大小和颜色，突出文字的主次关系；将输入的部分文字转换为图形，对其进行变化设计，增强设计感。

实例71　单色风格的童鞋直通车图设计

本实例是为某品牌童鞋设计的直通车图。在设计中考虑直通车图的尺寸相对较小，呈现的信息太多反而会降低商品的表现力，所以在设计时选择了单只鞋子来表现，通过把鞋子抠出并搭配简单的背景、文字修饰，使画面更能引起顾客的注意。下面简单介绍设计要点和版式构成等。

素　材	随书资源\素材\08\11.jpg
源文件	随书资源\源文件\08\单色风格的童鞋直通车图设计.psd

设计分析

▶　**设计要点01**：在商品的表现上，为了让鞋子呈现最佳的效果，对鞋子的光影、色彩、纹理进行调整，使得顾客能够更准确地掌握鞋子的整体外观效果。

▶　**设计要点02**：为了突出鞋子的卖点，在设计的时候把价格、邮资等方面的优惠信息添加到直通车图中，以最大限度地表现商品的优惠力度。

▶　**设计要点03**：鞋子的材质、质量是顾客关心的重点，因此，在设计的时候把这些信息以关键词的方式展示了出来。

版式分析

在版面设计中采用了对称的编排方式，把要展示的童鞋放在画面的视觉中心位置，便于观者清楚地看到店铺所销售的商品；再通过将文字分别置于左上角和右下角，形成对称的画面感，突出商品特点和价格优势。

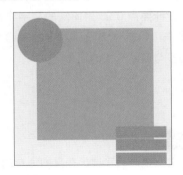

配色方案

在本实例的配色设计中，为了让整个直通车图的色调和谐而统一，在确定文字、修饰形状、背景等对象的配色过程中，提取了商品照片中的灰度色彩来进行创作。通过白色到灰色的渐变，既让画面有层次感，又让整个画面色彩更为协调。

技术要点

▶　使用"渐变"填充的方式设置直通车图背景，控制画面的基调。

▶　把鞋子图像移到直通车图的中间位置，使用"钢笔工具"把鞋子抠取出来并添加图层蒙版。

▶　运用调整图层对鞋子的影调进行修饰，最后在画面中绘制简单的几何图形，并在图形中输入商品的促销信息。

实例 72 | 淡雅风格的茶具主图设计

本实例是为茶具设计的主图。在设计的时候，根据茶具的特点，将画面定义为古典韵味的中国风，因此对文字的处理选用了与画面整体风格一致的行书，并结合一些小的装饰元素的添加，制作出颇具古典风味的主图。下面简单分析画面的设计要点、构图特色等。

素　材	随书资源\素材\08\12.jpg、13.png
源文件	随书资源\源文件\08\淡雅风格的茶具主图设计.psd

设计分析

▶　**设计要点01：**将画面中多余的背景隐藏起来，添加绿色的叶子图像，与茶具上面的绿色花纹形成统一的画面效果。

▶　**设计要点02：**运用红色底纹突出画面右侧的"包邮"二字，激发顾客对商品的购买欲望。

▶　**设计要点03：**用简短的文字将商品的特点传递出来，将其作为吸引顾客的关键点，让顾客知道更多与商品有关的信息。

版式分析

在此实例中，整个图像分为上、下两部分。上半部分主要为商品的特点、信息的简单介绍，下半部分为商品效果的展示，均匀分布的上、下两部分使画面显得更加稳定。

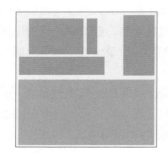

配色方案

在本实例中，为了突出茶具的古典韵味，在制作印章图像时用了鲜艳的红色，将它与茶具上的绿色相搭配，清新的绿色与鲜艳的红色形成了更加强烈的视觉反差。这种对比配色方式为画面营造出强烈的视觉冲击力，让顾客的视线更容易为图像所吸引。

技术要点

▶　用"矩形工具"在画面中绘制图像，把拍摄的茶具照片复制到矩形上，通过创建剪贴蒙版控制茶具的显示区域。

▶　通过多种调整图层对图像的影调和色彩进行修饰，再现真实的茶具颜色。

▶　使用"横排文字工具"在空白部分输入文字，最后绘制印章图案，添加绿叶。

实例 73 手机端洗面奶主图设计

本实例是为某品牌洗面奶设计的手机端主图效果。在设计过程中，用绚丽的蓝色作为主色，并在背景中添加喷溅的水花，让画面呈现出更自然的动感，与画面中间白色的洗面奶形成鲜明的反差，突出了要展示的主体商品。下面简单介绍该主图的设计要点与布局构成等。

素 材	随书资源\素材\08\14、15.jpg
源文件	随书资源\源文件\08\手机端洗面奶主图设计.psd

设计分析

▶ **设计要点 01**：在设计时根据洗面奶的功效，添加水花素材对商品形象进行烘托，突出洗面奶保湿补水的特点。

▶ **设计要点 02**：为突出商品在价格方面的优势，添加了邮资信息，并通过强烈的色彩反差突出邮资信息。

▶ **设计要点 03**：简洁的商品表现，通过把洗面奶抠出并对其色彩进行修饰，让商品以更完美、精致的形象呈现在顾客面前。

版式分析

在本实例中，画面用商品把图像分为左、右两个部分，通过错位排列的处理方式在商品的两侧添加简单的促销信息，使顾客在看到图像的时候能了解到商品的最新促销活动，刺激消费者的购买欲望。

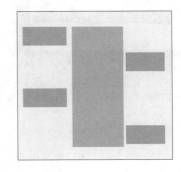

配色方案

本实例中为了让画面的色彩更加和谐，在配色过程中选择了清爽的蓝色作为背景色，让顾客自然而然地联想到使用商品后所带来的清爽、舒适。同时，由于手机屏幕尺寸有限，为了突出商品的卖点，在促销信息的处理上选择了红白搭配，即使图像尺寸很小，也能在第一时间吸引顾客的注意。

技术要点

▶ 把背景素材复制到新建的文件中，通过"变换"命令调整图像的大小和位置，以适合版面整体效果。

▶ 使用"钢笔工具"把洗面奶抠取出来，调整其颜色，使商品得到更好的展示。

▶ 使用"椭圆工具"和"自定形状工具"在洗面奶旁边绘制图形，用"横排文字工具"在图形中输入相应的文字。

第 9 章
店招设计

　　店招就是网店的店铺招牌,它就好比一个店铺的脸面,对于店铺的发展起着较为重要的作用。因此在设计店招时,需要更多地从顾客的角度去考虑,设计出来的店招要能够快速地被顾客记住。同时,店招的设计不仅需要具有一定的新颖性,还要与店铺中销售的商品风格一致,这样更利于辨识和传播。为了吸引顾客,店招中可以添加店铺近期的活动信息、广告语等相关内容,力求在有限的空间中传递更多的信息。

本章内容

实例 74 | 可爱卡通的婴儿用品店店招设计

本实例是一家婴儿用品店所设计的店招，图像中用了大量与婴儿用品相关的卡通形象来表现，与店铺所销商品吻合。为了让整个画面风格更统一，在文字的处理上也用了活泼的字体表现，结合简单的图形修饰，带给人轻松的视觉感受。

素 材	随书资源\素材\09\01.jpg
源文件	随书资源\源文件\09\可爱卡通的婴儿用品店店招设计.psd

步骤 01　新建文件填充颜色

启动Photoshop程序，执行"文件>新建"菜单命令，打开"新建"对话框。网店中的店招尺寸限制为950像素×120像素，但为了便于图像的处理，需要设置稍大的尺寸，因此在"新建"对话框中设置新建文件尺寸为1900×240，设置后单击"确定"按钮，新建一个空白文件。设置前景色为R214、G225、B229，按下快捷键Alt+Delete，填充图层，制作蓝色背景。

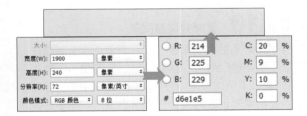

步骤 02　新建透明文件

为了让背景看起来更有特色，可以为背景填充图案效果，在填充图案前可以先定义用于填充的图案。执行"文件>新建"菜单命令，打开"新建"对话框，在对话框中将尺寸设置为20像素×20像素，"背景内容"设置为"透明"，新建文件。

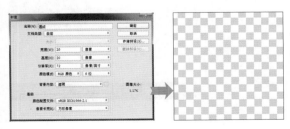

步骤 03　绘制并设置选区边界

新建文件后，先按下快捷键Ctrl+A，全选整个画面，再执行"选择>修改>边界"菜单命令，打开"边界选区"对话框，在对话框中设置"宽度"为1像素，为选区设定边界效果。

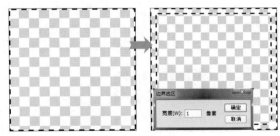

步骤 04　获取平滑选区

按下快捷键Shift+Ctrl+I，反选选区，选择画面的中间部分。执行"选择>修改>平滑"菜单命令，打开"平滑选区"对话框，在对话框中设置"取样半径"为5像素，单击"确定"按钮，得到平滑的选区。这里可以看到原来的方形选区变为了圆形选区。

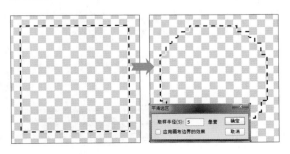

步骤05 为选区填充颜色并定义为图案

设置前景色为白色，按下快捷键Alt+Delete，将选区填充为白色，按下快捷键Ctrl+D，取消选区，完成图案的绘制。接下来就要将绘制的圆点定义为新的图案。执行"编辑>定义图案"菜单命令，打开"图案名称"对话框，在对话框中将图案命名为"圆点"，单击"确定"按钮，将绘制的圆点定义为图案。

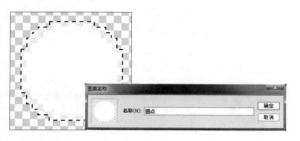

步骤06 创建"图案填充"图层填充图像

前面已经定义了图案，接下来就可以应用定义的图案填充图像了。在店招图像中创建新的"图层2"图层，单击"图层"面板底部的"创建新的填充或调整图层"按钮，在弹出的列表中执行"图案"命令，创建"图案填充1"图层，在打开的"图案填充"对话框中选择前面定义的圆点图案，单击"确定"按钮，为图层填充图案效果。

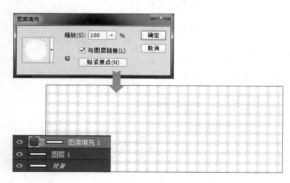

步骤07 调整图层混合模式

填充图案后发现填充的白色圆形显得太亮了，容易削弱主体，因此将"图案填充1"图层的混合模式更改为"柔光"，降低圆点背景的亮度。

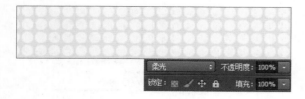

步骤08 用"钢笔工具"绘制云朵

为了加深顾客对店铺的印象，可以在店招的视觉中心位置进行店名或店铺徽标的设计。为了让店铺名更吸引人，设置前景色为白色，选择"钢笔工具"，在选项栏中把绘制模式设置为"形状"，然后在画面中心位置绘制一个云朵的图形。

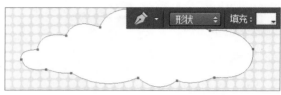

步骤09 设置"投影"样式

为了让绘制的云朵表现出立体的视觉效果，需要为其添加投影。双击"形状1"图层，在打开的"图层样式"对话框中勾选"投影"复选框，并设置好各项参数，单击"确定"按钮，应用样式，完成投影的添加。

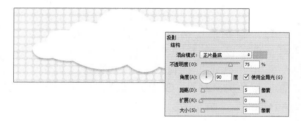

步骤10 复制并调整图形

为了让云朵更有层次感，可对云朵进行复制操作。按下快捷键Ctrl+J，复制"形状1"图层，创建"形状1拷贝"图层，然后按下快捷键Ctrl+T，打开自由变换编辑框，利用编辑框缩小图形，缩小后发现云朵不够突出。选择"直接选择工具"，选中复制的云朵图形，在选项栏中对描边选项进行调整，为图形添加描边效果。

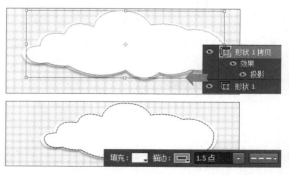

步骤 11　隐藏样式效果

经过上一步操作，发现复制图层的时候，原图层中的"投影"样式也被复制了，所以单击效果前的"切换所有图层效果可见性"按钮，隐藏样式效果。

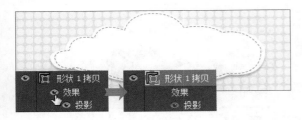

步骤 12　使用"钢笔工具"抠取图像

为了让设计的店招充满童趣，需要添加一些卡通类的装饰性图案。打开素材文件01.jpg，复制"背景"图层，使用"钢笔工具"沿小熊图像绘制路径，单击鼠标右键，在弹出的快捷菜单中执行"建立选区"命令，在弹出的对话框中单击"确定"按钮，创建选区，选择素材中的小熊图像。按下快捷键Ctrl+J，复制并抠出选区中的图像。

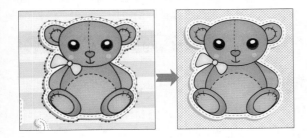

步骤 13　抠取更多图像

按照步骤12中的方法，抠出其他可用的素材图像，并将它们分别摆放在店招画面中。对于大小不合适的图像，可以按快捷键Ctrl+T，自由变换图形，控制素材大小。

步骤 14　绘制粉色矩形

添加图层后，感觉画面上半部分因图像较多而给人一种头重脚轻的感觉。为了解决这一问题，选择"矩形工具"，将前景色设置为R254、G139、B135，在店招画面下方绘制一个粉红色的矩形。

步骤 15　使用"横排文字工具"添加文字

经过前面的操作，完成了店招图案的设计，接下来选择"横排文字工具"，在图像中间的云朵上单击并输入店铺名"宜家婴儿用品店"。输入后打开"字符"面板，对字体和颜色进行调整。为了体现更活泼的画面风格，选择较可爱的汉仪秀英体简体，并把颜色统一为粉蓝色。

步骤 16　创建图层蒙版隐藏部分文字

输入文字后，发现文字显得有些单调，可以对其进行创意性设计。选择"矩形选框工具"，选中文字"宜家婴儿用"和"店"，单击"图层"面板中的"添加图层蒙版"按钮，添加蒙版，隐藏未选中的"品"字。

步骤 17　绘制图形修饰文字

选择"椭圆工具"，在文字"用"后绘制一个与文字颜色相同的圆形。选择"钢笔工具"，单击"路径操作"按钮，在展开的下拉列表中单击"排除重叠形状"选项，继续绘制图形。绘制后将图形复制，放置到不同的位置，最后添加广告词，完成店招的制作。

实例 75 | 整洁的茶具店店招设计

本实例是茶具用品店设计的店招，在设计时将商品的图像放置在画面的右侧，搭配清爽风格的背景，利用完整的图片显示来吸引顾客的注意。画面左侧通过文字的大小变化表现更有层次关系的画面。

素 材	随书资源\素材\09\02.jpg～05.jpg
源文件	随书资源\源文件\09\整洁的茶具店店招设计.psd

步骤 01 填充浅色背景

启动Photoshop程序，执行"文件>新建"菜单命令，新建文件。由于实例需要表现整洁的画面效果，所以将前景色设置为R241、G240、B219，新建"图层1"图层，按下快捷键Alt+Delete，将背景填充为较清爽的颜色。

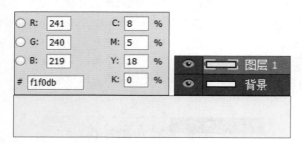

步骤 02 复制图像调整大小

为了让简单的背景显得更加精致，选择"移动工具"，把素材文件02.jpg复制到店招图像的左上角位置，得到"图层2"图层。按下快捷键Ctrl+T，打开自由变换编辑框，调整编辑框中的叶子大小，平衡画面布局。

步骤 03 使用"画笔工具"编辑图层蒙版

添加叶子后，为了让叶子融入到背景中，需要将部分叶子隐藏起来。单击"图层"面板中的"添加图层蒙版"按钮，为"图层2"图层添加图层蒙版。选择"画笔工具"，设置前景色为黑色，降低不透明度后，在叶子边缘涂抹，隐藏图像。

步骤 04 复制画面中的叶子图像

如果画面中只有一组叶子，未免显得有些单调，因此复制一组叶子图像。按下快捷键Ctrl+J，复制图层，得到"图层2拷贝"图层，将复制的叶子向右拖曳至店招中间位置。单击"图层2拷贝"图层蒙版，运用画笔工具调整叶子的显示范围。

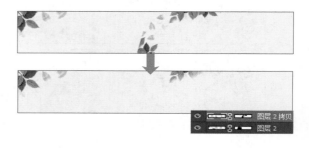

步骤 05 复制图像添加图层蒙版

打开素材文件03.jpg，将图像复制到两组叶子的中间位置，得到"图层3"图层。为了让花朵与整个画面融为一体，单击"图层"面板中的"添加图层蒙版"按钮，添加图层蒙版。选择"画笔工具"，设置前景色为黑色，涂抹菊花图像，将颜色较深的背景隐藏，保留部分花朵图像。

步骤 06 更改图层不透明度

添加花朵后，发现花朵偏亮。选择"图层3"图层，将此图层的"不透明度"设置为66%，降低不透明度，这样画面的层次关系更加突出了。

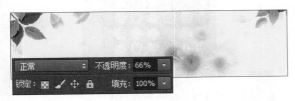

步骤 07 用"画笔工具"编辑图层蒙版

完成店招背景的设计后，接下来就可以在画面中添加店铺中销售的商品了。打开素材文件04.jpg，选择"移动工具"，把打开的图像拖至店招右侧。添加图层蒙版，选择"画笔工具"，单击"画笔预设"选取器中的"硬边圆"画笔，在茶具旁边的灰白色背景处单击，隐藏背景图像。

步骤 08 载入选区调整"亮度/对比度"

为了让店招中的商品更吸引人，可以对商品的色泽进行修饰。按住Ctrl键不放，单击"图层4"图层蒙版，载入选区。新建"亮度/对比度1"调整图层，打开"属性"面板，向右拖曳"亮度"和"对比度"滑块，提亮图像并增强对比。此时可看到选区中的茶具颜色变得更鲜艳了。

步骤 09 设置"亮度/对比度"调整图像

使用与步骤07相同的方法，打开另一个茶具素材05.jpg，将其复制到店招文件中。添加图层蒙版，隐藏背景，再创建"亮度/对比度2"调整图层，调整图像的亮度和对比度，得到更靓丽的茶具效果。

步骤 10 设置"高斯模糊"滤镜模糊图像

添加茶具后，图像是"浮"在背景中的，所以为了解决这一问题，可以为茶具添加投影效果。选择"椭圆工具"，在茶具下方单击并拖曳鼠标，绘制一个浓灰色的椭圆图形。执行"滤镜>模糊>高斯模糊"菜单命令，打开"高斯模糊"对话框，在对话框中设置选项，模糊图像。

步骤 11 复制投影图层

设置完成后单击"确定"按钮，返回图像窗口，查看模糊后的图像效果。如果一个茶具有投影而另一个没有，那么画面肯定会很不协调，所以按下快捷键Ctrl+J，复制投影图层，然后用"移动工具"把复制的投影移到另一个茶具图像下。

技巧提示：使用方向键调整图像位置

在 **Photoshop** 中要移动图像的位置，除了可以使用"移动工具"外，也可以通过键盘中的上、下、左、右方向键微调图像位置。

步骤 12 使用"横排文字工具"输入店铺名

仅在店招图像中添加商品还远远不够，为了使画面更完整，还需要加入店铺名称、关注信息及商品简介等。选择"横排文字工具"，打开"字符"面板，在面板中设置字体为较工整的黑体，调整大小后在画面左侧输入店铺名"吉洋洋家居官方旗舰店"，以便顾客一眼就能看到店名。

步骤 13 继续输入更多文字

使用"横排文字工具"在已输入的文字下方单击并输入店铺的英文名称，输入后打开"字符"面板，调整英文的大小，突出层次关系。

步骤 14 使用"圆角矩形工具"绘制图形

现在很多店铺的店招上都会有关注图标，这里也为店铺添加关注图标。为了突出关注信息，设置前景色为R202、G33、B76，选择"圆角矩形工具"，在选项栏中设置绘制模式为"形状"，"半径"为20像素，在店铺名下绘制较圆润的矩形效果。

步骤 15 使用"自定形状工具"绘制心形

将前景色更改为白色，选择"自定形状工具"，单击"形状"右侧的下拉按钮，在展开的"形状"拾色器中单击"心形"，在红色的圆角矩形左边绘制一个心形图案。

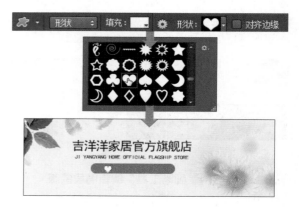

步骤 16 添加更多图形和文字

选择"横排文字工具"，打开"字符"面板，在面板中调整文字的字体、大小、颜色等属性，在矩形图案中输入关注信息。使用同样的方法在店招中添加更多的图形和文字，完成店招的制作。

实例 76 复古的美妆店店招设计

本实例是一家美妆店所设计的店招，画面在设计时采用了较为紧凑的布局方式，将店铺中的主要商品、最新活动动态、店铺名称等大量信息通过不同颜色、大小的文字表现出来，同时为了缓解大量文字所引起的视觉疲劳，在画面两侧添加了模特及商品图像，形成和谐对称的版面效果。

素 材	随书资源\素材\09\06、07、09.jpg，08.psd
源文件	随书资源\源文件\09\复古的美妆店店招设计.psd

步骤 01 新建文件填充颜色

启动Photoshop程序，执行"文件>新建"菜单命令，打开"新建"对话框。为了方便对图像进行编辑，在对话框中将图像尺寸设置为1400像素×221像素，单击"确定"按钮，新建文件。本实例需要表现复古风格，因此设置前景色为R211、G191、B154，设置后将背景填充为设置的前景色。

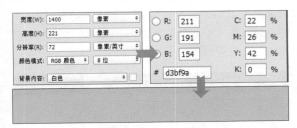

步骤 02 复制图像

打开素材文件06.jpg，将打开的照片复制到新建的店招图像上，得到"图层2"图层。为了便于后面对图像进行调整，执行"图层>智能对象>转换为智能对象"菜单命令，将"图层2"图层转换为智能对象图层。

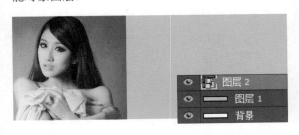

步骤 03 设置"黑白"调整选项

将模特照片移动到店招左侧，然后创建"黑白1"调整图层，打开"属性"面板，单击"自动"按钮，并勾选"色调"复选框，对照片进行着色，统一画面的颜色。

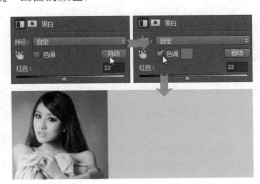

步骤 04 调整"色阶"提亮高光部分

为了让模特的肌肤更有光泽，按住Ctrl键不放，单击"图层2"图层缩览图，载入选区。新建"色阶1"调整图层，设置色阶选项，增强对比效果。

步骤05 使用"矩形工具"绘制图形

为了加深顾客对品牌的印象，需要在店招中添加品牌徽标。选择"矩形工具"，在需要添加品牌徽标的位置单击并拖曳鼠标，绘制一个与背景颜色反差较明显的矩形。

步骤06 选择"横排文字工具"输入品牌名称

选择"横排文字工具"，在紫色的矩形上单击并输入品牌名称"Jiaoyan"。输入后打开"字符"面板，吸取背景中的颜色作为文字颜色，统一画面颜色。

步骤07 使用"自定形状工具"绘制装饰图案

将前景色设置为与品牌名称相同的颜色R252、G233、B194，选择"自定形状工具"，在选项栏中设置绘制模式为"形状"，单击"形状"右侧的下拉按钮，在展开的"形状"拾色器中单击"花形装饰3"形状，然后在文字上单击并拖曳鼠标，绘制花朵图案，组合为标志图案。

步骤08 运用"横排文字工具"输入更多文字

使用"横排文字工具"在已绘制的标志图像下输入更多的文字和品牌广告语。为了让文字的主次关系更清晰，输入后适当调整文字的大小和字体。

步骤09 继续输入文字

为了表现更紧凑的画面效果，结合"横排文字工具"和"字符"面板，在店招右侧的留白区域输入更多的品牌介绍及促销信息。

步骤10 选择"钢笔工具"绘制图形

输入文字后，还需要突出一部分主体文字。选择"钢笔工具"，设置前景色为R77、G53、B51，绘制模式为"形状"，在文字"肌肤美"下方连续单击，绘制四边形效果。

步骤11 复制图形调整外形轮廓

按下快捷键Ctrl+J，复制图形，得到"形状2拷贝"图层。选择工具箱中的"直接选择工具"，选中路径锚点，调整锚点的位置，更改图形大小，将其置于文字"走进娇颜美妆"下方。

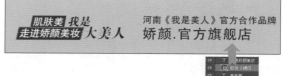

步骤 12 使用"自定形状工具"绘制装饰图形

为了提高美妆商品的档次，选择"自定形状工具"，设置绘制模式为"形状"，单击"形状"右侧的下拉按钮，在展开的下拉列表中单击"皇冠1"形状，在文字"我"左侧绘制一个漂亮的皇冠图案。

步骤 13 使用"直线工具"绘制线条

选择"直线工具"，在选项栏中设置绘制模式为"形状"，"粗细"为2像素，在画面中单击并拖曳鼠标，绘制一条直线。

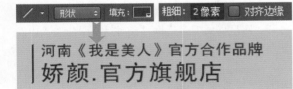

步骤 14 调整图层蒙版设置渐隐效果

为了让绘制的直线呈现自然的过渡效果，单击"形状4"图层，添加图层蒙版。选择"渐变工具"，在选项栏中选择"黑，白渐变"，单击"对称渐变"按钮，从直线中间位置向下拖曳渐变，得到渐隐的线条效果。

技巧提示：反向渐变

使用"渐变工具"编辑图像时，勾选选项栏中的"反向"复选框，可以将设置的渐变颜色进行翻转。

步骤 15 使用"椭圆工具"绘制圆形

将前景色设置为R101、G77、B74，选择"椭圆工具"，在选项栏中设置绘制模式为"形状"，按住Shift键不放，单击并拖曳鼠标，在文字"首页惊喜"左侧绘制一个小的正圆图形。

步骤 16 复制图形更改颜色

连续按下3次快捷键Ctrl+J，复制小圆图形，然后选择"移动工具"，调整小圆的位置，得到并排的图形效果。为了突出部分信息，可以对小圆的颜色进行调整。这里为了突出"热销套组"，将第三个小圆的颜色更改为R89、G96、B115。

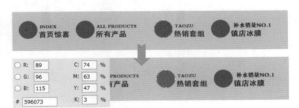

步骤 17 使用"自定形状工具"绘制叶子

选择"自定形状工具"，设置绘制模式为"形状"，单击"形状"右侧的下拉按钮，在展开的下拉列表中单击如图所示的形状，然后在第一个小圆中间绘制出图案。

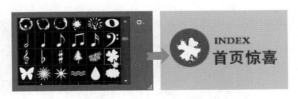

步骤 18 继续绘制更多图形

继续使用同样的方法，在另外3个小圆中间也绘制出相应的图案，得到更加丰富的画面效果。

步骤 **19**　使用"钢笔工具"抠取图像

为了突出店铺的商品定位，可以在店招上添加商品。打开素材文件07.jpg，选择"钢笔工具"，沿商品图像绘制工作路径，绘制后按下**Ctrl+Enter**键，将路径转换为选区。

步骤 **20**　调整并复制选区内的商品

此时可以看到已经选择了画面中的商品对象，为了让抠出的商品边缘更干净，执行"选择>修改>收缩"菜单命令，打开"收缩选区"对话框，设置"收缩量"为1像素，收缩选区，然后把选区中的商品复制到店招文件右侧。

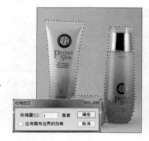 

步骤 **21**　使用"曲线"和"色阶"调整影调

添加商品后发现商品太暗了，显得很脏，所以需要对其明暗和颜色进行修饰。按住**Ctrl**键不放，单击"图层3"图层，载入选区。新建"曲线1"调整图层，单击并向上拖曳曲线，提亮图像。创建"色阶1"调整图层，向右拖曳灰色滑块，向左拖曳白色滑块，提高中间调和高光部分的亮度。

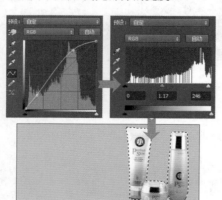

步骤 **22**　设置"可选颜色"修饰颜色

为了让画面中的色调更统一，再次载入化妆品选区。新建"选取颜色1"调整图层，打开"属性"面板，在面板中选择"黄色"选项，设置颜色百分比，让化妆品颜色显得更加柔美。

步骤 **23**　复制图形添加"内发光"样式

打开素材文件08.psd，将打开的图像复制到化妆品图像下方，得到"图层4"图层，观察图像发现花朵边缘为白色，显得太亮了，需要对色调进行调整。执行"图层>图层样式>内发光"菜单命令，打开"图层样式"对话框，在对话框中勾选"内发光"复选框，设置内发光样式。

步骤 **24**　复制花朵图像

设置后可以看到花朵的边缘也显示为了橙色，按下快捷键**Ctrl+J**，复制两个花朵图像。选择"移动工具"，将复制的花朵图像移至其他商品的位置，得到重叠的花朵效果。

步骤 25　添加文字补充信息

选择"横排文字工具",在商品图像旁边输入商品主要成分、功效等信息。输入后使用"钢笔工具"在文字下方绘制不同颜色的图形,突出这些文字。

步骤 26　应用"USM锐化"滤镜锐化图像

本实例设计的店招为复古风格,为了增强复古的氛围,打开素材文件09.jpg,将图像复制到店招图像。执行"滤镜>锐化>USM锐化"菜单命令,锐化图像,得到更清晰的图像效果。

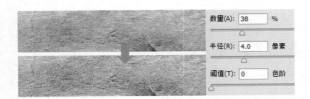

步骤 27　重复应用滤镜锐化图像

为了得到更清晰的纹理效果,按下快捷键Ctrl+F,对图像再次应用"USM锐化"滤镜,锐化图像。

步骤 28　执行"去色"命令转换为黑白效果

为了让纹理颜色更干净,可以执行"图像>调整>去色"菜单命令,去除图像颜色,将其转换为黑白效果,再按下快捷键Ctrl+T,调整纹理图像的大小。

步骤 29　更改图层混合模式

为了让添加的纹理与背景图像拼合起来,需要调整图层混合模式。选择"图层5"图层,将此图层的混合模式更改为"柔光"。

技巧提示:调整并查看混合模式

使用图层混合模式编辑图像时,可以通过键盘中的上、下、左、右方向键快速地在不同的混合模式之间切换。

步骤 30　使用"画笔工具"涂抹图像

经过上一步操作,虽然在图像上添加了更加复古的纹理效果,但是也因为叠加至模特图像上的纹理,使模特的肌肤变得不干净了。因此为"图层5"添加图层蒙版,选择"画笔工具",将前景色设置为黑色,"不透明度"调整为21%,在人物图像上涂抹,隐藏纹理。

步骤 31　编辑图层蒙版

接下来再看右侧,发现商品也被叠加上了纹理。单击"图层5"图层蒙版,设置前景色为黑色,按下快捷键Alt+Delete,将图层蒙版填充为黑色,隐藏商品上的纹理。

实例 77 突出商品定位的女包店店招设计

本实例是为女包店设计的店招页面，在设计时通过把店铺中所销售的商品放置于画面中间位置，突出店铺的商品定位，顾客一眼就知道该店铺所售商品的特点、价格等重要信息，同时在画面的左侧以醒目的颜色展示店铺名和店铺广告语，加深了顾客对店铺的印象。

素　材	随书资源\素材\09\10.jpg～14.jpg，15.psd
源文件	随书资源\源文件\09\突出商品定位的女包店店招设计.psd

步骤 01 复制背景图像

启动Photoshop程序，新建一个文件。打开素材文件10.jpg，将素材复制到新建的文件中。单击"图层"面板中的"添加图层蒙版"按钮，为"图层1"添加图层蒙版，用黑色画笔轻微涂抹最右侧的图像，隐藏图像效果。

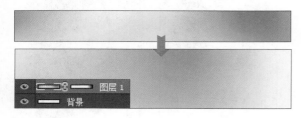

步骤 02 选择并调整"可选颜色"

为了让背景呈现更丰富的颜色效果，选择"套索工具"，在店招中间位置单击并拖曳鼠标，绘制一个柔和的选区。新建"选取颜色1"调整图层，打开"属性"面板，在面板中选择"中性色"，然后调整颜色百分比，将选区颜色调整为淡紫色效果。

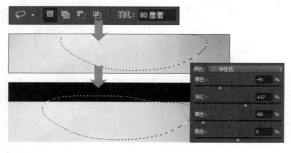

步骤 03 更改图层混合模式

调整颜色后，为了让背景显得更加精致，可以添加一些装饰元素。打开素材文件11.jpg，将素材复制到画面中，得到"图层2"图层，此时会发现天空中的云层太抢眼，画面看起来太乱。将图层混合模式更改为"明度"，"不透明度"降为30%。

步骤 04 调整"亮度/对比度"

经过上一步操作，背景变得更丰富了，但是感觉不够唯美，与要表现的商品风格不是很协调。所以创建"亮度/对比度1"调整图层，打开"属性"面板，调整选项，提亮图像，加强对比效果。

步骤 05 使用"矩形工具"绘制渐变矩形

在画面中进行店铺徽标的添加，新建徽标图层组，选择"矩形工具"，设置绘制模式为"形状"，并调整填充颜色，在店招图像左侧单击并拖曳鼠标，绘制渐变矩形。

步骤06　运用"横排文字工具"输入店铺名

选择"横排文字工具"，在矩形中间单击并输入女包品牌"薇薇女包"。输入后打开"字符"面板，调整文字的字体、大小及颜色，突出品牌信息。

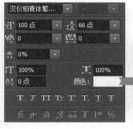

步骤07　选择并调整文字大小

为了突出文字的主次关系，可以对局部文字的字号进行调整。实例中女包品牌为"薇薇"，而"女包"二字只是为了补充其种类，所以选择"女包"二字，将其字号缩小至50点。

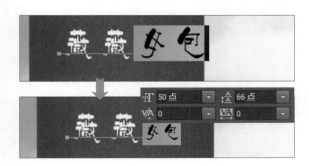

步骤08　添加更多店铺徽标信息

继续使用"横排文字工具"在矩形中间输入更多的文字，输入后根据要表现的信息调整文字的大小、字体及颜色等。

技巧提示：快速反选选区

在图像中创建选区后，如果要对选区进行反选操作，则可以执行"选择 > 反选"菜单命令，也可以按下快捷键 **Shift+Ctrl+I**，快速反选图像。

步骤09　复制包包图像

经过前面的操作，完成了店铺徽标的制作。为了突出店铺商品的定位，还需要添加包包商品图片。打开素材文件12.jpg、13.jpg，将照片拖曳至店招图像上，并将其调整至合适大小。

步骤10　使用"魔棒工具"选择图像

添加包包图像后，还需要把原手提包旁边的背景去掉，由于手提包背景颜色与包包颜色区别较大，因此可以使用"魔棒工具"来选择。单击"魔棒工具"按钮，再单击选项栏中的"添加到选区"按钮，连续在手提包旁边的背景处单击，选择整个背景图像，执行"选择>反选"菜单命令，反选选区。

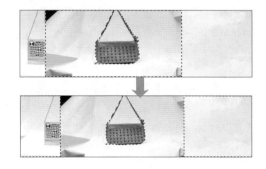

步骤11　设置"亮度/对比度"

单击"图层"面板中的"添加图层蒙版"按钮，添加图层蒙版，隐藏多余的背景。观察图像发现包包图像偏暗，导致其色彩显得不够吸引人。载入手提包选区，新建"亮度/对比度2"调整图层，打开"属性"面板，调整选项，提高图像的亮度和对比度，使手提包颜色变得更加鲜艳。

步骤 12　调整另一个手提包

继续使用相同的方法，对另一个手提包图像进行处理，隐藏多余的背景，并对图像的亮度进行调整，得到更为干净的画面效果。

步骤 13　使用"椭圆工具"绘制红色小圆

为了吸引顾客的注意，还需要在手提包旁边添加促销信息。选择"椭圆工具"，设置前景色为R219、G0、B20，在两个手提包的中间位置绘制一个红色的小圆。

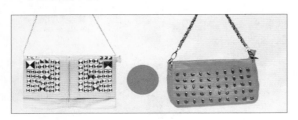

步骤 14　使用"横排文字工具"输入文字

选择"横排文字工具"，在红色的小圆中间输入"+"符号。输入后为了突出优惠力度，打开"字符"面板，将"+"的字体设置为较粗的方正超粗黑简体，并把颜色设置为白色。

步骤 15　继续添加更多图形和文字

结合"横排文字工具"和图形绘制工具，在红色的手提包旁边设置醒目的价格信息。设置后选中红色矩形所在图层，执行"图层>创建剪贴蒙版"菜单命令，将矩形置于白色圆形内部。

步骤 16　添加手提包图像

使用相同的方法，打开素材文件14.jpg，将其抠取出来，并添加相应的促销信息。

步骤 17　复制并添加秋叶素材

为了便于顾客收藏店铺，接下来创建"收藏"图层组。打开素材文件15.psd，将打开的图像复制到"收藏"图层组中。

步骤 18　设置"投影"样式

选择"椭圆选框工具"，在秋叶图像上单击并拖曳鼠标，绘制一个白色的小圆。执行"图层>图层样式>投影"菜单命令，打开"图层样式"对话框，在对话框中设置"投影"样式选项，设置后单击"确定"按钮，应用样式。

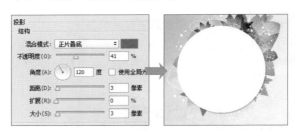

步骤 19　输入文字完成设计

选择"钢笔工具"，在圆形旁边绘制黑色的线条。绘制完成后，结合"横排文字工具"和图层样式，在图像右侧输入更多的文字信息。

实例 78 店招与导航的结合设计

本实例是为银饰店设计的店招图像，在设计的过程中，将画面进行合理分配，将店招与导航结合起来编排，视觉中心位置的主体文字则使用生动的编排方式，通过用工整的宋体和随性的行书相搭配，在视觉上达到一种平衡而不呆板的效果。同时在背景图像的选择上，根据饰品的特点和风格，用古典的欧式花纹作底纹，增强了整个图像的设计美感。下面简单介绍设计要点和版式构成等。

素　材	随书资源\素材\09\16、17.psd
源文件	随书资源\源文件\09\店招与导航的结合设计.psd

设计分析

▶ **设计要点 01：** 填充孔雀蓝作为背景图层，奠定画面的自然基调。

▶ **设计要点 02：** 选择经典的欧式复古花纹填充背景区域，丰富画面效果，彰显店铺及商品品牌定位。

▶ **设计要点 03：** 主体文字占据画面左半部分，将店铺信息在第一时间传递出去，配合店铺广告语，使店招更具有表现力，更能吸引顾客的注意。

配色方案

本实例采用对比配色，画面上方使用孔雀蓝为背景色，轻盈、舒爽、澄澈的颜色给人一种干净、舒适的感觉，同时也能间接反映出店铺中饰品的特征。画面下方用粉红色与图像上方的蓝色搭配，对比颜色的表现让简单的画面更具有时尚感。

版式分析

在本实例的布局设计中，将画面分为了 3 个不同的区域。其中，左上部分为店铺名称、店铺广告语，右上部分为装饰性元素，下半部分为商品分类导航，3 个部分各成独立的区域。不完全对称的版面构成方式让图像显得稳定而富有设计感，让顾客将更多的注意力放到店招的信息上。

技术要点

▶ 使用"钢笔工具"绘制不规则图形，通过添加"斜面和浮雕""投影"等样式加强图形的立体感。

▶ 把欧式花纹图像复制到绘制的图形上，创建剪贴蒙版将多余的花纹图像隐藏起来。

▶ 使用"横排文字工具"在画面中输入店铺名、店铺广告及分类信息；用"椭圆工具"在要突出表现的文字上绘制图形，完善整体效果。

实例 79 | 粉色唯美风格的女装店店招设计

本实例是为某品牌女装店设计的店招图片，在设计中根据年轻女性所喜欢的色彩，采用了较浪漫的粉蓝配色风格，利用唯美的花朵图像作为背景，整体画面显得更加柔美，应用不同风格的字体把店铺名、店铺销售的商品类型等重要信息表现出来，通过文字的大小和颜色变化让画面层级更显分明，给人张弛有度的印象。下面简单介绍设计要点和版式构成等。

素　材	随书资源\素材\09\18.jpg
源文件	随书资源\源文件\09\粉色唯美风格的女装店店招设计.psd

设计分析

▶ **设计要点 01**：粉蓝色的背景给人优雅、高贵、时尚、青春的感觉，符合女装店的品牌特征。

▶ **设计要点 02**：画面中的淡粉色给人热情洋溢的感觉，而淡蓝色给人清爽、知性的感觉，冷暖色对比运用，得到更美妙的视觉感受。

▶ **设计要点 03**：店铺名称和店铺活动文字信息选用了不同的字体和颜色表现，配合淡雅、清新的背景图像，使店招更具有表现性。

配色方案

本实例采用了对比配色方案，在背景的处理上，通过对颜色的修饰，利用红色和蓝色的色相差异，打造出颇具节奏感的图像，同时为了让画面的风格更加统一，在文字的配色上也采用了与背景颜色相近的色彩，这样的色彩搭配方式让画面显得更为简洁，且不失完整性。

版式分析

本实例在版式布局中，将画面大致分为 3 个区域，通过在各个区域放置不同的文字信息，利用文字间的大小和颜色变化吸引顾客的视线。其中，画面左侧区域为店铺名称及店铺主要销售商品的说明，用了较大一些的文字进行突出表现；中间部分是店铺最新的动态信息；右侧则是收藏区。这 3 部分利用合理的布局分布平衡视觉，增强了画面感染力。

技术要点

▶ 使用"高斯模糊"滤镜模糊花朵背景图像，创建柔美的画面效果。

▶ 结合"调整"面板和"属性"面板对模糊后的背景图像进行颜色调整，将图像打造为梦幻的粉红色调。

▶ 使用文字工具在图像上输入文字，结合图层样式为文字添加描边、外发光等效果。

实例 80　暗黑炫酷的美食店店招设计

本实例是一家专门销售坚果的食品店设计的店招，在设计的过程中采用了浓度较高的黑色作为背景，并将店铺中的商品添加于店招图像右侧，利用直观的商品展示来刺激顾客的购买欲望，此外为了便于顾客在店铺中查找、搜索商品，还添加了搜索功能。下面对此实例的设计要点和版式构成等进行分析。

素　材	随书资源\素材\09\19.jpg、20.psd
源文件	随书资源\源文件\09\暗黑炫酷的美食店店招设计.psd

设计分析

▶　**设计要点 01：**在黑色的背景中用醒目的白色文字将店铺名称表现出来，加深顾客对店铺的印象。

▶　**设计要点 02：**画面中心用文字对店铺商品的销量加以说明，同时添加的搜索功能使店招显得更为实用。

▶　**设计要点 03：**为了让顾客了解店铺销售的主要商品及其特点，将坚果图像添加于画面右侧，通过去底让商品融入到新的背景中。

配色方案

本实例为了突出画面中的坚果，在配色过程中采用无彩色的黑白调，统一而和谐，给人静穆、严谨的感觉，与小面积的橙红色、褐色搭配起来，更使其成为视觉焦点，让顾客自然而然地将注意力放在店招中的坚果图像上。

版式分析

在本实例的布局设计中，通过在画面两侧添加颜色相似的标志和商品图像，达到和谐统一的效果，使画面元素在对称中产生一定的变化，继而把顾客的目光吸引到品牌和商品部分，同时，利用画面中间的文字将图像两侧的标志和商品图像衔接起来，让画面显得更为完整。

技术要点

▶　使用"添加杂色"滤镜在背景中添加杂色颗粒，增强画面的质感。

▶　用"移动工具"把品牌标志和商品照片添加至画面中，设置图层样式表现立体的视觉效果，并创建图层蒙版抠出商品图像。

▶　使用"横排文字工具"在画面中输入文字信息，用"矩形工具"绘制商品搜索栏，便于顾客快速查找商品。

实例 81 | 怀旧色调的灯具店店招设计

本实例是为某品牌的灯具店设计的店招，为了突显店招的意境，设计时把灯具图像作为背景，通过明暗的对比来增强画面的层次，并利用"渐变叠加"样式来丰富店招文字的色彩，使其呈现一定的光泽感，让它与店铺所售商品的特质相符。下面简单分析本实例的设计要点、构图特色等。

素　　材	随书资源\素材\09\21.jpg
源文件	随书资源\源文件\09\怀旧色调的灯具店店招设计.psd

设计分析

▶ **设计要点 01：**由于此实例是为灯具店设计的店招，为了突出主题，在设计时选择了灯具图片作为背景，通过明暗的变化深化了主题。

▶ **设计要点 02：**将店铺的徽标放在店招的最左侧，并在旁边输入店铺名称，让店招更加显眼。

▶ **设计要点 03：**通过在画面中添加优惠活动和相关的服务信息丰富店招的内容，表现更多的店铺动态信息。

配色方案

本实例在配色时以暖色调为主，因为灯光除了照明以外，还经常被赋予一种温暖、家的概念，所以在设计时用暖色搭配能够让这种氛围更加强烈，而适当地使用黑、白色图形作为装饰，可以形成强烈的颜色反差，从而突出店招中间的重要信息。

版式分析

在本实例的布局设置中，画面以灯具图像作为背景，在中心位置添加图形，然后以左右对称的方式安排文字信息。其中，左侧为店铺名和店铺徽标，右侧为店铺最新动态信息。另外，通过在文字旁边添加部分装饰图形，使文字更有分量。

技术要点

▶ 把拍摄的灯具图像添加至背景中，利用"调整"面板和"属性"面板对照片的颜色进行调整，呈现更温暖的画面效果。

▶ 使用"矩形工具"在画面的中间位置绘制黑色矩形，调整图层混合模式，设置透明效果。使用"横排文字工具"在绘制的矩形中输入文字。

▶ 运用"钢笔工具"绘制不规则图形，显示店铺最新动态信息。

第 10 章
导航条设计

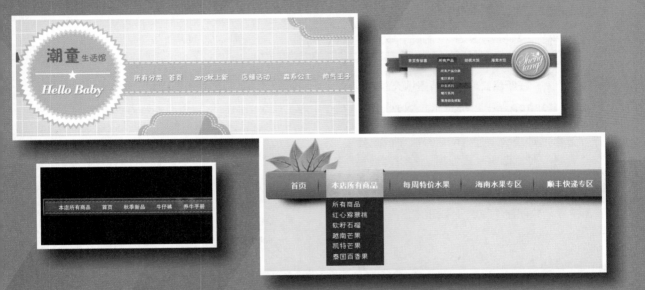

　　导航条是依附在店招下方的一个细长的矩形，它的主要作用是对商品和服务进行分类，方便顾客通过页面跳转快速访问所需要的内容。设计导航条时应当使其外观和色彩与店招、店铺整体装修风格协调。在设计导航条的过程中，需要考虑导航条中信息的处理，要简明扼要，整齐简洁，避免过于复杂，让顾客能够直观地感受到店铺商品的分类信息，这样才能更好地起到引导作用。有时为了增强导航条的设计感，也可以适当添加一些小的图形，具体情况根据画面而定。

本章内容

实例 82 | 时尚简洁风格的导航条设计

本实例是简洁风格的导航条图片，在配色时选择暗红色为主色，给人温暖的视觉感受，在导航条中间用红色的互补色绿色作为底色，将店铺的名称、徽标突显出来，对店铺品牌进行强调，给顾客留下深刻印象。

| 源文件 | 随书资源\源文件\10\时尚简洁风格的导航条设计.psd |

步骤 01 在新建文件中为背景填充颜色

启动Photoshop程序，将背景色设置为R242、G239、B220，执行"文件>新建"菜单命令，打开"新建"对话框，根据网店导航条的尺寸要求在"新建"对话框中设置选项，单击"确定"按钮，新建一个空白文件。由于此实例需要制作简洁风格的导航条，因此在设计前需要定义画面的背景主色，并创建"导航条"图层组。

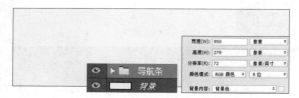

步骤 02 创建复合图形

选择"矩形工具"，设置前景色为黑色，在画面左侧单击并拖曳鼠标，绘制一个黑色的矩形。选择"钢笔工具"，单击选项栏中的"路径操作"按钮，在展开的下拉列表中单击"合并形状"选项，绘制图形，创建复合形状。

步骤 03 设置并应用样式

为了让绘制的图形与店铺装修风格更统一，可以对图形颜色进行调整。执行"图层>图层样式>渐变叠加"菜单命令，打开"图层样式"对话框，在对话框中设置"渐变叠加"选项，为图像叠加渐变颜色。

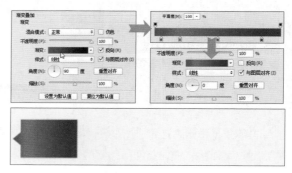

步骤 04 复制图形调整大小

按下快捷键Ctrl+J，复制图形，按下快捷键Ctrl+T，打开自由变换编辑框，按住Shift+Ctrl键不放，拖曳编辑框，对图形进行等比例缩小处理。

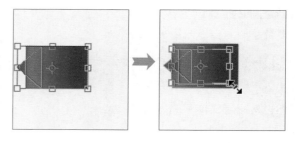

步骤 05 设置图层样式

经过上一步操作，调整了图形大小，但是两个图形的颜色相同，无法表现叠加的画面效果。双击图层，打开"图层样式"对话框，在对话框中重新对样式进行设置。设置完成后单击"确定"按钮，应用样式效果。

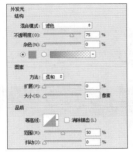

步骤 06 使用"矩形工具"绘制灰色矩形

为了让绘制的图形表现出立体的视觉效果，需要进行投影的添加。设置前景色为R39、G39、B39，选择"矩形工具"，在选项栏中设置各选项，在之前绘制好的图形下单击并拖曳鼠标，绘制深灰色矩形。

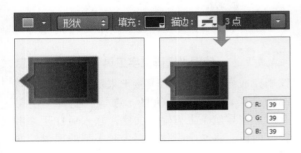

步骤 07 用"渐变工具"设置渐隐效果

选择"渐变工具"，单击"渐变"拾色器下的"黑，白渐变"，从深灰色矩形底部向上拖曳，释放鼠标后，得到渐隐的图形效果，此时可以看到添加投影后的效果。

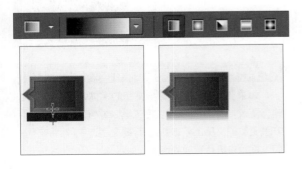

步骤 08 使用"画笔工具"编辑图层蒙版

为了让添加的投影显得更自然，选择"画笔工具"，设置前景色为黑色，降低不透明度后，在灰色矩形两侧单击并涂抹，经过反复涂抹，隐藏图形。

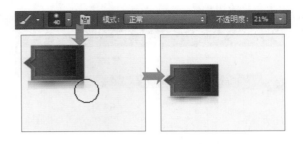

步骤 09 使用"钢笔工具"绘制三角形

继续使用同样的方法，在不规则的图形右侧再绘制矩形，将其设置为投影效果。选择"钢笔工具"，设置前景色为黑色，在画面中连续单击，再绘制一个黑色的三角形。

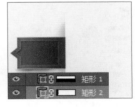

步骤 10 设置"颜色叠加"样式效果

绘制完后，发现绘制的三角形与下方的图形颜色反差太明显了。因此执行"图层>图层样式>颜色叠加"菜单命令，打开"图层样式"对话框，在对话框中将颜色设置为R62、G17、B0，设置后单击"确定"按钮，应用样式，统一画面色调。

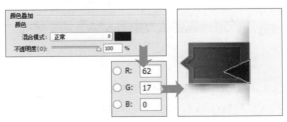

技巧提示：更改叠加颜色

在"颜色叠加"样式下，如果要更改叠加的颜色，只需要单击右侧的颜色块，在打开的"拾色器（叠加颜色）"对话框中重新输入颜色，单击"确定"按钮即可。

步骤 11 使用"矩形工具"绘制灰色矩形

经过前面的操作，完成了导航条左侧外形轮廓的绘制，接下来是导航条中间部分的绘制。选择"矩形工具"，设置绘制模式为"形状"，填充颜色为灰色，在画面中间单击并拖曳鼠标，绘制一个灰色的矩形。

步骤 12 设置多个图层样式

绘制图形后需要统一图形颜色，执行"图层>图层样式>描边"菜单命令，打开"图层样式"对话框，在对话框中勾选"描边""内阴影"和"颜色叠加"样式，并设置对应的样式选项。

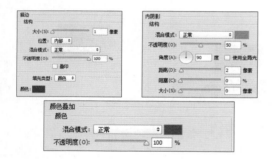

步骤 13 查看应用样式的效果

设置完成后单击"确定"按钮，应用图层样式，此时在图像窗口中可看到应用样式后的矩形效果。

步骤 14 复制图形调整大小

按下快捷键Ctrl+J，复制矩形，执行"编辑>变换路径>自由变换"菜单命令，打开自由变换编辑框，将鼠标移至编辑框边缘位置，单击并向内侧拖曳，缩小矩形图形。

步骤 15 设置并应用样式

复制并调整图形大小后，发现两个图形颜色太相近，无法区分开来。因此执行"图层>图层样式>内阴影"菜单命令，打开"图层样式"对话框，在对话框中设置"内阴影"和"颜色叠加"样式，设置完成后单击"确定"按钮，应用样式效果。

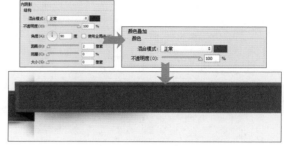

步骤 16 完成更多图形的绘制

继续使用同样的方法，运用图形绘制工具绘制更多图形，得到更完整的导航条轮廓。

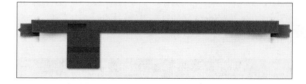

步骤 17 使用"横排文字工具"输入导航信息

绘制完成导航条轮廓后，接下来就根据店铺中商品的分类，输入分类信息。选择"横排文字工具"，在导航条上方输入文字，输入后打开"字符"面板，将文字字体设置为较工整的黑体，方便顾客阅读。

技巧提示：更改部分文字的属性

　　如果要对导航条中部分文字的字体、大小等属性进行更改，则可用"横排文字工具"或"直排文字工具"在要更改的文字上单击并拖曳，将文字选中，然后在"字符"面板中进行选项的设置。

步骤 18　设置"投影"样式

为了让输入的文字更有立体感，双击文字图层，打开"图层样式"对话框，在对话框中勾选"投影"复选框，并设置"投影"选项。设置后单击"确定"按钮，应用样式，为文字添加投影效果。

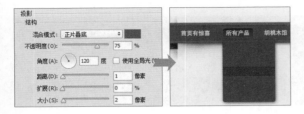

步骤 19　使用"横排文字工具"输入分类信息

选择"横排文字工具"，在垂直方向的导航条上继续输入文字，输入后打开"字符"面板，在面板中设置相同的字体，并适当缩小字号，使分类信息更加详细。

步骤 20　设置并应用样式

为了加深顾客对店铺品牌的印象，继续在导航条中绘制标志图案。新建"店铺LOGO"图层组，设置前景色为R95、G87、B35，选择"椭圆工具"，按住Shift键不放，在导航条中间位置单击并拖曳鼠标，绘制一个正圆图形。执行"图层>图层样式>描边"菜单命令，打开"图层样式"对话框，在对话框中设置选项，为绘制的圆形添加样式，得到风格更为统一的画面。

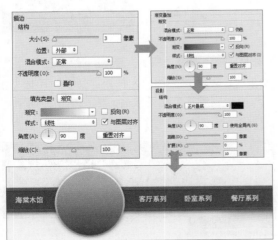

步骤 21　复制图形调整样式

连续按下快捷键Ctrl+J，复制"椭圆1"图层，得到"椭圆1拷贝"和"椭圆1拷贝2"图层，按下快捷键Ctrl+T，打开自由变换编辑框，调整复制的图形大小。调整大小后根据画面效果对样式做适当的调整，得到叠加的圆形图形。

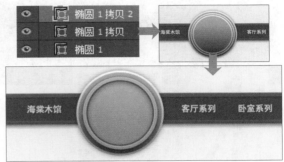

步骤 22　使用"横排文字工具"输入店铺名

使用"椭圆工具"在绿色圆下方绘制黑色椭圆，添加图层蒙版，隐藏部分图形，创建投影效果。选择"横排文字工具"，在圆形中间位置单击并输入店铺名称，为了增强视觉冲击力，按下快捷键Ctrl+T，打开自由变换编辑框，并在选项栏中设置"旋转角度"为-10，旋转文字效果。

步骤 23　使用"自定形状工具"绘制装饰图案

选择"自定形状工具"，单击"形状"右侧的下拉按钮，在展开的"形状"拾色器中单击"花3"形状，在店铺名称旁边单击并拖曳鼠标，绘制花朵图案，完成店铺徽标图案的设计。至此，已完成本实例的制作。

实例 83 | 布纹质感风格的导航条设计

　　本实例是为牛仔专卖店设计的导航条，在导航栏中将与主题相关的牛仔裤素材图像叠加于导航条上方，深化了主题，顾客通过图片就能清楚地知道店铺所销售的主要商品。为了增强画面的质感，在导航条中将图层样式叠加起来，表现更有质感的画面效果。

素　材	随书资源\素材\10\01、02.jpg
源文件	随书资源\源文件\10\布纹质感的导航条设计.psd

步骤01 在新建的文件中为背景填充颜色

启动Photoshop程序，新建一个空白文件。由于本实例是为牛仔专卖店设计的导航条，因此根据牛仔服饰的颜色特点，将背景定义为蓝色，将前景色设置为R51、G58、B68，使用"矩形工具"绘制一个比背景稍大的矩形。

步骤02 设置"添加杂色"添加颗粒效果

为了让背景表现出纹理质感，执行"滤镜>杂色>添加杂色"菜单命令，打开"添加杂色"对话框，在对话框中设置选项，单击"确定"按钮，为图像添加杂色效果。

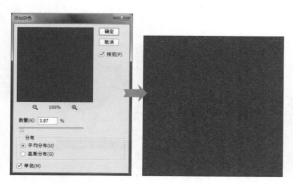

步骤03 使用样式为背景增强纹理

添加杂色后发现图形的质感不是很明显，执行"图层>图层样式>斜面和浮雕"菜单命令，打开"图层样式"对话框，在对话框中设置"斜面和浮雕"选项，再勾选"纹理"样式，单击"水彩"纹理，设置后单击"确定"按钮，应用样式。

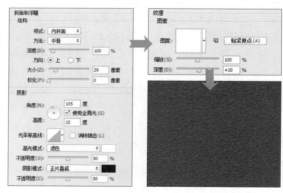

步骤04 调整"曲线"降低图像亮度

创建"曲线1"调整图层，打开"属性"面板。由于添加样式后背景显得太亮，因此单击并向下拖曳曲线，降低背景亮度。

步骤05 使用"矩形工具"绘制导航条轮廓

经过前面几步操作，完成了导航条背景的设计，接下来就是导航条的制作。新建"导航条"图层组，将前景色设置为R48、G104、B120，选择"圆角矩形工具"，设置绘制模式为"形状"，"半径"为3像素，在画面中间单击并拖曳鼠标，绘制圆角矩形。

步骤06 用"添加锚点工具"添加路径锚点

为了让绘制的导航条更有创意，可以对导航条进行变形。选择"直接选择工具"，单击绘制的圆角矩形，选择"添加锚点工具"，在圆角矩形右侧的路径上单击，添加一个路径锚点。

步骤07 使用"转换点工具"转换路径锚点

选择"转换点工具"，将鼠标移至在路径上添加的锚点位置，单击将锚点转换为直角锚点，然后用"直接选择工具"单击并向右拖曳该锚点，更改图形外形。

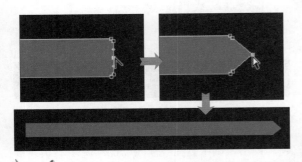

技巧提示：选择路径与路径锚点

使用"路径选择工具"可以选中路径及路径上的所有锚点，而使用"直接选择工具"可以单独选择路径中的某个锚点。

步骤08 设置多个图层样式

这里还需要在绘制的导航条中添加纹理以增强质感。执行"图层>图层样式>斜面和浮雕"菜单命令，打开"图层样式"对话框，在对话框中勾选"斜面和浮雕""内阴影""投影"复选框，然后在对话框右侧为勾选的图层样式设置选项。

 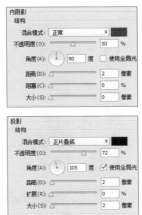

步骤09 设置并应用样式效果

继续对图层样式进行设置，勾选"颜色叠加"复选框，设置颜色叠加选项。设置完成后单击"确定"按钮，应用样式效果。

步骤10 使用"圆角矩形工具"绘制矩形

添加样式后，虽然图形看起来更有立体感了，但是感觉立体感不强。所以按下快捷键Ctrl+J，复制"圆角矩形"图层，创建"圆角矩形1拷贝"图层。

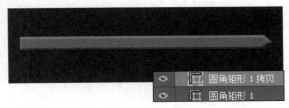

步骤 11 设置多个图层样式

确保"圆角矩形1拷贝"图层为选中状态，双击该图层，打开"图层样式"对话框，在对话框中勾选"描边""内阴影""投影"和"颜色叠加"复选框，并设置对应的样式选项，取消"斜面和浮雕"样式的勾选状态。

步骤 12 应用图层样式并复制图形

设置完成后，单击"确定"按钮，应用图层样式，为复制图形添加新的样式效果。为了突出应用样式后的图形效果，执行"编辑>变换>缩放"菜单命令，适当缩放"圆角矩形1拷贝"图层中圆角矩形的大小。

步骤 13 复制图像更改混合模式

为了迎合牛仔专卖这一主题，打开素材文件01.jpg，这是一张店铺中的牛仔裤上身效果图，把这张图像复制到导航条上方，得到"图层1"图层，将图层混合模式设置为"滤色"，"不透明度"设置为65%，然后执行"编辑>变换>逆时针旋转90度"菜单命令，旋转图像。

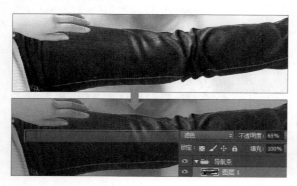

步骤 14 载入并复制选区内的图像

由于此处只需要在导航条上叠加牛仔布纹理，所以按住Ctrl键不放，单击"圆角矩形1"图层缩览图，载入选区。选择"图层1"图层，单击"图层"面板中的"添加图层蒙版"按钮，添加蒙版，隐藏多余的图像。

步骤 15 叠加纹理图像

打开素材文件02.jpg，将打开的图像复制到导航条上，得到"图层2"图层，更改图层混合模式后，复制图层，调整位置，使牛仔布纹理填满整个导航条。

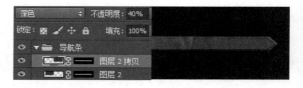

步骤 16 设置并输入文字

选择"横排文字工具"，打开"字符"面板，为了方便顾客阅读，设置导航文字字体为较工整的黑体，然后在导航条上输入文字。输入后双击文字图层，打开"图层样式"对话框，设置"投影"样式，为文字添加投影效果。

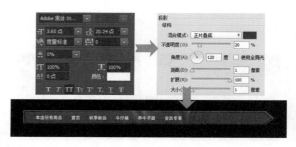

步骤 17 添加更多装饰元素

使用图形绘制工具在导航条右侧绘制图形，并根据画面需要添加样式，得到更加漂亮的导航条效果。

实例 84　清新明快风格的导航条设计

本实例是为童装店设计的导航条，根据店铺销售的商品的特点，在设计时定义为清新风格，通过浅色背景来渲染轻柔、舒适的感觉，导航条主体以不同深浅的蓝紫色来表现出层次感，明快的色彩让图像更符合受众群体的审美。

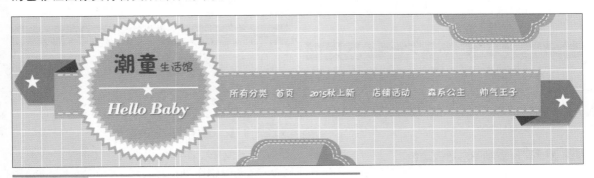

源文件	随书资源\源文件\10\清新明快风格的导航条设计.psd

步骤 01　新建文件填充背景

启动Photoshop程序，新建一个空白文件。根据导航条的整体风格，先对背景进行处理，设置前景色为R203、G210、B220，选择"矩形工具"，设置绘制模式为"形状"，沿文件边缘单击并拖曳鼠标，绘制与画面同等大小的矩形。

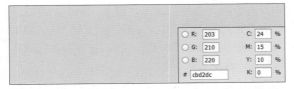

步骤 02　用"渐变工具"编辑背景

在背景中填充单一颜色未免显得太单调，所以选择"渐变工具"，设置前景色为白色，在"渐变"拾色器中选择"前景色到透明渐变"，勾选"反向"复选框，设置"不透明度"为60%，从背景中间向外拖曳渐变效果。

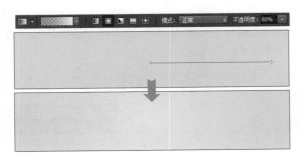

步骤 03　绘制多列选区

选择"单列选框工具"，单击选项栏中的"添加到选区"按钮，在背景上连续单击，绘制多列选框效果。

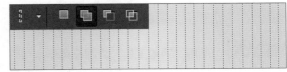

步骤 04　绘制多行选区

选择"单行选框工具"，单击选项栏中的"添加到选区"按钮，在背景上连续单击，绘制多行选框效果。

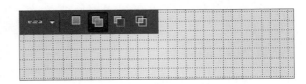

步骤 05　为选区填充颜色

单击"图层"面板中的"创建新图层"按钮 ，新建"图层2"图层，设置前景色为白色，按下快捷键Alt+Delete，将选区填充为白色。

步骤06 使用"钢笔工具"绘制图形

经过上一步操作，完成了导航条背景的制作，接着开始设计导航条部分。设置前景色为R166、G171、B185，选择"钢笔工具"，在选项栏中设置工具选项，然后在画面左侧连续单击，绘制不规则图形，并在"图层"面板中生成"形状1"图层。

步骤07 复制图形更改颜色

为了使绘制的图形呈现立体的视觉效果，按下快捷键Ctrl+J，复制图形，得到"形状1拷贝"图层。双击图层缩览图，将图形的填充颜色更改为R128、G139、B169。

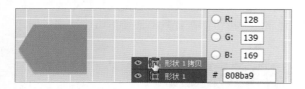

步骤08 使用"钢笔工具"绘制三角形

设置前景色为R84、G89、B106，选择"钢笔工具"，在选项栏中设置绘制模式为"形状"，在画面中连续单击，绘制不规则图形，并在"图层"面板中生成"形状2"图层。

步骤09 复制图形调整位置

同时选中"形状1"及其上方的所有形状图层，按下快捷键Ctrl+J，复制图形，执行"编辑>变换>水平翻转"菜单命令，翻转图像并将其移至画面的另一侧，得到对称的图形效果。

步骤10 使用"矩形工具"绘制矩形

至此，已绘制好导航条的两侧，接下来进行导航条中间部分的绘制。设置前景色为R184、G189、B194，选择"矩形工具"，设置绘制模式为"形状"，在图像中单击并拖曳鼠标，绘制矩形图形，在"图层"面板中生成"矩形2"图层。

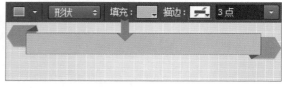

步骤11 复制矩形更改颜色

为了使导航条中间部分也表现立体的视觉效果，按下快捷键Ctrl+J，复制图形，得到"矩形2拷贝"图层。双击图层缩览图，将图形的填充颜色更改为R166、G174、B213。

步骤12 绘制线条设置描边效果

设置前景色为白色，选择"钢笔工具"，在选项栏中设置填充为"无"，描边颜色为白色，描边类型为虚线，按住Shift键不放，在导航条顶端连续单击，绘制虚线。

步骤13 复制线条移动其位置

上一步在导航条顶端添加了虚线，为了得到对称的视觉效果，按下快捷键Ctrl+J，复制"形状3"图层，得到"形状3拷贝"图层，将此图层中的虚线移至导航条底端。

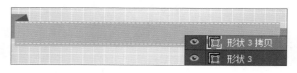

步骤 14 使用"多边形工具"绘制图形

设置前景色为R177、G177、B179，选择"多边形工具"，在选项栏中设置工具选项。由于此处需要星形效果，所以单击"几何体选项"按钮，在展开的下拉列表中勾选"星形"复选框，调整"缩进边依据"，在导航条左侧单击并拖曳鼠标，绘制包括60条边的星形效果。

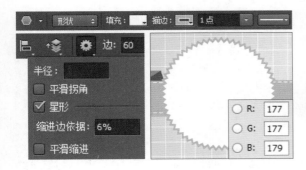

步骤 15 复制多边形调整大小

为了让绘制的星形显得更有层次感，按下快捷键Ctrl+J，复制"多边形1"图层，得到"多边形1拷贝"图层。按下快捷键Ctrl+T，打开自由变换编辑框，适当缩小复制的星形图形。

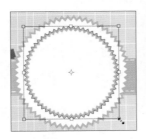

步骤 16 更改复制的图形颜色

如果所有的星形颜色都一样，那么图形的层次感就不会很突出。所以选择"直接选择工具"，选中复制的星形图形，单击选项栏中"描边"右侧的下拉按钮，在展开的下拉列表中单击"拾色器"图标，在展开的对话框中设置填充颜色为R234、G237、B244，更改描边颜色。

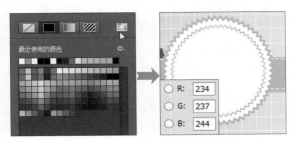

步骤 17 复制图层更改颜色

按下快捷键Ctrl+J，复制图形，得到"多边形1拷贝2"图层。确保"多边形工具"为选中状态，在展开的选项栏中对星形填充颜色进行更改，得到更多的星形叠加效果。

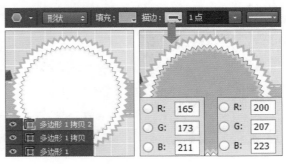

步骤 18 使用"多边形工具"绘制五角星

绘制较大的星形图案后，为了让导航条更加漂亮，可以再绘制一些稍小的星形。设置前景色为白色，选择"多边形工具"，单击"几何体选项"按钮，在展开的下拉列表中将"缩进边依据"设置为50%，确定边数为5，绘制五角星效果。

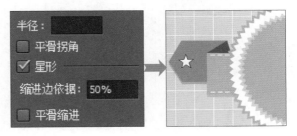

步骤 19 复制五角形图案

按下快捷键Ctrl+J，复制图形，得到"多边形3拷贝"图层。选择"移动工具"，把该图层中的五角形图形移至导航条的另一侧，得到对称的画面效果。

技巧提示：多种方法复制图形

若要复制图形，可以选中图形所对应的图层，将其拖曳至"创建新图层"按钮上，复制图层中的图形；也可以按下快捷键 **Ctrl+J**，快速复制图层中的图形。

步骤20　设置选项输入文字

选择"直排文字工具"，在较大的星形中间单击并输入文字"潮童生活馆"。由于是为童装店设计的导航条，所以打开"字符"面板，将文字字体设置为较为活泼的迷你简少儿字体，颜色设置为粉紫色。

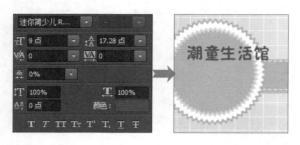

步骤21　选择文字更改大小

为了突出文字的主次关系，选择"横排文字工具"，在文字"生活馆"上单击并拖曳鼠标，选中文字，打开"字符"面板，把字号缩小为5点。

步骤22　输入更多文字并添加"投影"样式

选择"横排文字工具"，在已输入的文字下输入英文"Hello Baby"，输入后根据画面的整体效果，对文字的字体、颜色进行调整。执行"图层>图层样式>投影"菜单命令，打开"图层样式"对话框，在对话框中设置选项，为文字添加投影。

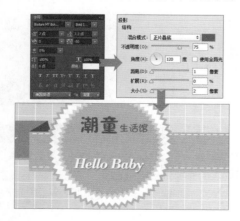

步骤23　绘制装饰图形

为了让上、下两部分的文字联系更紧密，可以在文字中间添加图形加以修饰。选择"多边形工具"，先在文字中间单击并拖曳鼠标，绘制一个白色的五角形图形，然后选择"直线工具"，设置绘制模式为"形状"，"粗细"为2像素，在星形中间绘制一条白色的线条。

步骤24　使用"横排文字工具"输入导航分类

经过前面的操作，完成了导航条中店铺名及广告语的设置，接下来就是商品分类信息的输入。选择"横排文字工具"，在导航条上单击并输入导航文字，输入后打开"字符"面板，为了让文字与画面的整体风格更统一，选择较为可爱的迷你简卡通字体。

步骤25　设置"投影"样式

输入后为了让文字表现出立体的视觉效果，双击文字图层，打开"图层样式"对话框，在对话框中勾选"投影"复选框，然后设置样式选项。设置完成后单击"确定"按钮，应用样式，完成本实例的制作。

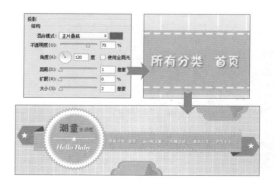

实例 85	突显立体感的导航条设计

本实例是为某家居用品店设计的导航条，将丝带运用到导航条的设计中增加了时尚感，反复卷起的带子给画面增加了动态感，通过动静结合的表现方式吸引眼球。同时将店铺红包放置到导航条中，利用店铺红包优惠的方式提高店铺点击率。

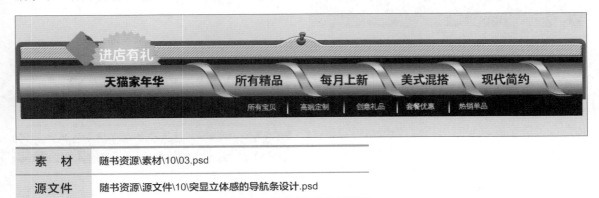

素　材	随书资源\素材\10\03.psd
源文件	随书资源\源文件\10\突显立体感的导航条设计.psd

步骤01　为背景填充颜色

启动Photoshop程序，新建文件。设置前景色为R220、G217、B198，选择"矩形工具"，沿文件边缘单击并拖曳鼠标，绘制一个与文档同等大小的矩形。

步骤02　使用"圆角矩形工具"绘制图形

此实例是为天猫店铺店庆设计的导航条，为了突出店庆氛围，用鲜艳的红色作为导航条背景颜色。选择"圆角矩形工具"，在选项栏中设置绘制模式为"形状"，填充颜色为R40、G40、B38，"半径"为10像素，在画面中间位置单击并拖曳鼠标，绘制圆角矩形效果。

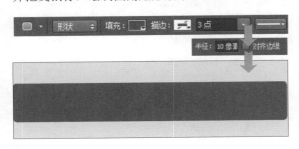

步骤03　使用"删除锚点工具"删除路径锚点

为了使导航条更加新颖，可对图形进行变形。选择"删除锚点工具"，将鼠标移至圆角矩形左下角的锚点位置，单击鼠标，弹出提示对话框，单击对话框中的"是"按钮，删除路径锚点。

步骤04　使用"转换点工具"转换路径锚点

选择"转换点工具"，将鼠标移至要转换的路径锚点处，单击鼠标，将锚点转换为直线锚点。

步骤05　移动锚点位置

选择"直接选择工具"，单击转换后的路径锚点，将其选中，然后按下键盘中的左方向键，移动锚点位置。

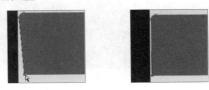

步骤06 变换图形效果

继续使用同样的操作方法，对圆角矩形右下角进行变形，将其更改为直角矩形效果。

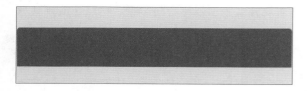

步骤07 复制图形更改颜色

按下快捷键Ctrl+J，复制图层，得到"圆角矩形1拷贝"图层。这里想要制作叠加的图形效果，因此按下快捷键Ctrl+T，打开自由变换编辑框，将鼠标移至编辑框边缘，对图形进行轻微的缩小操作。为了区别图形的前后关系，单击"圆角矩形1拷贝"图层缩览图，将图形填充颜色更改为R40、G40、B38。

步骤08 设置并应用样式效果

调整图形颜色后，还需要为图形设置纹理。双击"圆角矩形1拷贝"图层，打开"图层样式"对话框，在对话框中勾选"斜面和浮雕"复选框，设置"斜面和浮雕"样式；再勾选"纹理"复选框，设置"垂直线1"样式。设置后单击"确定"按钮，应用样式。

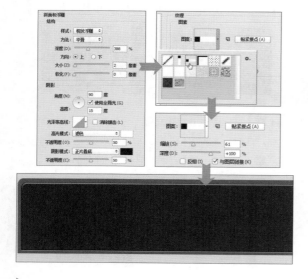

步骤09 复制图形并进行变形

为了使绘制的导航条呈现更自然的立体效果，按下快捷键Ctrl+J，复制图形并将其填充颜色更改为R203、G203、B203。选择"直接选择工具"，单击图形，选中图形上面的锚点，结合"添加锚点工具"对图形进行变形，得到更有创意的图形效果。

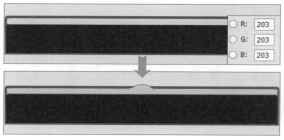

步骤10 设置"纹理"样式

复制图形时，图形上的纹理也会随之复制。为了使图形上的纹理更丰富，执行"图层>图层样式>斜面和浮雕"菜单命令，打开"图层样式"对话框，在对话框中更改"纹理"选项，单击"确定"按钮，应用样式。

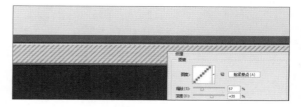

步骤11 使用"矩形选框工具"绘制选区

选择"矩形选框工具"，在深灰色矩形下半部分单击并拖曳鼠标，绘制矩形选区。

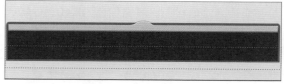

技巧提示：创建连续的选区效果

编辑图像时，如果需要创建连续的多个矩形选区，可以单击"矩形选框工具"选项栏中的"添加到选区"按钮 ，然后在图像中连续创建选区。

步骤 12　反选选区添加图层蒙版

执行"选择>反选"菜单命令，反选选区。单击"圆角矩形1"图层，单击"图层"面板中的"添加图层蒙版"按钮，添加蒙版，隐藏图形。

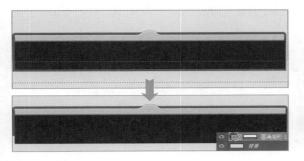

步骤 13　使用"矩形工具"绘制红色矩形

设置前景色为R155、G13、B3，选择"矩形工具"，在选项栏中设置绘制模式为"形状"，填充颜色为前景色，在灰色矩形中间单击并拖曳鼠标，绘制红色矩形。

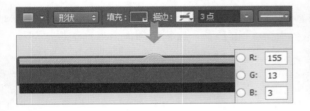

步骤 14　设置"渐变叠加"样式

绘制图形后，为了让图形表现出立体感，双击图层，打开"图层样式"对话框，在对话框中勾选"渐变叠加"复选框，设置"渐变叠加"样式选项。设置后单击"确定"按钮，应用样式效果。

步骤 15　绘制更多图形

继续使用同样的方法，结合图形绘制工具和图层样式，在导航条上绘制更多的图形效果。

步骤 16　复制图像更改图层混合模式

为了获得更多顾客的关注，可以在导航条中添加红包。打开素材文件03.psd，将图像移到多边形图层下方，按下快捷键Ctrl+J，复制红包图像，调整图层混合模式，增强颜色。

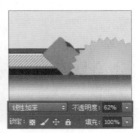

步骤 17　设置并输入文字

选择"横排文字工具"，在红包旁边输入文字"进店有礼"。输入后打开"字符"面板，为了突出这部分文字信息，将文字字体设置为较粗的迷你简少儿字体。

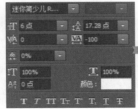

步骤 18　使用"直线工具"绘制线条

继续使用"横排文字工具"在导航条上完成更多导航文字的输入。输入后选择"直线工具"，设置"粗细"为2像素，在导航信息中间绘制白色的线条；按下快捷键Ctrl+J，复制多个线条图形，将文字分隔开来。

步骤 19　创建图层蒙版设置渐隐效果

最后为线条图层添加蒙版，选择"渐变工具"，在"渐变"拾色器中单击"黑，白渐变"，从线条上方往下拖曳渐变，创建渐隐的线条效果。

实例 86 | 清爽活泼风格的导航条设计

本实例是为一家宠物用品店设计的导航条，画面通过非常微妙的色调差异营造出精致、细腻的效果，在画面中添加草地、花朵、蝴蝶等元素更是增强了整个图像的活力。为了迎合主题，设计时还将卡通动物店铺徽标置于画面中间位置，让主题显得更为醒目。

素材	随书资源\素材\10\04.psd～06.psd
源文件	随书资源\源文件\10\清爽活泼风格的导航条设计.psd

设计分析

▶ **设计要点 01：**导航条选择饱和度较低的深灰绿，为顾客营造出一种更为舒适的色彩感受，将浅绿色的植物添加到导航条上，为画面增添生机。

▶ **设计要点 02：**视觉中心位置的正六边形图形，填充白色到灰色的渐变，增强了层次感，突出了中间的店铺徽标。

▶ **设计要点 03：**导航条中的文字采用中、英文对比的设计方式，增强了文字的可读性。

配色方案

整体的配色以明度较低的绿色为主，让画面不会因色彩太强而产生视觉刺激感，同时在绿色的画面中适当加入红色、橙色，弱化了画面的单调感，使画面显得更有生机。

版式分析

本实例在布局的设计中，使用了十字交叉来划分版面，给人带来更稳定、踏实的感觉。位于十字线上的内容为主要内容，而交叉位置是整个设计的中心，通过规则的正六边形来表现，将店铺徽标放置其中，加深了品牌印象。

技术要点

▶ 使用"圆角矩形工具"绘制导航条，复制图形，更改颜色，添加投影效果。

▶ 用"移动工具"把草地、风车图像拖入导航条上方，结合调整命令对颜色进行调整，统一画面颜色。

▶ 使用"横排文字工具"输入导航条信息；运用"多边形工具"绘制图形，添加店铺徽标。

实例 87 ┃ 木纹质感风格的导航条设计

设计导航条时可以充分与店铺的整体风格及销售的商品相结合，本实例是为一家销售木地板的店铺设计的导航条。为了突出所销售的商品，把拍摄的地板照片叠加于导航条上，通过添加图层样式增强其质感，与店铺风格更为统一。

素　材	随书资源\素材\10\07.jpg
源文件	随书资源\源文件\10\木纹质感风格的导航条设计.psd

设计分析

▶ **设计要点 01**：由于此实例是为木地板店铺设计的导航条，因此在设计时选择地板图像作为背景，通过明暗变化让导航条中的元素突显出来。

▶ **设计要点 02**：在导航条中添加搜索功能，方便用户根据个人需求快速找到符合要求的商品。

▶ **设计要点 03**：用规整的黑体字表现商品的分类信息，并利用较深一些的矩形将选择与未选择分类时的效果展示出来。

配色方案

木地板给人自然温馨、高贵典雅的感受，为了让这种感受呈现出来，在设计中采用无彩色作为背景色，让画面中间部分的导航条显得更加醒目、突出，在导航条部分用红色与黄色搭配，为画面营造出更温暖的氛围，更容易获得顾客的情感共鸣。

版式分析

本实例在布局时使用规则的矩形作为导航条的背景，导航条左侧添加了红色丝带作为装饰，为了让画面显得更稳定，在导航条右侧加入了搜索栏，增强了导航条的实用性和版面的独特性。

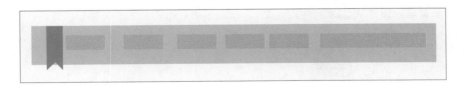

技术要点

▶ 使用"矩形工具"绘制黑色渐变背景。使用"添加杂色"滤镜在背景中添加杂色，增强其纹理感。

▶ 使用"圆角矩形工具"绘制出导航条外形，将木地板图像添加至导航条，通过创建图层蒙版拼合图像，让图像融入到导航条中。

▶ 运用图层样式为导航条添加样式，增强其立体感。使用"横排文字工具"在导航条上方输入商品分类导航信息。

实例 88 | 小清新风格的导航条设计

本实例是为淘宝水果店铺设计的导航条，在设计时为了突出水果绿色、新鲜、健康的特点，选用绿色作为导航条主色，通过不同深浅的绿色营造出时尚、清新的视觉感受。在导航条文字的处理上，利用规整的字体让商品的分类显得更为清晰。

素　材	随书资源\素材\10\08.jpg
源文件	随书资源\源文件\10\小清新风格的导航条设计.psd

设计分析

▶ **设计要点 01：**根据店铺中销售商品的特点，在导航条上填充绿色渐变，传递新鲜、健康的色彩感受。

▶ **设计要点 02：**在渐变条上方添加叶片加以装饰，让简单的导航条显得更加精致。

▶ **设计要点 03：**在导航条中用不同的颜色显示单击后的效果，方便顾客直观地感受导航条中的选项在实际运用中被选中后的效果。

配色方案

对于大部分顾客来说，选择水果时更注重其是否新鲜、是否有品质保证。为了打消顾客的这些疑虑，在设计本实例时用了翡翠绿作为导航条的主色，清澈的色调给人新鲜水嫩的印象，让人自然而然地联想到新鲜可口的水果，刺激顾客的购买欲。

版式分析

鉴于导航条的设计尺寸和功能，本实例在设置布局时遵循了水平排列的布局方式，将文字合理而整齐地安排在导航条上，为了避免版式上的单一，还在每个导航分区间用线条进行装饰，增加画面的韵味。同时制作了导航菜单，通过从上到下的编排方式，增强了导航条中文字的视觉导向性。

技术要点

▶ 使用"圆角矩形工具"绘制导航条图形，结合"图层样式"中的样式选项为绘制的图形添加样式，并将绿叶图像添加到导航条左侧，丰富导航条效果。

▶ 使用"钢笔工具"和"矩形工具"绘制导航菜单，展示单击导航选项后的效果。

▶ 用文字工具在导航条中输入横向和纵向排列的文字，完善导航条。

实例 89　手机端店招与导航设计

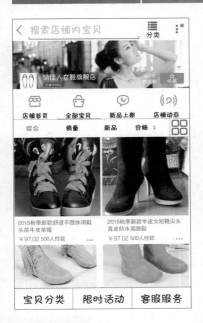

本实例是手机端店招、导航条的设计与效果应用。相对于PC端来讲，手机端的店招与导航设计更为简单。在设计的过程中，通过使用规则的图形对画面进行划分，确定店招和导航的位置，然后在画面中对店招和导航进行更细致的设置，并添加导航信息和装饰图形，得到简单而有设计感的画面。

素　材	随书资源\素材\10\09.jpg～13.jpg
源文件	随书资源\源文件\10\手机端店招与导航设计.psd

配色方案

本实例为手机端店铺首页效果，在配色时使用了系统默认的橙色，相对于其他颜色来说，橙色更能带给人亲切和温暖的感觉，能够拉近顾客与店铺之间的距离。为了缓和橙色在视觉上的强烈冲击力，画面中的文字以黑色来表现，让人感觉协调而舒适。

设计分析

▶　**设计要点 01**：由于手机屏幕尺寸有限，所以手机端导航条中的分类选项分为上、下两个部分，画面更显对称、紧凑。

▶　**设计要点 02**：在设计的过程中，为了统一画面的风格，在导航菜单旁边都绘制了颜色相同的图形加以补充说明。

▶　**设计要点 03**：为了使用户能够在店铺中快速找到符合要求的商品，在店招上还设计了搜索栏，对商品做了更详细的分类。

版式分析

本实例中的店招与导航条采用由上往下的排列方式进行设计，为了让画面显得简洁而不凌乱，在店招区域使用照片作为背景，而在设计导航条时，则以水平排列的方式进行划分，将文字从左至右依次添加到导航条上，增强了导航条在手机端的实用效果。为了避免导航条显得过于单调，在文字旁边还添加线条和图标加以修饰。

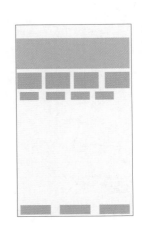

技术要点

▶　使用"矩形工具"在画面中绘制不同大小的矩形，对整个画面进行简单的划分。

▶　使用"钢笔工具"绘制分类小图标，并在图标旁边用"横排文字工具"输入对应的产品分类信息。

▶　在画面中添加商品照片，通过创建剪贴蒙版拼合图像，展示完成的画面效果。

第 11 章
欢迎模块与促销广告设计

　　网店中的欢迎模块和促销广告是对店铺最新热卖商品、促销活动等信息进行的展示，通常位于店铺导航条的下方，比导航条、店招所占的区域都要大，也是顾客进入店铺后最容易被吸引的区域，其设计效果的好与坏将直接影响店铺的点击率和商品销量。因此，如何利用文字与商品相结合、将其卖点更好地表现出来，是设计时必须要考虑的问题。此外，在设计欢迎模块和促销广告时，还需要考虑整个店铺的装修风格，这样才能让设计出来的图像与网店整体版面和谐统一。

本章内容

实例 90 古典风格的饰品促销展示设计

本实例是为一款民族风的手链设计的商品促销展示图，将拍摄的手链图像与绘制的背景融合在一起，通过左文右图的版面构成方式，使得整个画面既简洁又不失设计感。同时，在色彩的处理上，利用暗红色和深蓝色搭配组合，更能表现出复古的艺术氛围。

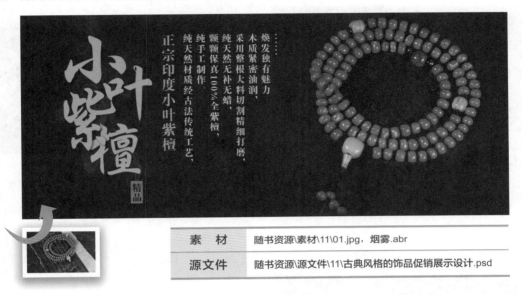

素 材	随书资源\素材\11\01.jpg，烟雾.abr
源文件	随书资源\源文件\11\古典风格的饰品促销展示设计.psd

步骤 01 新建文件并为背景填充颜色

启动Photoshop程序，执行"文件>新建"菜单命令，由于网店中促销图的宽度限制为1260像素，因此新建一个宽度为1260像素、高度为600像素的文件。新建文件后，创建"背景"图层组，用"矩形工具"绘制一个颜色为R8、G13、B19的矩形作为背景。

步骤 02 使用样式为背景添加纹理

为了使绘制的矩形具有一定的纹理质感，双击图层，打开"图层样式"对话框，在对话框中设置"斜面和浮雕"中的"纹理"样式。设置后单击"确定"按钮，应用样式。

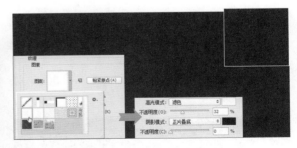

步骤 03 设置"添加杂色"增强纹理质感

为了让纹理更加突出，把"矩形1"图层复制，创建"矩形1拷贝"图层。执行"图层>智能对象>转换为智能对象"菜单命令，把图层转换为智能对象图层。执行"滤镜>杂色>添加杂色"菜单命令，在弹出的对话框中设置选项，单击"确定"按钮，为图像添加杂色效果。

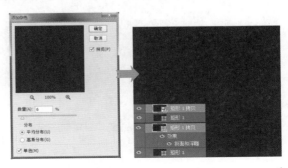

步骤 04　创建"曲线"调整图像亮度

经过上一步操作，可以看到画面虽然添加了杂色，但也因此变亮了。所以创建"曲线1"调整图层，在打开的"属性"面板中单击并向下拖曳曲线，降低图像的亮度。

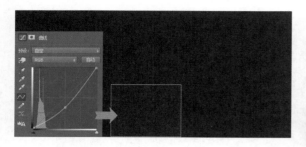

步骤 05　拖曳复制商品图像

经过前面的设计，完成了背景图像的处理，接着就是商品的添加。创建"商品"图层组，打开素材文件01.jpg，选择"移动工具"，把手链图像拖曳至"商品"图层组下，得到"图层1"图层，根据版面需要调整其大小。

步骤 06　用"渐变工具"设置渐隐的画面效果

为了让拖入画面的商品与背景融合在一起，为"图层1"添加图层蒙版，选择"渐变工具"，从商品中间位置向外拖曳黑白径向渐变，创建渐隐的画面效果。

步骤 07　编辑图层蒙版

设置渐变后，发现图像中的部分商品也被隐藏了。选择"画笔工具"，先将前景色设置为白色，在手链上单击并涂抹，将隐藏的珠子显示出来；再把前景色设置为黑色，在背景处单击并涂抹，将多余的背景隐藏，使画面变得更干净。

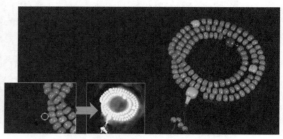

步骤 08　载入选区复制手链图像

为了让手链与绘制的背景融合更加自然，需要对手链图像进行复制。按住Ctrl键不放，单击"图层1拷贝"图层蒙版，载入选区。选中画面中的手链部分，单击"图层1拷贝"图层缩览图，按下快捷键Ctrl+J，复制手链图像，得到"图层2"图层。

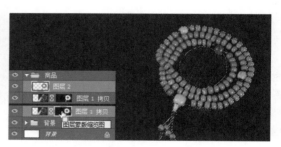

步骤 09　调整图层顺序并模糊图像

将复制的"图层2"图层中的手链图像移至"图层1"图层下方，由于图像边缘看起来不太干净，因此把图层混合模式设置为"正片叠底"，"不透明度"降至50%，再设置"高斯模糊"滤镜模糊图像，使图像边缘与背景融合更为自然。

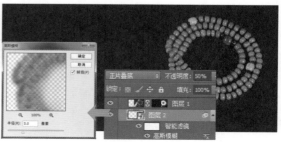

步骤 10 设置"色相/饱和度"变换色彩

由于拍摄照片时光线略强，使得图像中手链颜色偏亮。按住Ctrl键不放，单击"图层1拷贝"图层蒙版缩览图，载入选区。新建"色相/饱和度1"调整图层，选择"红色"，设置颜色的"饱和度"和"明度"。

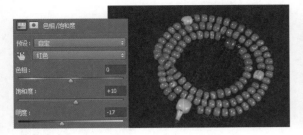

步骤 11 降低"饱和度"让画面更干净

为了突出红色的手链，可以将其他的颜色去除。按住Ctrl键不放，单击"图层1"图层缩览图，载入选区。创建"色相/饱和度2"调整图层，选择"红色"，然后把"饱和度"设置为-100。设置后发现手链上黄色的饱和度也降低了，所以用黑色画笔涂抹黄色的珠子部分，还原其颜色。

步骤 12 载入选区调整背景部分颜色

按住Ctrl键不放，单击"图层1"图层蒙版缩览图，载入选区。执行"选择>反选"菜单命令，选择除手链外的所有背景区域，创建"色彩平衡1"调整图层。这里想要把背景设置为深蓝色，因此在"属性"面板中选择"阴影"，向左拖曳"青色、红色"滑块，加深青色。

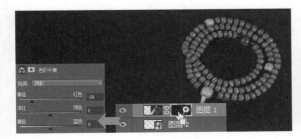

步骤 13 设置"色阶"降低手链的亮度

按住Ctrl键不放，单击"图层1"图层蒙版缩览图，载入选区。创建"色阶1"调整图层，在打开的"属性"面板中向右拖曳黑色滑块，使手链阴影部分变得更暗；再向左拖曳白色滑块，使高光部分变得更亮。

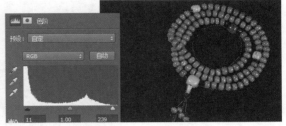

步骤 14 绘制选框效果

为了突出主体对象，选择"矩形工具"，在选项栏中调整工具选项，沿整个画面边缘单击并拖曳鼠标，绘制选区。执行"选择>反选"菜单命令，反选图像，选择图像的边缘部分。

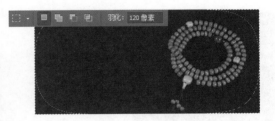

技巧提示：快速载入选区

在 Photoshop 中，如果要载入选区对图像局部加以调整，可按住 Ctrl 键不放，单击"图层"面板中的图层或图层蒙版缩览图。

步骤 15 为选区填充颜色

经过上一步操作，选择了图像的边缘区域。这里需要突出画面的中间部分，所以创建"颜色填充1"调整图层，将填充色设置为黑色，加深图像边缘部分。创建颜色填充后发现右侧的手链也变暗了，因此用黑色画笔在手链位置涂抹，隐藏位于图像上的填充颜色。

步骤 16 设置选项输入文字

选择"直排文字工具",打开"字符"面板。由于这里要输入的是商品介绍文字,所以选择较规则的方正大标宋体,字体大小设置为较小的6点,将颜色设置为与背景反差较大的浅色,然后在图像左侧单击并输入文字。

步骤 17 在文字旁边绘制线条效果

为了表现更为紧凑的画面效果,选择"直线工具",在选项栏中调整工具选项,然后在每列文字之间都添加一条垂直的白色线条。

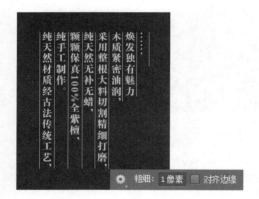

步骤 18 统一调整线条的不透明度

经过上一步操作,发现画面中的线条太抢眼了。按住Ctrl键不放,依次单击线条所在图层,将所有线条图层都选中,并把这些图层的"不透明度"设置为10%,降低其不透明度。

步骤 19 输入文字添加"投影"样式

继续使用相同的方法,用"直排文字工具"在画面中输入更多的文字。根据商品的风格,把主体文字"小叶紫檀"的字体设置为行书,然后选中"小"文字图层,双击图层,打开"图层样式"对话框,勾选"投影"复选框,设置投影选项,为文字添加投影效果。

步骤 20 用"画笔工具"绘制烟雾

使用同样的方法,为"叶""紫""檀"3个字也设置相同的投影效果。经过设置,发现画面中的文字显得有点单调。为了丰富画面,载入下载的"烟雾"笔刷,将前景色设置为蓝色,然后在主体文字下方单击,绘制烟雾图案。

步骤 21 添加更多烟雾图案

经过上一步操作,发现绘制的烟雾边缘太规整且与背景没有衔接起来。为了让绘制的烟雾与背景融合更自然,添加图层蒙版,用黑色画笔适当涂抹其边缘位置,隐藏图像。最后将绘制的烟雾复制,调整大小和位置,得到更丰富的画面效果。

实例 91 │ 剃须刀广告商品展示设计

本实例是为某品牌剃须刀设计的国庆节促销广告，将户外游玩的照片添加至画面作为背景，使用灰色的渐变矩形对背景的颜色进行修饰，通过对剃须刀的颜色调整，统一画面的整体风格，利用蓝色的文字和图形补充活动信息，使整个画面色彩协调，重点突出。

素　材	随书资源\素材\11\02.jpg～04.jpg
源文件	随书资源\源文件\11\剃须刀广告商品展示设计.psd

步骤 01　复制背景图像并进行变形

启动Photoshop程序，新建一个文档，将素材文件02.jpg添加到文件中，并根据版面的大小调整图像的尺寸，使其铺满整个画布。为了使背景图案显得更有创意，应用"变形"命令对图像进行适当的变形。

步骤 02　绘制图形决定主色调

选择"矩形工具"，在画面中沿图像边缘绘制矩形，绘制后填充渐变颜色，增强画面的影调层次。接下来通过添加图层蒙版，把中间位置隐藏起来，用于后面添加剃须刀图像。

步骤 03　设置图形绘制选项

经过上一步操作，发现画面中间建筑背景图像的颜色显得很乱。因此选用"钢笔工具"在画面中间位置连续单击，绘制多边形图形。绘制后为了统一画面风格，在选项栏中对多边形图形的填充颜色进行调整。

步骤04 查看渐变的灰色多边形

经过设置后，在选项栏中显示设置后的参数，此时通过图像窗口查看绘制的图形，画面的整体色调调整为灰色。

步骤05 复制并抠出商品

完成背景设计后就是促销商品的添加，打开素材文件03.jpg，拖曳至新建的文件中。为了让画面显得更干净，用"钢笔工具"沿剃须刀图像绘制工作路径，绘制后将路径转换为选区。单击"图层"面板中的"添加图层蒙版"按钮，隐藏多余的背景。

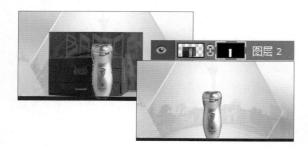

步骤06 调整商品的影调

观察图像发现剃须刀边缘受环境色影响变为了红色，因此，载入剃须刀选区，创建"色相/饱和度1"调整图层，把"饱和度"滑块向右拖曳至-100位置，让商品的颜色变得更干净。接着创建"色阶1"调整图层，向右拖曳黑色和灰色滑块，降低阴影和高光的亮度，可以看到更有层次感的剃须刀效果。

步骤07 设置投影融合图像

由于受到光线影响，调整后剃须刀的边缘部分显得太暗了，剃须刀感觉是"浮"在画面中。为了让商品与背景融合更加自然，执行"图层>图层样式>内发光"菜单命令，打开"图层样式"对话框，在对话框中设置"内发光"选项，提亮剃须刀边缘部分。

步骤08 盖印并复制图像

如果画面中只有一个剃须刀商品，未免显得太过于单调。因此选中剃须刀所在的"图层2"图层及上方的所有调整图层，按下快捷键Ctrl+Alt+E，盖印选中图层，得到"色阶1（合并）"图层。复制图层，并调整图层中的剃须刀位置，得到更多的商品展示效果。

步骤09 通过选择并抠出图像添加更多商品

为了强调促销商品的种类非常丰富，使用同样的方法，把素材文件04.jpg也添加到画面中，并调整抠出的图像的颜色，制作出更多叠加商品效果。

步骤 10 设置选项绘制彩带图像

经过前面的操作，完成了促销广告中商品的添加，接下来就是文案及装饰元素的设计。为了让画面显得更动感，用"钢笔工具"在最右侧的剃须刀旁边绘制图形，并结合选项栏设置填充颜色，得到蓝色的丝带效果。

步骤 11 用"投影"样式使画面更立体

如果想将丝带效果融入到画面中，则可为其添加投影。执行"图层>图层样式>投影"菜单命令，打开"图层样式"对话框，在对话框中根据版面情况对"投影"样式进行设置。完成后单击"确定"按钮，应用样式，添加投影效果。

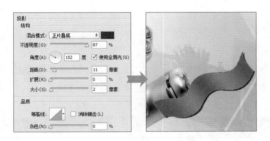

步骤 12 设置并输入文字信息

要在绘制的丝带中添加文字，可选择"横排文字工具"，在"字符"面板中设置文字属性，设置后如果直接单击并输入文字，则文字会以水平方式显示。这里想要文字也与丝带的运动轨迹相近，所以用"钢笔工具"在丝带中间位置绘制路径，然后在路径上输入文字，创建路径文字效果。

步骤 13 调整文字属性创建主标题文字

选用"横排文字工具"在画面中间位置输入主体文字，输入后为了突出主体文字部分，将字体设置为较粗的方正大黑，并将字号设置为380点，字体颜色设置为与丝带颜色一致的蓝色，以统一画面的色调。

步骤 14 设置样式为文字添加立体效果

输入文字后感觉文字太平，没有立体感。所以应用"图层样式"中的"斜面和浮雕"样式为输入的文字添加内斜面浮雕效果，然后勾选"投影"复选框，设置样式，为文字添加投影。

步骤 15 完成更多文字的设置

为了让画面效果更加完整，继续使用"横排文字工具"在图像中输入其他的促销信息和品牌名称，完成本实例的制作。

实例 92 | 男鞋新品预售欢迎模块设计

本实例是为某品牌运动鞋设计的首页欢迎模块。在制作的过程中，为了突出该品牌鞋子的特色，用了运动的卡通人物加以修饰，同时在商品的表现上，通过对鞋子的颜色进行调整，为顾客提供更多颜色方面的选择。

素 材	随书资源\素材\11\05.jpg，06、07.psd，08.jpg
源文件	随书资源\源文件\11\男鞋新品预售欢迎模块设计.psd

步骤 01 添加背景并模糊图像

启动Photoshop程序，新建一个文件，把素材文件05.jpg置入到文件中。为了突出后面要添加的鞋子部分，这里先执行"滤镜>模糊>高斯模糊"菜单命令，应用"高斯模糊"滤镜，对背景进行简单的模糊处理。

步骤 02 用"色彩平衡"加强红、黄色

为了让背景的颜色与时尚的运动鞋更加匹配，对背景的颜色进行调整。创建"色彩平衡1"调整图层，打开"属性"面板，在面板中分别对"阴影""中间调"和"高光"颜色进行设置，增强背景中的红、黄色调。

步骤 03 设置"曲线"调整颜色

经过上一步操作，虽然颜色强度得到了提高，但是感觉色彩还是不够艳丽。因此创建"曲线1"调整图层，打开"属性"面板，选择"预设"中的"反冲"曲线，制作反转负冲效果。设置后将"不透明度"适当降低，让画面色彩变换更加自然。

步骤 04 复制调整图层增强色彩

为了使背景的层次更加突出，将"曲线1"调整图层复制，并把"不透明度"设置为默认的100%。双击"曲线1拷贝"图层缩览图，打开"属性"面板，选择"强对比度（RGB）"选项，增强对比效果。

步骤05　绘制矩形确定商品位置

经过前面的操作，完成了背景的制作，接下来就是商品的处理。在添加商品前，先要确定商品摆放位置，用"矩形工具"在画面中心位置绘制叠加的矩形，用于后面添加鞋子图像。

步骤06　添加卡通人物形象

新建"潮男"图层组，把素材文件06.psd、07.psd复制到文件中。根据版面需要，适当调整人物的大小和位置，将它们安排在矩形的两侧，得到对称版面布局。

步骤07　复制并抠取运动鞋

接下来添加主商品。将素材文件08.jpg复制到画面中，按下快捷键Ctrl+T，打开自由变换编辑框，把鞋子图像等比例缩小。缩小图像后为鞋子添加图层蒙版，将多余的鞋子和背景图像隐藏。

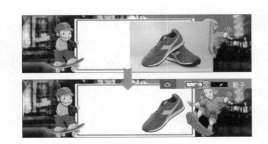

步骤08　调整运动鞋大小和位置

前面为了便于抠图，没有将鞋子缩至太小。经过上一步操作，已完成鞋子的抠取工作，所以为了使整个版面更加协调，执行"变换"命令对鞋子进行缩小和水平翻转操作，完成后对图像应用蒙版效果。

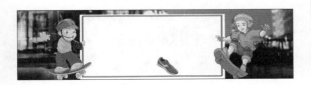

步骤09　复制商品创建并排的画面效果

为了让顾客知道此款鞋子有多种颜色可以选择，接下来把鞋子图像复制。通过连续按下快捷键Ctrl+J，复制3只鞋子，然后把复制的鞋子图像分别向两侧拖曳，调整其位置，得到并排的运动鞋效果。

步骤10　用"色相/饱和度"调整鞋子颜色

下面先对最右侧鞋子的颜色进行调整，按住Ctrl键不放，单击"鞋子拷贝"图层，载入选区，即可选中鞋子图像。创建"色相/饱和度1"调整图层，将"色相"滑块向左拖曳，增强绿色；再向左拖曳"饱和度"滑块，降低饱和度，设置后可以看到蓝色的鞋子变为了淡青色。

步骤11　将鞋子调整为红色效果

接下来调整第二只鞋子的颜色，按住Ctrl键不放，单击"鞋子拷贝2"图层，载入选区，选中鞋子。创建"色相/饱和度2"调整图层，将"色相"滑块向左拖曳，增强红色；再向右拖曳"饱和度"滑块，提高颜色鲜艳度，设置后可以看到蓝色的鞋子变为了鲜艳的红色。

技巧提示：选区的快速载入

使用调整图层对商品进行调色时，如果需要对同一区域应用多个调整图层，可以按住 Ctrl 键不放，单击对应的图层缩览图，载入图像选区。

步骤 12 将鞋子设置为果绿色效果

最后调整第一只鞋子的颜色，按住Ctrl键不放，单击"鞋子拷贝3"图层，载入选区，选中鞋子。创建"色相/饱和度3"调整图层，将"色相"滑块向左拖曳至黄绿色位置，再向右拖曳"饱和度"滑块，提高颜色鲜艳度，设置后可以看到蓝色的鞋子变为了清新的果绿色。

步骤 13 绘制图形用于添加阴影

为了让运动鞋呈现立体的视觉效果，还需要为其添加自然的阴影。将前景色设置为R178、G178、B178，使用"钢笔工具"在鞋子下方绘制灰色的三角形图形。

步骤 14 模糊图像让阴影更逼真

执行"滤镜>模糊>高斯模糊"菜单命令，打开"高斯模糊"对话框，在对话框中根据画面整体效果设置"半径"选项，模糊图像，使绘制的图形形成自然的阴影，再复制阴影图像，分别移到另外3只鞋子下方。此时可以看到画面中的鞋子呈现更自然的立体感。

技巧提示：创建智能滤镜

使用滤镜编辑图像时，为了便于随时调整滤镜参数，可以先执行"图层 > 智能对象 > 转换为智能对象"菜单命令，把图层转换为智能图层，然后对图层应用智能滤镜。

步骤 15 输入主体文字

为了让顾客了解更多的信息，需要在画面中添加文案。选择"横排文字工具"，打开"字符"面板，这里要输入主体文字，因此为文字设置较大的字号并选择较粗的字体，在鞋子上方的留白位置单击并输入文字。

步骤 16 添加更多文字效果

为了让促销文字之间的层次更加清晰，需要在画面中输入更多的文字并为其设置不同的字体和颜色。选择"横排文字工具"，输入所需的文字，根据需要调整文字的大小、颜色等，输入完成后在图像窗口中可以看到编辑的效果。

步骤 17 绘制图形突出文字

为了突出画面中的部分文字信息，可以添加一些简单的图形加以修饰。先把前景色设置为较鲜艳的红色，然后在文字"抢鲜"下方单击并拖曳鼠标，绘制圆角矩形。绘制后应用"图层样式"，为文字添加投影效果。

步骤 18 完成更多图案的绘制

继续使用同样的方法，在图像中添加图形，得到更丰富的画面效果。至此，已完成本实例的制作。

实例 93 ｜ 唯美风格的美妆商品欢迎模块设计

本实例是为女性品牌化妆品首页制作的欢迎模块，利用简单的淡蓝色水花背景来突显商品的功能特征，同时采用左图右文的表现方式，使画面中要突出展示的洁面商品更加醒目，而清新的色调搭配也更符合女性的审美特征，更容易获得顾客的青睐。

素　材	随书资源\素材\11\09、10.jpg
源文件	随书资源\源文件\11\唯美风格的美妆商品欢迎模块设计.psd

步骤 01　新建文件拖入新背景

启动Photoshop程序，新建一个文档，把素材文件09.jpg添加到文件中作为背景。

技巧提示：保留图像明度

应用"色彩平衡"命令调整图像颜色时，默认情况下会勾选"保留明度"复选框，此时调整图像颜色时将保持原图像的明暗不发生改变。若取消勾选，则应用选项调整颜色时，图像的明暗也会随之发生变化。

步骤 03　设置"色彩平衡"让画面更柔美

创建"色彩平衡1"调整图层，打开"属性"面板，选择默认的"中间调"，向右拖曳"青色、红色"滑块，向左拖曳"黄色、蓝色"滑块，调整颜色百分比。

步骤 02　使用"色相/饱和度"润色

观察图像感觉图像中的蓝色太深了，显得不够唯美，因此需要对颜色进行调整。创建"色相/饱和度1"调整图层，打开"属性"面板。这里想要削弱蓝色，因此可以选择"青色"选项，向右拖曳"色相"滑块，增加青色，再向左拖曳"饱和度"滑块，降低颜色饱和度。

步骤04 调整背景的"自然饱和度"

平衡图像色彩后，发现背景颜色太鲜艳了，容易削弱主体。所以创建"自然饱和度1"调整图层，在打开的"属性"面板中向左拖曳"自然饱和度"滑块，降低颜色鲜艳度。

步骤05 设置"曲线"提亮偏暗的图像

创建"曲线1"调整图层，打开"属性"面板。因为要表现唯美的画面效果，所以在曲线上单击并向上拖曳，以调整图像的亮度，使画面变得更加明亮。

步骤06 继续使用"曲线"调整层次

经过上一步操作，可以看到画面虽然变亮了，但是上半部分的亮度还是不够。因此创建"曲线2"调整图层，打开"属性"面板，在面板中再次单击并向上拖曳曲线，进一步提亮图像。由于这里只需要提亮上半部分，所以单击"曲线2"图层蒙版，选择"渐变工具"，从图像下方往上拖曳黑白渐变，隐藏下半部分的曲线调整。

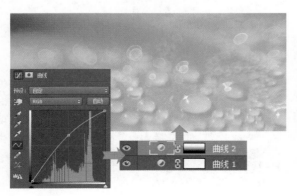

步骤07 绘制圆形定位商品

经过前面的操作，完成了背景的设计，接下来需要添加化妆品图像。在添加前，先用"椭圆工具"在图像左侧绘制一个白色的圆形，用于确定化妆品的位置，同时起到突出商品的作用。

步骤08 复制图像添加化妆品图像

把素材文件10.jpg复制到画面中，按下快捷键Ctrl+T，打开自由变换编辑框，缩小图像，将其置于圆形的中间位置。接下来添加图层蒙版，把化妆品后方的背景隐藏，使商品融入到背景中。

步骤09 设置"曲线"修复较暗的商品图像

观察图像发现，为了防止商品出现曝光过度的情况，在拍摄时降低了曝光度，导致图像看起来很暗，这与本实例的风格不统一。载入化妆品选区，创建"曲线3"调整图层，打开"属性"面板。由于这里需要提高图像亮度，所以单击并向上拖曳曲线。

步骤 10　设置"色阶"让化妆品更白净

为了进一步提高商品的亮度，创建"色阶1"调整图层，单击并向右拖曳黑色滑块，降低阴影部分的亮度，再向右拖曳灰色滑块，提高中间调部分的亮度。设置后可以看到画面中的化妆品变得明亮起来，画面给人的感觉也更为干净。

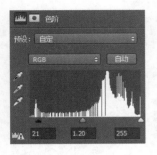

步骤 11　填充颜色统一画面色彩

为了统一画面风格，还需要对化妆品中部分信息的颜色进行调整。按住Ctrl键不放，单击"洁面产品"图层，载入化妆品选区。创建"颜色填充1"调整图层，设置填充色为R15、G182、B204，设置后将图层混合模式更改为"色相"，再用黑色画笔涂抹不需要调整的部分，控制颜色变换的区域。

步骤 12　盖印图层设置商品的倒影效果

为了让商品呈现立体的视觉效果，还需要为图像添加自然的倒影。按住Ctrl键不放，单击"洁面产品"图层及上方的所有调整图层，按下快捷键Ctrl+Alt+E，盖印选中图层，得到"颜色填充1（合并）"图层。执行"编辑>变换>垂直翻转"菜单命令，翻转图像，添加蒙版，用"渐变工具"编辑蒙版，设置倒影效果。

步骤 13　用"横排文字工具"输入文字

完成商品的添加后，接下来进行文字的添加。选择"横排文字工具"，在图像中输入相应的文字信息，根据画面整体效果调整文字的大小和颜色，使文字之间的层次更加清晰。

步骤 14　选择并为文字设置"描边"效果

由于输入的主体文字与背景颜色太过相近，为了突出文字效果，执行"图层>图层样式>描边"菜单命令，设置"描边"颜色为白色，调整文字的描边粗细后，单击"确定"按钮，应用样式，为文字添加描边效果。

步骤 15　添加更多图层样式

继续使用同样的方法，为商品右侧的其他文字添加相同的白色描边效果，统一画面的风格。

步骤 16　在画面中绘制装饰元素

为了让画面效果更加完整，使用图形绘制工具在画面中的适当位置绘制图形，完成本实例的制作。

实例 **94** | 品牌女装店周年庆活动广告设计

本实例是为某品牌女装店设计的周年庆活动广告图像，将穿着该品牌服装的模特图像抠取出来，通过为其添加不同颜色的背景，营造清新靓丽的画面风格，再利用居中排列的文字表现方式，把促销活动内容传递给顾客。下面分析此实例的设计要点、版面布局等。

素　材	随书资源\素材\11\11.jpg～16.jpg
源文件	随书资源\源文件\11\品牌女装店周年庆活动广告设计.psd

设计分析

▶ **设计要点 01**：背景采用了错位排列的较规则的三角形进行组合，多种色彩的综合设计使得版面更能显示出青春洋溢的情感氛围。

▶ **设计要点 02**：本实例是为女装品牌设计的促销广告，所以在模特的选择上全部选用年轻女性，明确品牌服装的消费群体。

▶ **设计要点 03**：画面中心的文字通过大小、色彩等方面的对比加强，形成视觉亮点。

版式分析

在版面设计时，通过不规则的版面划分方式，把穿着服装的模特放置在画面的四周，突显品牌服饰特征；把促销文字放置于中间的不规则多边形中，作为视觉中心点，将要传递的信息更准确、迅速地传递出来。

配色方案

为了突出该品牌服装的特点和消费群体，画面选择较靓丽的玫红、粉红、天蓝色作为背景颜色，这些鲜艳的色彩搭配方式既符合大部分年轻女性的审美，又能给人带来眼前一亮的视觉感受，从而吸引更多顾客，获得更有效的促销效果。

技术要点

▶ 使用"钢笔工具"在背景中绘制三角形，并结合选项栏中的参数调整三角形的颜色。

▶ 把拍摄的模特素材图像复制到对应的三角形中，利用图层蒙版把素材中的原背景隐藏，抠取穿着服装的模特图像。

▶ 使用"横排文字工具"为画面添加所需的文字信息，并通过"字符"面板设置文字属性。

实例 95	精品女式手提包促销广告设计

本实例是为女式箱包店铺设计的促销广告，画面以颇具时尚感的深蓝色为主色，将同类色系的蓝色手提包放置于画面右侧，突出商品的外形特点。为了营造更稳定的画面感，在左侧和中间添加装饰性元素和文字信息，展示更加完整的画面效果。

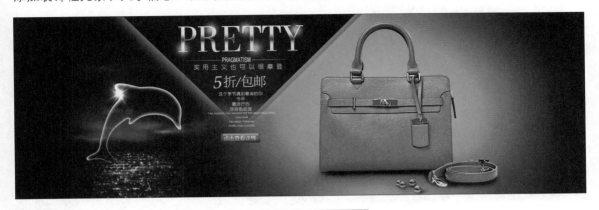

素　　材	随书资源\素材\11\17.jpg～19.jpg，20.png
源文件	随书资源\源文件\11\精品女式手提包促销广告设计.psd

设计分析

▶ **设计要点 01：** 手提包的扣件为漂亮的金属色，因此在设计时为主体文字叠加了金属黄色，并通过淡淡的星光修饰，统一画面风格。

▶ **设计要点 02：** 为了让画面整体营造出强烈的视觉冲击力，选择了明暗分明、层次感极强的渐变背景进行修饰，使得包包更加醒目、突出。

▶ **设计要点 03：** 在装饰元素的选择上，选用黑色的珍珠来点缀，画面更显优雅。

版式分析

本实例在设计的过程中对图片进行了合理的布局，使用左、右相对对称的版面构成方式，让画面显得更加平稳，并将版面中的文字信息置于中间位置，让顾客能直观地获取画面的信息。

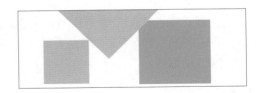

配色方案

在配色方案中，为了突出手提包如同蔚蓝色海洋般的魅力，在背景的处理上选择了类似的蓝色，统一的色彩搭配更彰显出包包的品质感；同时，用金色的文字和淡黄色的星光进行修饰，使设计主题更醒目、突出，能第一时间吸引消费者的视线。

技术要点

▶ 使用"移动工具"把海豚和渐变的背景图像通过图层蒙版融合到一起。

▶ 把手提包复制到画面右侧，用"钢笔工具"沿其边缘绘制路径，并创建图层蒙版，隐藏多余背景后调整包包的颜色，让手提包颜色更自然。

▶ 使用文字工具在画面中间输入文字，并利用"图层样式"功能为主体文字叠加渐变颜色，使文字更为绚丽。

实例 **96**	母亲节欢迎模块设计

　　本实例是为某品牌化妆品设计的母亲节主题的欢迎模块，制作时用花朵作为背景，通过暗色的花朵营造出一种优雅、甜蜜的感觉，在设计时将花朵素材和艺术化的标题文字相结合，为画面增添了精致感。下面分析此实例的设计要点、版面布局等。

素　材	随书资源\素材\11\21、22.jpg
源文件	随书资源\源文件\11**母亲节欢迎模块设计**.psd

设计分析

　　▶　**设计要点 01：**由于本实例的主题为母亲节，因此选择了与女性相关的花朵作为背景，突显出女性柔美的特质。

　　▶　**设计要点 02：**在文字的处理上，采用了艺术化的标题文字设计，增强了画面的设计感，让简单的画面呈现出更精致的感觉。

　　▶　**设计要点 03：**将要表现的商品通过叠加的方式安排在画面右侧，并辅以花朵装饰，让整个画面传递出浓浓的温情。

版式分析

　　将商品放在画面的右侧，以深色的花朵背景将其突显出来，把活动的主要促销信息整齐地排列在画面的左侧，与右侧的商品图像遥相呼应，显得极具节奏感，让人一目了然。

配色方案

　　本实例使用明度较暗的黑色、绿色为背景色，在其中用玫红色的文字和花朵对画面进行点缀，表现出强烈的视觉反差，使得主体对象更加醒目、突出，进而增强了商品的表现力，同时也能够更好地迎合"母亲节"主题。

技术要点

　　▶　把花朵素材复制到画面中，通过复制图像添加图层蒙版，合成新的背景图案。

　　▶　将化妆品图像复制到画面右侧，使用"磁性套索工具"把商品从原背景中抠出，并复制抠出的图像，调整商品颜色，统一商品色调。

　　▶　使用"钢笔工具"绘制艺术字效果，结合"图层样式"功能为文字添加丰富的样式，再用"横排文字工具"输入更多促销信息，完善整体效果。

实例 97　聚划算活动欢迎模块设计

本实例是为某品牌数码店铺设计的聚划算活动欢迎模块，在制作的过程中为了切合活动主题，图像运用了热情的红色作为整个画面的主色，然后把店铺中销售的数码商品添加到画面中，实现商品的错位排列。下面简单分析此案例的设计要点、配色技巧等。

素　材	随书资源\素材\11\23.jpg～25.jpg
源文件	随书资源\源文件\11\聚划算活动欢迎模块设计.psd

设计分析

▶　**设计要点 01：**选择渐变的红色作为背景颜色，能够更好地表达出"聚划算"的热闹氛围。

▶　**设计要点 02：**醒目的活动标题文字占据画面的中间位置，这样的处理方式能够更快、更准地吸引顾客的视线。

▶　**设计要点 03：**简单的促销信息让顾客的视线集中到店家所销售的数码商品上，有效地传递出商品信息。

版式分析

在版面设计中，把文字按居中对齐的方式安排于画面的中间位置，使得促销信息更加醒目，把各种不同的商品以不规则的排列形式放在文字下方，显得极具节奏感和设计感。

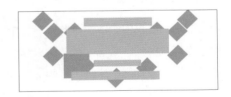

配色方案

高纯度的红色能够带来视觉上的强力冲击，用在本实例中更能将"聚划算"活动的热闹氛围突显出来。此外，在画面中搭配白色的文字，减小了视觉冲击感，使得画面的颜色显得更为协调。

技术要点

▶　使用"钢笔工具"在背景中绘制同等大小的菱形，将其按一定的规则排列起来。

▶　把数码商品复制到画面中，添加图层蒙版把白色的背景隐藏，通过复制图像更改图层混合模式，让商品与背景相融合。

▶　结合文字工具和"图层样式"功能，在图像中间创建相应的文字内容。

第 12 章
分类导航设计

　　分类导航是很多电商平台中都会用到的，它向顾客展示了所有品类商品的详细分布。通过单击分类导航中的文字或图片，可以让顾客更便捷、轻松地选购符合自己要求的商品。在网店中，分类导航的设计可以通过传统的文字表现，也可以用图片与文字相结合的方式表现，具体表现形式需要根据整个店铺的装修风格来定。设计分类导航时，其中的图像需要选择具有代表性的商品照片，这样方便顾客一眼就知道该商品的分类情况。

本章内容

实例 98 规整的家居用品分类导航设计

本实例是为某品牌家居店设计的商品分类导航，画面中通过错位排列的商品图像来表现不同类型的商品，利用具有代表性的照片让顾客一眼就知道点击后将会呈现哪种类别的商品，高图版率的版面设计让整个画面显得更大气、美观。

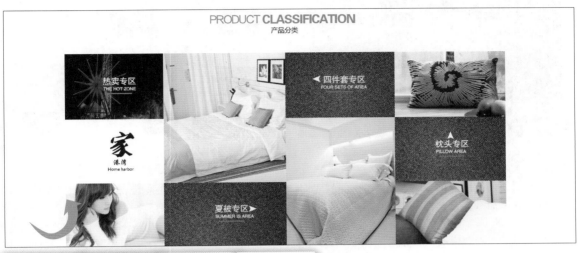

素 材	随书资源\素材\12\01.jpg～07.jpg
源文件	随书资源\源文件\12\规整的家居用品分类导航.psd

步骤 01 在背景中绘制矩形

启动Photoshop程序，新建一个文档。由于分类导航中的商品类别较多，为了便于编辑和管理图像，先单击"创建新组"按钮，新建"商品"图层组，然后用"矩形工具"在画面左上角绘制一个黑色的矩形，用于确定商品图像的摆放位置。

步骤 02 复制矩形更改其颜色

按下快捷键Ctrl+J，复制矩形，创建"矩形1拷贝"图层。为了将矩形区分开来，双击"矩形1拷贝"图层缩览图，在打开的对话框中重新设置颜色为R90、G88、B88，更改图形颜色，并适当调整图形的大小和位置。

步骤 03 添加更多矩形划分分类信息

使用同样的方法，复制更多的矩形。根据设计构思对这些矩形的颜色、大小和位置进行调整，确定要添加商品图像的位置。

步骤04 复制并添加素材图像

打开素材文件01.jpg，用"移动工具"把图像拖曳到新建的文件中，适当调整其大小，放在图像左上角的矩形上。

步骤05 创建剪贴蒙版拼合图像

为了将超出矩形的图像隐藏，执行"图层>创建剪贴蒙版"菜单命令，创建剪贴蒙版，将"矩形1"和"图层1"图层添加到一个剪贴组中。完成后可在图像窗口中查看合成的图像效果。

步骤06 复制图像创建剪贴蒙版

打开素材文件02.jpg，选用"移动工具"把图像拖曳至第二个灰色矩形上，得到"图层2"图层，适当调整其大小，然后创建剪贴蒙版，把超出灰色矩形的商品图像隐藏起来。

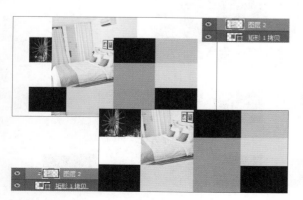

步骤07 复制图像添加剪贴蒙版

打开素材文件03.jpg，选用"移动工具"把打开的图像拖曳至下排第三个灰色矩形上，得到"图层3"图层，适当调整其大小，然后创建剪贴蒙版，把超出灰色矩形的商品图像隐藏起来。

步骤08 用"可选颜色"修饰床品颜色

添加第三张图像后，发现照片中的床品颜色偏黄。因此按住Ctrl键不放，单击"矩形1拷贝"图层缩览图，载入选区。在图像最上方创建"可选颜色1"调整图层，打开"属性"面板，在面板中分别选择"黄色"和"红色"，调整这两种颜色的百分比，削弱黄色和红色，统一商品颜色。

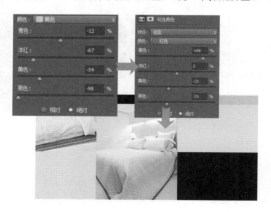

步骤09 添加更多的家居商品图像

继续使用同样的方法，用"移动工具"把更多的家居商品复制到新建的文件中，并通过创建剪贴蒙版拼合图像的方式，得到规则排列的商品分类效果。

步骤 10 打开并复制纹理素材

打开素材文件06.jpg，选用"移动工具"把图像拖曳至留白的矩形上，根据版面布局，适当调整素材图像的大小和位置。

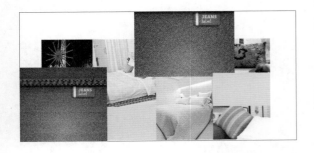

步骤 11 设置"曲线"降低图像亮度

添加布纹素材后，感觉图像偏亮，可适当降低其亮度。执行"图像>调整>曲线"菜单命令，打开"曲线"对话框。由于是要降低图像亮度，所以单击并向下拖曳曲线，设置好后单击"确定"按钮，调整图像亮度。

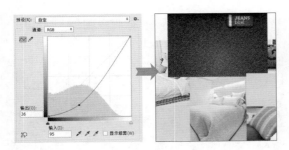

步骤 12 创建剪贴蒙版拼合图像

为了把超出矩形的布纹素材隐藏起来，执行"图层>创建剪贴蒙版"菜单命令，创建剪贴蒙版，然后将布纹素材图像复制，分别将其移至留白的矩形上。通过创建剪贴蒙版拼合图像，完成分类导航图片的设置。

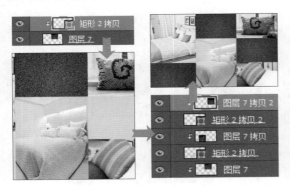

步骤 13 设置并输入标题文字

为了让分类导航更加明确，接下来在画面中输入文字。创建"标题文字"图层组，用于设置标题文字。选择"横排文字工具"，打开"字符"面板，在面板中选择边缘较柔和的方正兰亭黑，再把文字的颜色设置为较鲜艳的红色，在图像顶部单击并输入文字。

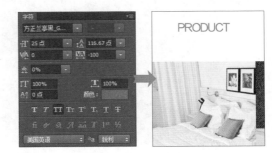

步骤 14 调整文字属性继续输入文字

为了突出文字的层次关系，需要为输入的文字设置不同的字体和大小。选用"横排文字工具"在已输入的文字旁边继续输入文字，输入后根据喜好对文字的字体和字号进行调整。

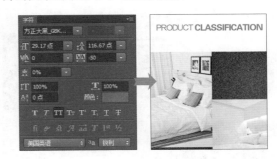

步骤 15 输入更多文字

输入英文字母后，接下来就是中文的输入。输入前根据需要对文字的字体和颜色进行调整，然后在红色文字下方的中间位置单击，输入文字"产品分类"。

步骤16 创建商品分类文字

经过前面的操作，创建了标题文字，接下来就是分类信息的输入。为了便于将文字区分开来，先创建"四件套专区"图层组，然后在图层中输入对应的文字信息。

步骤17 用"自定形状工具"绘制指示箭头

为了让图像中的商品分类指示更加明确，可以在图像中添加箭头图案。选择"自定形状工具"，单击"形状"右侧的下拉按钮，在展开的"形状"拾色器中单击"箭头6"，在文字旁边单击并拖曳鼠标，绘制箭头图案。绘制后根据商品位置，水平翻转箭头图案。

步骤18 用"直线工具"绘制线条并进行装饰

选择"直线工具"，在选项栏中将填充颜色设置为红色，与标题文字的颜色相呼应，将"粗细"设置为3像素，在文字下方绘制一条红色的线条，突出文字信息。

步骤19 复制图层组并重新命名

按下快捷键Ctrl+J，复制"四件套专区"图层组，创建"四件套专区 拷贝"图层组。使用"移动工具"移动图层组中的文字和图形位置，并把图层组重新命名为"枕头专区"，将文字分类信息区分开来。

步骤20 调整箭头方向

选择"横排文字工具"，选择"枕头专区"图层组中的文字信息，根据图像中的商品更改分类信息；然后选择箭头图案，执行"编辑>变换>顺时针旋转90度"菜单命令，旋转图像，让箭头指示的商品更加准确。

步骤21 添加更多文字

继续使用同样的方法，复制文字图层组，分别对图层组中的文字和箭头图案进行调整，完成商品分类导航图像的设计。

实例 99 | 色彩绚丽的女装店铺分类导航设计

　　本实例是为一家女装店铺设计的分类导航图，画面中利用不同颜色的矩形作为分类背景，通过红色、橙色、紫色等色块将不同类型的服装从色彩上加以区分，利用相同字体的文字设置对画面进行统一，让画面色彩丰富又不会显得很凌乱。

素　材	随书资源\素材\12\08.jpg～12.jpg
源文件	随书资源\源文件\12\色彩绚丽的女装店铺分类导航.psd

步骤 01　在新建的文件中为背景填充颜色

启动Photoshop程序，新建一个文档，然后根据商品特色定义分类导航风格。由于此实例是为女装店铺设计分类导航，所以把前景色设置为R237、G28、B68，设置后创建"图层1"图层，按下快捷键Alt+Delete，将背景填充为玫红色。

步骤 02　用"矩形工具"绘制方形

绘制背景后，接下来就是商品的分类设置。为了便于管理服装分类，创建图层组，命名为"镇店之宝"，说明此区域的商品是店铺中销量较好的商品。选择"矩形工具"，绘制一个白色的矩形。

步骤 03　复制图像添加蒙版

把穿着该品牌服装的模特素材08.jpg添加到新建文件中，根据版面布局适当调整其大小，再执行"图层>创建剪贴蒙版"菜单命令，创建剪贴蒙版，把模特图像置入矩形内部。

步骤04 使用"画笔工具"涂抹背景

观察图像发现人物下半部分有较明显的蓝色背景，因此添加图层蒙版，选择"画笔工具"，在"画笔预设"选取器中选择合适的画笔，并调整画笔笔触大小，在模特旁边的蓝色背景处涂抹，隐藏图像。

步骤05 用"钢笔工具"绘制三角形

将前景色设置为R237、G28、B68，设置后选择"钢笔工具"，在模特右下方绘制三角形。绘制后在图像窗口中可看到抠出的模特图像与下方的图案自然地组合成一个整体。

步骤06 绘制更多图形设置文字属性

由于白色矩形的左侧太空了，画面显得不紧凑，所以继续使用"钢笔工具"在图像上绘制更多不同大小、颜色的多边形图形。绘制完成后就是文字的添加，在添加文字前，选择"横排文字工具"，打开"字符"面板，在面板中对要输入的文字属性进行设置。为了统一画面风格，这里把文字颜色也设置为玫红色。

步骤07 在留白区域输入文字

将鼠标移至模特左侧的空白处，单击并输入文字"镇店之宝"。为了使说明文字之间的层次更加清晰，需要为说明文字设置不同的字体和色彩。打开"字符"面板，在面板中对文字属性进行设置。设置后在文字"镇店之宝"下方单击并输入文字"时尚爱起义"。

步骤08 调整文字属性输入文字

打开"字符"面板，在面板中重新调整文字的字体、字号等属性，然后在画面中继续单击并输入文字。

步骤09 用"自定形状工具"绘制箭头

使用同样的方法，结合"横排文字工具"和"字符"面板在画面中添加更多的分类信息文字。为了让信息指示更清楚，选择"自定形状工具"，在"形状"拾色器中选择"箭头2"形状，在右下角的三角形图形上绘制箭头图案。

步骤 10 设置颜色绘制矩形

经过前面的操作，完成了商品分类一的设计，接下来是分类二的设计。创建"冬装新品"图层组，单击工具箱中的"设置前景色"按钮，在打开的"拾色器（前景色）"对话框中设置颜色为R246、G116、B28。单击"确定"按钮，在画面中绘制一个橙色的矩形。

步骤 11 复制图像添加图层蒙版

把穿着该品牌服装的模特素材**09.jpg**添加到新建文件中，得到"图层3"图层。为了使画面更干净，为"图层3"图层添加蒙版，选择"画笔工具"，设置前景色为黑色，用画笔在人物旁边的背景处涂抹，将原背景图像隐藏，抠取模特图像。

步骤 12 创建剪贴蒙版隐藏部分图像

这里只需要显示模特局部效果，所以执行"图层>创建剪贴蒙版"菜单命令，创建剪贴蒙版，把超出橙色矩形的模特图像隐藏，再根据版面适当调整模特的位置。

步骤 13 使用"钢笔工具"绘制三角形

将前景色设置为与橙色背景相近的颜色，这里设置颜色值为R183、G90、B21。设置后选择"钢笔工具"，在模特右下方绘制三角形，用于后面输入并突出服饰分类信息。

步骤 14 在图形上输入文字

选择"横排文字工具"，在第二个商品分类旁边单击并输入相应的服饰分类信息。输入后为表现文字的层次关系，可通过"字符"面板对文字的大小和字体进行适当调整。

步骤 15 绘制箭头图案

选择"自定形状工具"，在"形状"拾色器中选择"箭头2"形状，在右下角的三角形图形上绘制箭头图案。继续使用相同的方法，进行其他几个服饰分类板块的设计，完成本实例的制作。

实例 100 | 简约风格的手表店铺导航设计

　　本实例是为销售手表的店铺设计的商品分类导航图，淡淡的灰色背景让画面显得更加高端、大气，将手表的分类显示得更加突出，彰显了商品的高品质。同时，在画面中添加了黄色的线条和椭圆装饰元素，让单调的画面看起来更有节奏感。

素　材	随书资源\素材\12\13.jpg～20.jpg
源文件	随书资源\源文件\12\简约风格的手表店铺导航设计.psd

步骤 01　填充灰色背景

启动Photoshop程序，新建一个文档。为了表现淡淡的复古风格，单击工具箱中的"设置前景色"按钮，打开"拾色器（前景色）"对话框，把前景色设置为灰色。创建新图层，按下快捷键Alt+Delete，填充颜色，定义分类导航的风格。

○ R:	231		C:	11	%
○ G:	231		M:	9	%
○ B:	231		Y:	9	%
#	e7e7e7		K:	0	%

步骤 02　使用样式为背景添加渐变效果

为了使背景表现出层次感，双击"图层1"图层，打开"图层样式"对话框，在对话框中勾选"渐变叠加"样式，然后对渐变颜色进行设置，得到从白色到灰色的渐变效果。

步骤 03　用"直线工具"绘制深色线条

选择"直线工具"，在选项栏中把绘制模式设置为"形状"，填充颜色设置为较深的灰色，调整线条粗细，在画面中单击并拖曳鼠标，绘制线条，把标题部分划分出来。

步骤 04　用"矩形工具"绘制小正方形

保持前景色不变，选择"矩形工具"，在选项栏中把绘制模式设置为"形状"，在线条中间位置绘制一个灰色的方形图形。

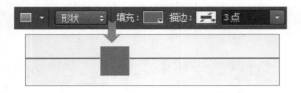

步骤 05　复制图像创建并排图形效果

为了让绘制的图形看起来更加丰富，连续按下快捷键Ctrl+J，复制3个灰色正方形。用"移动工具"把复制的正方形移至不同的位置，为了使图形更加整齐，选择"矩形1"至"矩形1拷贝3"图层，执行"图层>对齐>顶边"菜单命令，对齐图形。

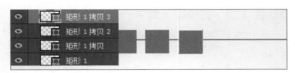

步骤 06　用"钢笔工具"绘制曲线

接下来还需要绘制一条曲线，选择"钢笔工具"，在选项栏中将绘制模式设置为"形状"，填充颜色设置为"无"，描边颜色设置为与方形相同的灰色，然后在画面中单击并拖曳鼠标，绘制曲线。

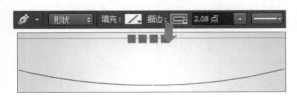

步骤 07　绘制多个小圆图形

完成线条的绘制后，还需要绘制图形以定位商品的分类别。选择"椭圆工具"，在选项栏中调整填充颜色，设置为与背景颜色反差较大的黄色，以突出画面的亮点，运用"椭圆工具"在画面中绘制圆形并复制得到更多的图形效果。

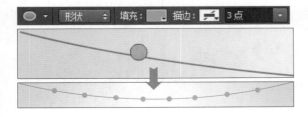

步骤 08　绘制并复制矩形

选择"矩形工具"，在每个小圆的下方绘制相同颜色的矩形，得到对称的图形效果。

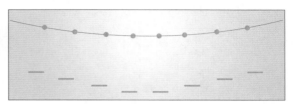

步骤 09　设置"投影"样式让图形更加立体

绘制好装饰元素后，就要添加商品进行分类了。在分类前需要定位手表的放置位置，选用"椭圆工具"在第一个黄色小圆下方绘制一个浅灰色的正圆图形。为了突出图形的立体感，执行"图层>图层样式>投影"菜单命令，打开"图层样式"对话框，在对话框中对"投影"样式进行设置，为图形添加投影效果。

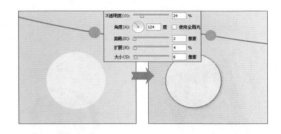

步骤 10　更改路径形状

为了让画面更有设计感，可以对图形进行简单的变形。选择"添加锚点工具"，在圆形上单击，添加3个锚点；再选择"转换点工具"，单击中间一个锚点，将曲线锚点转换为直线锚点。

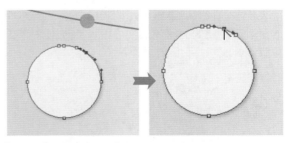

技巧提示：添加或删除路径锚点

　　用"直接选择工具"选择路径后，右击图像窗口中的路径，在弹出的快捷菜单中执行"添加锚点"或"删除锚点"命令，可快速在路径中添加锚点，或删除路径中选中的锚点。

步骤 11 更改路径形状

单击工具箱中的"直接选择工具"按钮，单击转换后的路径锚点，并向右上角拖曳，将圆形转换为更具有指示性的图形。

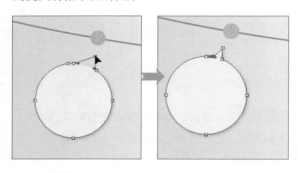

步骤 12 复制图像创建剪贴蒙版

把拍摄的手表素材图像13.jpg添加到图形上方，根据版面布局适当调整手表图像的大小。之后需要将手表图像置入到图形中，所以执行"图层>创建剪贴蒙版"菜单命令，创建剪贴蒙版，拼合图像。

步骤 13 复制更多图像添加剪贴蒙版

选择"移动工具"，单击并拖曳鼠标，适当调整手表所在的位置。继续使用同样的方法，把更多的手表照片复制到新建的文件中，通过创建剪贴蒙版，合成新的画面效果。

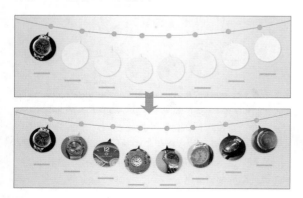

步骤 14 设置文字属性输入品牌文字

完成分类图像的设置后，接着需要进行文字的设置。创建"文字"图层组，选择"横排文字工具"，打开"字符"面板。这里为了突出店铺品牌信息，选择与背景颜色对比较明显的蓝色作为文字颜色，然后把文字设置为较粗的字体，单击并输入手表品牌。

步骤 15 继续输入文字

选择"横排文字工具"，继续在已输入的文字旁边输入更多文字。输入后为了突出文字的主次关系，将文字的字号设置得小一些。

步骤 16 添加更多的文字效果

继续使用"横排文字工具"在画面中添加手表介绍和分类信息。输入完成后选择中间部分的段落文字，单击"段落"面板中的"居中对齐文本"按钮，对齐文字，让画面的视觉中心更为集中。

实例 101 | 突出商品特色的女鞋店分类导航设计

本实例是为女鞋店设计的商品分类导航图，画面中为了突出中间的鞋子分类信息，使用浅黄、绿色作为背景的主色调，利用同等大小的圆形把各个种类的鞋子单独显示出来。另外，为了使商品的分类更加精细，在每双鞋子下方输入了相应的分类信息，做到了主次分明，设计出非常漂亮的分类导航图。

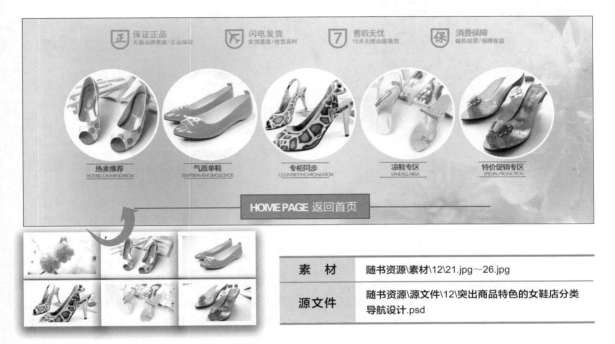

素 材	随书资源\素材\12\21.jpg～26.jpg
源文件	随书资源\源文件\12\突出商品特色的女鞋店分类 导航设计.psd

步骤 01 为图像填充纯色背景

启动Photoshop程序，新建一个文档。根据本实例中鞋子的整体风格，对前景色进行设置。设置后创建新图层，按下快捷键Alt+Delete，将背景填充为淡淡的橘色。

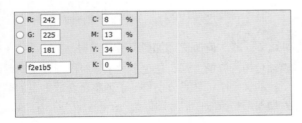

步骤 02 使用"画笔工具"绘制图案

如果背景中只有一种颜色，画面难免会显得单调。因此选择"画笔工具"，分别对前景色进行调整后，选用"柔边圆"画笔在背景中的不同位置单击，进行图案的绘制，得到色彩更丰富的背景。

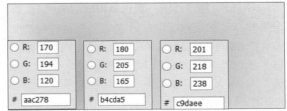

步骤 03 复制图像更改图层混合模式

为了迎合女鞋这一主题，打开粉色的桃花素材21.jpg，选择"移动工具"，把桃花图像拖曳至背景中，再把图层混合模式设置为"变暗"，"不透明度"设置为52%，使画面与背景融合得更为自然。

步骤 04　设置"可选颜色"修饰背景色彩

将桃花添加到背景后，发现花朵的颜色与背景颜色显得不是很协调。创建"选取颜色1"调整图层，先对"红色"百分比进行调整，削弱红色的花朵，再对"中性色"进行调整，统一画面颜色。

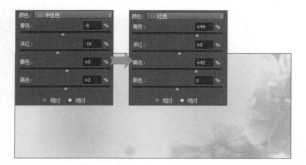

步骤 05　绘制渐变控制调整范围

经过上一步操作，发现"可选颜色"调整了整个图像，而这里只需要对右侧的花朵应用调整。所以单击"选取颜色1"图层缩览图，选择"渐变工具"，从图像左侧向右拖曳线性渐变，控制颜色调整范围。

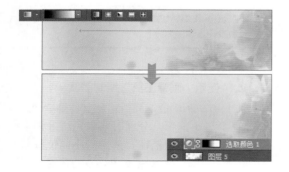

步骤 06　用"色阶"提亮偏暗的阴影

由于花朵看起来略微偏暗，所以需要进行提亮。按住Ctrl键不放，单击"选取颜色1"图层蒙版，载入选区。新建"色阶1"调整图层，打开"属性"面板，选择"加亮阴影"选项，提高阴影部分的亮度。

步骤 07　绘制并复制图形

经过前面的操作，设置好了背景图像，下面进行商品的展示。先用"椭圆工具"在画面左侧绘制一个白色正圆形，然后将绘制的图形复制，调整位置，得到并排的圆形效果。复制圆形的数量根据鞋子的分类数目来定。为了让画面更加整齐，选中所有圆形图层，执行"图层>对齐>顶边"菜单命令，对齐图形。

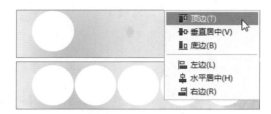

技巧提示：选择多个图层

在 Photoshop 中，如果需要选择不连续的多个图层，可按住 **Ctrl** 键不放，依次单击图层；如果要选择连续的多个图层，可按住 **Shift** 键不放，单击最上层和最底层图层。

步骤 08　向画面添加鞋子素材

把准备好的鞋子照片22.jpg复制到第一个圆形上方，根据版面布局调整其大小。这里要把鞋子放到圆形中间，所以执行"图层>创建剪贴蒙版"菜单命令，创建剪贴蒙版，隐藏圆形外的鞋子图像。

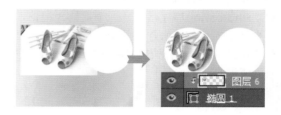

步骤 09　向画面添加更多鞋子素材

继续使用同样的方法，把更多鞋子素材图像复制到新建的文档中，然后分别将鞋子调整至合适大小，并创建剪贴蒙版，拼合图像。

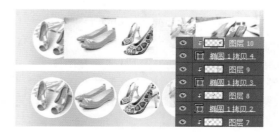

步骤 10 设置属性输入分类信息

下面需要为制作的图像设置对应的分类信息。选择"横排文字工具"，在第一个鞋子图像下方输入文字"热卖推荐"，打开"字符"面板。为了不影响要表现的鞋子，把文字设置为较小一些的字号。

步骤 11 调整文字属性继续输入文字

输入中文分类后，为了补充分类信息，打开"字符"面板，在面板中对文字的属性进行一定的调整，然后在文字"热卖推荐"下方输入对应的英文信息。

技巧提示：更改单个文字属性

在画面中输入文字后，如果要对其中一部分文字进行字体、大小的调整，需要先用文字工具在要更改的文字上单击并拖曳，选中文字。

步骤 12 输入更详细的分类信息

使用同样的方法，在另外几张鞋子图像下方输入相应的商品分类信息。为了统一画面效果，结合"字符"面板为文字设置相同的字体、字号等。

步骤 13 用"直线工具"绘制线条

输入文字后，为了把文字与背景图像区别开来，将前景色设置为R91、G121、B30，选择"直线工具"，在文字的上方和下方分别绘制一条绿色的直线，然后将线条图层链接，便于后面调整和编辑其位置。

步骤 14 复制线条调整至不同的位置

按住Ctrl键不放，单击"形状1"和"形状2"图层，选中绘制的两条直线，连续按下快捷键Ctrl+J，复制多组相同的直线，然后把复制的线条移至另外几双鞋子下方的文字上，得到更丰富的画面效果。

技巧提示：快速复制图像

在 **Photoshop** 中如果需要对图层中的图像进行复制，可以执行"图层 > 复制图层"菜单命令，也可以按下快捷键 **Ctrl+J** 进行图层的复制。

步骤 15 绘制图形添加更多文字

经过前面的操作，完成了商品的分类设置。为了使画面更加完整，使用图形绘制工具在画面中添加更多的图形，并使用"横排文字工具"在图形旁边输入对应的文字，完成本实例的制作。

实例 102 | 详尽的饰品店分类导航设计

本实例是为饰品店设计的分类导航图。此分类导航根据店铺中的饰品特点，使用欧式花纹来修饰分类信息，选用店铺中的一款饰品为背景，通过图片中较为详尽的文字描述把商品的分类划分得更为仔细。

素　材	随书资源\素材\12\27.jpg、28.psd
源文件	随书资源\源文件\12\详尽的饰品店分类导航设计.psd

设计分析

▶ **设计要点 01**：画面中为了迎合店家销售的饰品风格，选用精致的欧式花纹加以修饰。

▶ **设计要点 02**：画面中的文字采用了比较工整的黑体设计，整个版面显得简单，同时分类信息也更容易阅读。

版式分析

本实例在设计的过程中将商品的分类信息按水平方向平行排列，处理详细分类时又采用居中对齐的表现方式，使得版面既规整又不失设计感。

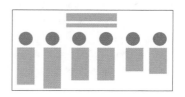

配色方案

在配色方案中，为了突出饰品奢华、高贵的特征，将画面颜色定义为浅灰色调。在文字的表现上，对主要饰品分类信息采用复古的深红色，与画面的风格相搭配，既突出了商品分类，也增强了视觉冲击力。为了缓解红色带来的视觉冲击力，在详细信息的处理上使用黑色文字表现，更完整地表现了饰品分类。

技术要点

▶ 使用图层蒙版对饰品图像进行拼合，并通过降低不透明度合成新的背景图像。

▶ 使用"椭圆工具"和"自定形状工具"在画面中绘制不同形状、颜色的图形，丰富画面整体效果。

▶ 使用"横排文字工具"为画面添加所需的文字信息，并通过"字符"面板设置文字属性。

实例 103 | 浪漫的婚庆店分类导航设计

本实例是为婚庆商品店设计的分类导航图。由于它是为即将步入婚姻殿堂的情侣服务的购物场所，因此在画面中运用了大量的红色，既增加了画面的表现力，也与表现的商品主题更加贴合。

素　材	随书资源\素材\12\29.jpg～32.jpg
源文件	随书资源\源文件\12\浪漫的婚庆店分类导航设计.psd

设计分析

▶ **设计要点 01**：为了突显婚庆用品唯美、浪漫的氛围，画面在背景素材的选择上用了蓝色的星光图案。

▶ **设计要点 02**：由于本实例是为婚庆用品店制作的分类导航，因此在商品的选择上用了具有代表性的新娘头饰、鞋子、捧花、礼品包装等，使顾客能够根据图片轻松选择所需的商品。

▶ **设计要点 03**：在文字的处理上，采用直排文字的布局方式，增强了画面的生动感。

版式分析

本实例在布局上较为简单，上半部分利用同等大小的圆形确定商品的摆放位置，下方以对应的文字对商品分类进行细化。这种上图下文的表现方式让整个版面看起来既简单又不失美感。

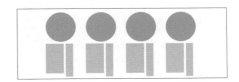

配色方案

红色是充满激情和生命力的颜色。在中国，红色是一种代表吉祥、喜庆的颜色，为了突显婚庆这一主题，画面中运用了大量的红色，再搭配高纯度的蓝色背景，蓝色与红色的搭配形成了强烈的对比反差，给人留下了深刻的印象。

技术要点

▶ 使用"椭圆工具"在文档中绘制圆形，确定商品的摆放位置，并为其添加描边效果。

▶ 把拍摄的婚庆用品照片添加到绘制的图形上，通过创建剪贴蒙版对其显示范围进行控制，合成图像。

▶ 使用"直排文字工具"在图像下方输入文字，完善分类栏中的信息。

实例 104 | 时尚与传统相结合的饰品店分类导航设计

本实例是为民族风特色饰品店所设计的分类导航,在设计中以饰品的风格为基础,为了表现浓郁的民族风,画面以暗红色为主色,同时把不同类型的饰品以并排的方式安排在上半部分,结合详细的文字说明,方便顾客找到满意的商品。下面分析此实例的设计要点、版面布局等。

素　材	随书资源\素材\12\33.jpg～36.jpg
源文件	随书资源\源文件\12\时尚与传统相结合的饰品店分类导航.psd

设计分析

▶　**设计要点 01**:将详细的商品分类放置在画面的上半部分,搭配对应的商品照片,这样的安排方式使顾客能够一眼找到自己需要的商品。

▶　**设计要点 02**:为了更加细化商品信息,在图像的左下角分多栏对商品分类进行了更精细的划分,为顾客提供了更多选择。

▶　**设计要点 03**:画面中文字的编排较为简单,一目了然。

版式分析

本实例分为上、下两个部分,上半部分采用左图右文的安排方式,符合人们浏览时的视觉习惯,下半部分则以大量的文字来划分,对更多的分类信息进行分组,体现出布局的整洁性。

配色方案

根据饰品风格,在图像的配色上选择了更为古典的暗红色为主色,搭配各种不同颜色的商品,能够给人一种朴实感,在迎合画面中商品特色的同时,使得画面中元素的主次更加分明。在文字的配色上使用干净的白色来表现,让分类信息更明确。

技术要点

▶　使用"椭圆工具"和"钢笔工具"绘制图形,结合工具选项用虚线描边路径。

▶　把饰品素材图像添加到绘制的椭圆内,使用"横排文字工具"在旁边输入对应的分类信息。

▶　使用"画笔工具""矩形工具"和"橡皮擦工具"绘制出带阴影的线条图案。

▶　使用"横排文字工具"在绘制的渐变线条上输入更多的分类信息,完善饰品的分类信息。

实例 105 | 手机端店铺的分类导航设计与应用

随着移动网络技术和智能手机技术的发展，使用手机端购物已成为了一种时尚。本实例是为品牌女装手机店铺设计的商品分类导航。为了方便顾客更直观地了解服装的分类，画面采用了大图来表现，这样既保证了图片的质量，也有利于顾客看到更完整的衣服上身效果。下面分析此实例的设计要点、版面布局等。

素 材	随书资源\素材\12\37.jpg～41.jpg，42.psd
源文件	随书资源\源文件\12\手机端店铺的分类导航设计与应用.psd

设计分析

▶ **设计要点 01**：服装图片用大图的形式表现，使得衣服的特点表现得更加清楚。

▶ **设计要点 02**：由于本实例是为年轻女性服装品牌设计的分类导航，因此在图案色彩的选择上选用了深受年轻女性喜爱的粉红色，更加吸引眼球。

▶ **设计要点 03**：在画面文字的编排上，使用了规则的"黑体"文字，使得画面更加整齐，易于阅读。

版式分析

由于本实例是手机端店铺分类导航，因此在版面的处理上，用了相近大小的矩形进行划分，规则的版面构成更方便顾客从分类信息中找到所需要的商品信息。

配色方案

粉红色是一种娇艳、柔和的色彩，给人以温情、可爱的印象。在此实例的配色中，使用粉红色作为主色，搭配背景图案中的黄绿色，让人觉得清新脱俗，体现出一种纤细优美的感觉，更容易博得年轻女性的好感。

技术要点

▶ 使用"矩形工具"对画面进行分区，确定商品的五大种类。

▶ 把准确的商品照片复制到矩形上方，通过创建剪贴蒙版把多余的部分隐藏起来，合成新的版面效果。

▶ 使用"横排文字工具"为画面添加所需的文字信息，结合"自定形状工具"在文字旁边绘制箭头图案，明确指示信息。

第 13 章
商品细节描述设计

　　商品详情页的装修设计主要是对网店中销售的单个商品的细节及购买流程等一系列内容进行介绍。在网店交易中，没有实物，也没有营业员，所以商品细节描述页面就承担着主要的宣传、推销工作。网店美工人员在设计详情页时要对商品的细节进行详尽的介绍，将文字与图片进行合理搭配，提取商品的特点、功能、价值等主要信息，让顾客能够通过细节描述来了解商品的主要特色、功能等，从而达到商品销售的目的。

本章内容

实例 106　时尚活泼的运动服商品描述设计

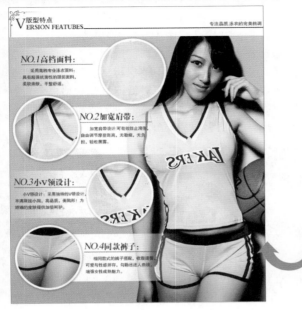

本实例是为某品牌运动服设计的商品描述图，在画面中使用圆形对衣服的特定部位进行放大显示，同时添加必要的说明文字，制作出时尚活泼的运动服商品细节描述设计效果。

素　材	随书资源\素材\13\01.jpg、02.psd
源文件	随书资源\源文件\13\时尚活泼的运动服商品描述设计.psd

步骤 01　新建文件并绘制背景

启动Photoshop程序，新建一个空白文档。首先需要定义图像的整体风格，选择"矩形工具"，在选项栏中设置灰色渐变，然后在画面中绘制矩形，将背景设置为灰色调。

步骤 03　设置"色相/饱和度"调整色彩

执行"图层>创建剪贴蒙版"菜单命令，把灰色矩形之外的模特图像隐藏。此时仔细观察图像可发现，模特的手臂与躯干之间区域的颜色与步骤1中确定的背景灰色不统一，于是使用"套索工具"选中这些区域的图像，创建"色相/饱和度1"调整图层，打开"属性"面板，向左拖曳"饱和度"滑块，降低图像饱和度，使选区中的图像色彩变淡。

步骤 02　复制运动服素材图像至背景中

打开素材文件01.jpg，将其复制到新建文件中。此时发现素材图像太大了，于是按下快捷键Ctrl+T，打开自由变换编辑框，将图像缩小至合适的尺寸，并进行水平翻转，再通过添加图层蒙版，用黑色画笔在背景处涂抹，隐藏背景，抠出模特。

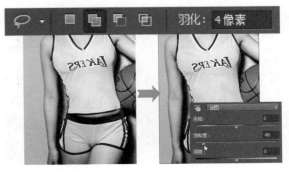

步骤04 添加装饰花纹

经过前面几步操作，完成了背景图像的设计，接下来就是细节的设计。打开素材文件02.psd，将图像拖曳至画面左上角，作为标题栏的装饰图案。为了让装饰花纹与背景相融合，为"花纹"图层添加蒙版，用黑色画笔涂抹，创建渐隐的图像效果。

步骤05 使用"矩形工具"绘制渐隐图形

选择"矩形工具"，在模特脸旁绘制一个白色的矩形，用于输入商品的描述文字。绘制完后发现矩形在灰色的背景中显得很突兀，因此为"矩形2"图层添加蒙版，选择"渐变工具"，从右向左拖曳创建线性渐变，形成渐隐的图形效果。

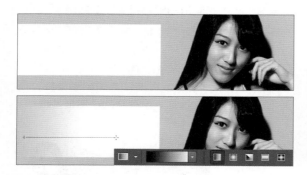

步骤06 复制图形并调整位置

因为要输入的商品描述文字不止一条，所以根据信息的数量连续多次按下快捷键Ctrl+J，复制出多个矩形。用"移动工具"把复制的矩形以错位排列的方式放置在模特左侧，再适当翻转矩形，得到更有创意的布局效果。

步骤07 绘制圆形并设置"投影"样式

确定了描述文字的位置后，接着需要绘制商品细节展开区域。受模特身旁的篮球的启发，这里选择"椭圆工具"，按住Shift键不放，在第一个矩形右侧单击并拖曳鼠标，绘制一个白色的正圆形。接着执行"图层>图层样式>投影"菜单命令，打开"图层样式"对话框，在对话框中设置投影选项，设置后单击"确定"按钮，为圆形添加投影，让圆形更有立体感。

步骤08 多个图形的复制与调整

连续按下快捷键Ctrl+J，复制3个白色圆形。选择"移动工具"，按错位排列的方式把复制的圆形移至矩形上。至此便完成了整个版面的布局规划。

步骤09 用"直线工具"绘制线条

为了将后面要输入的文字的主次区分开，需要对细节进行划分。选择"直线工具"，设置前景色为灰色，"粗细"为1像素，然后按住Shift键不放，在白色矩形中间位置单击并拖曳鼠标，绘制线条。

步骤 10　继续绘制线条

选择"直线工具"，在选项栏中将"粗细"调整为2像素，在标题栏右侧单击并拖曳鼠标，绘制另一根灰色线条。

步骤 11　使用"椭圆工具"绘制圆形

因为需要对运动服的细节进行展示，所以需要确定运动服细节的位置。设置前景色为R61、G50、B35，选择"椭圆工具"，新建"细节图像"图层组，在白色圆形中间单击并拖曳鼠标，绘制稍小的正圆形。

步骤 12　复制图形和运动服素材

分别选择线条和圆形所在的图层，按下快捷键Ctrl+J复制图形，然后用"移动工具"把复制的图形拖曳至相应的位置。选中"人物"图层，按下快捷键Ctrl+J复制图层，得到"人物拷贝"图层，将此图层移至"椭圆1"图层上面。因为此处是对运动服局部的展示，并不需要使用图层蒙版，所以右击图层右侧的蒙版缩览图，在弹出的快捷菜单中单击"删除图层蒙版"命令，删除图层蒙版。

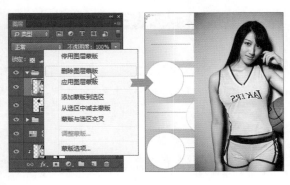

步骤 13　创建剪贴蒙版展示商品细节

执行"图层>创建剪贴蒙版"菜单命令，创建剪贴蒙版，把圆形以外的图像隐藏，接着使用"移动工具"拖曳图像，调整要显示在圆形中的商品图像区域。

步骤 14　继续创建剪贴蒙版

为了展示商品不同部位的细节，连续按下快捷键Ctrl+J，复制多个"人物拷贝"图层，然后使用同样的方法创建剪贴蒙版拼合图像。最后还需要在各细节图片旁边输入相应的描述文字。在输入前，选择"横排文字工具"，打开"字符"面板，在面板中对文字的属性进行设置。

步骤 15　使用"横排文字工具"添加文字

设置好文字属性后，在线条上单击并输入细节描述编号，输入后继续用"横排文字工具"在画面中添加更多的文字。为了表现文字的层次关系，可以结合"字符"面板调整文字的字体、字号等属性，得到完整的商品细节描述设计效果。

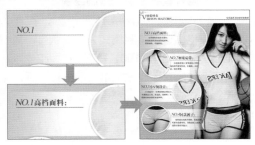

实例 107　　彰显品质的女包商品描述设计

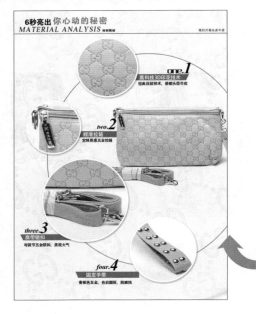

本实例是为某品牌女包设计的商品详情页，画面用包包自身的纹理作为背景，再将包包的细节进行放大显示，针对不同的商品细节图添加相应的说明信息，使包包的卖点更加突出、醒目。

素　材	随书资源\素材\13\03.jpg
源文件	随书资源\源文件\13\彰显品质的女包商品描述设计.psd

步骤01　新建文件为背景填充颜色

启动Photoshop程序，新建一个文档，由于这里需要设置清爽风格的商品描述图，所以先设置背景颜色。单击工具箱中的"设置前景色"按钮，打开"拾色器（前景色）"对话框，在对话框中将颜色设置为R250、G250、B250，创建新图层，按下快捷键Alt+Delete，为背景填充颜色。

○ R:	250	C:	2	%
○ G:	250	M:	2	%
○ B:	250	Y:	2	%
#	fafafa	K:	0	%

步骤02　复制手提包图像为背景添加纹理

为背景填充颜色后，发现画面有点单调。为了让画面更有质感，且与要表现的包包主体更契合，打开素材文件03.jpg，把图像拖曳至新建的文件中，得到"背景纹样"图层，将图层"不透明度"设置为15%，为背景叠加纹理效果。

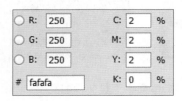

步骤03　用"直线工具"绘制线条

为了将标题与细节描述区分开，选择"直线工具"，在选项栏中设置绘制模式为"形状"，填充颜色为R100、G100、B100，"粗细"为2像素，按住Shift键不放，在图像顶部单击并拖曳鼠标，绘制一条灰色的直线。

步骤04　绘制矩形并对其进行变形

设置前景色为R129、G104、B80，选择"矩形工具"，在画面中单击并拖曳鼠标，绘制一个矩形，为了让绘制的图形更有创意，可以对它进行变形，选择"直接选择工具"，单击矩形右下角的路径锚点，单击并向左拖曳，将矩形转换为梯形效果。

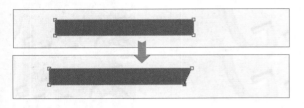

步骤05　复制梯形并绘制椭圆线条

连续按下快捷键Ctrl+J，复制多个梯形，然后用"移动工具"把复制的图形移至适当的位置，得到不规则的图形排列效果。为了让复制的图形显得更有规律，选择"椭圆工具"，在选项栏中调整填充和描边选项后，在画面右侧单击并拖曳鼠标，绘制描边的椭圆。此时可以看到复制的梯形沿椭圆边缘形成弧形效果。

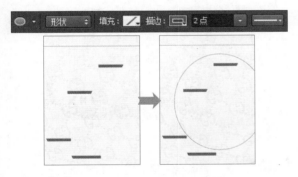

步骤06　设置"自然饱和度"提高颜色鲜艳度

再次打开手提包素材03.jpg并将其拖入新建文件中。由于原照片中手提包的颜色太暗淡，为了让手提包的颜色变得更鲜艳，执行"图像>调整>自然饱和度"菜单命令，在打开的对话框中将"自然饱和度"滑块向右拖曳至最大，此时可看到提高自然饱和度后的效果。

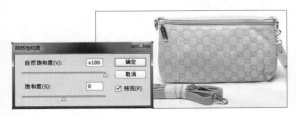

步骤07　设置"色彩范围"选择图像

执行"选择>色彩范围"菜单命令，打开"色彩范围"对话框。由于此处需要将除包包外的背景隐藏，因此选用"吸管工具"在手提包旁边的浅色背景处单击，调整选择范围，设置后单击"确定"按钮，创建选区。

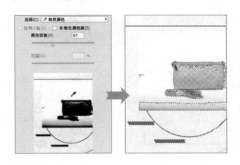

步骤08　反选选区并添加蒙版

执行"选择>反选"菜单命令，反选选区，在图像窗口中可看到选中了除包包外的大部分背景图像。单击"图层"面板中的"添加图层蒙版"按钮，隐藏选区内的图像，抠出手提包。

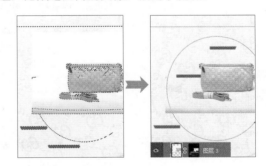

步骤09　用"画笔工具"编辑蒙版

经过上一步操作，虽然将部分背景隐藏了，但还是抠取得不干净。所以选择"画笔工具"，将前景色设置为黑色，在手提包外的背景处涂抹，将整个背景都隐藏起来，然后将前景色设置为白色，在不小心隐藏的手提包区域涂抹，以显示更完整的包包图像。

步骤 10　设置"USM锐化"滤镜使图像变清晰

为了让包包上的纹理更加清晰，按住Ctrl键不放，单击"包包"图层蒙版，载入选区。按下快捷键Ctrl+J，复制选区内的包包图像。执行"滤镜>锐化>USM锐化"菜单命令，在打开的对话框中设置参数，直到手提包纹理变得清晰。

步骤 11　设置"投影"样式为图像添加投影

选择"椭圆工具"，设置前景色为白色，按住Shift键不放，在梯形左侧单击并拖曳鼠标，绘制白色的圆形。绘制后，为了表现出更加立体的图形效果，执行"图层>图层样式>投影"菜单命令，打开"图层样式"对话框，根据需要设置投影的各项参数，设置后单击"确定"按钮，完成投影的添加。

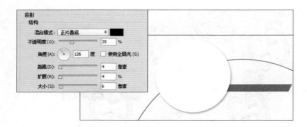

步骤 12　复制包包素材创建剪贴蒙版

经过前一步操作，确定了细节的展示位置，下面把包包图像复制到新建文件中，得到"包包细节"图层。为了让画面的颜色更统一，使用"自然饱和度"命令调整包包颜色。执行"图层>创建剪贴蒙版"菜单命令，创建剪贴蒙版，拼合图像。

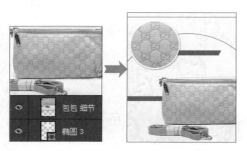

步骤 13　完成更多商品细节的展示

继续使用相同的方法，在画面中绘制更多的圆形，然后把对应的包包图像添加至圆形中间位置，设置不同的细节展示效果。选择"横排文字工具"，打开"字符"面板，在面板中调整文字的字体、大小及颜色等选项，为标题文字设置属性。

步骤 14　输入文字并设置文字属性

在绘制的梯形右上方单击并输入英文"one"，为了让输入的文字更便于理解，在英文"one"旁边再输入数字"1"，然后对文字的字体、大小加以调节，使输入的文字表现出主次关系。

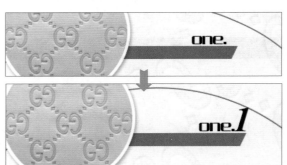

步骤 15　继续完成更多描述文字的设计

选择"横排文字工具"，在已输入的文字下方继续输入文字，输入后根据版面布局调整文字属性。应用相同的方法，在画面中输入更为详细的包包细节描述。

 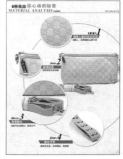

实例 108 ｜ 详尽的手链商品描述设计

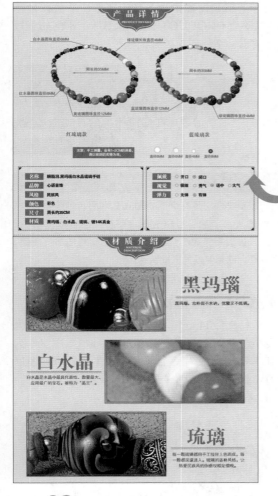

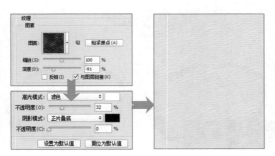

本实例是为一款民族风的手链设计的商品促销展示页面，将拍摄的手链图像与绘制的背景融合在一起，通过将图像与文字混合排列的方式，使得整个画面显得既简洁又不失设计感。同时，在色彩的处理上，利用暗红色和深蓝色搭配组合，营造出一种古典的艺术氛围。

素　材	随书资源\素材\13\04.jpg
源文件	随书资源\源文件\13\详尽的手链商品描述设计.psd

步骤 01　绘制图形定义基调

启动Photoshop程序，新建一个文件，然后用"矩形工具"沿图像边缘绘制一个颜色为R223、G218、B212的浅色矩形背景。

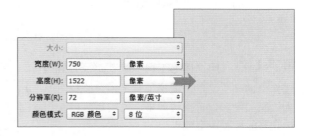

步骤 03　用"钢笔工具"绘制虚线

完成背景的处理后，接下来就是标题的设计。选择"钢笔工具"，在选项栏中把绘制模式设置为"形状"，设置与背景颜色反差较大的红色作为描边颜色，然后在画面顶部单击并拖曳鼠标，绘制红色线条。

步骤 02　设置样式为图像添加纹理

为了使绘制的背景表现出纹理感，双击图层，打开"图层样式"对话框，在对话框中勾选"纹理"样式，然后在右侧设置纹理图案。设置后发现图像默认添加浮雕效果，所以勾选"斜面和浮雕"样式，在最下方将高光的"不透明度"设置为32%，去除浮雕效果。

✐ **技巧提示：更改图形绘制模式**

使用"矩形工具""椭圆工具"或"钢笔工具"绘图时，需要先在选项栏中对绘制模式进行设置。单击"选择工具模式"下拉按钮，在展开的下拉列表中即可选择并调整绘制模式。

步骤04 用"矩形工具"绘制红色线条

选择"矩形工具"，在选项栏中设置"形状"绘制模式，将填充色设置为与上一步绘制的颜色相同的红色，然后在虚线下方单击并拖曳鼠标，绘制红色矩形。

步骤05 使用"钢笔工具"绘制自定义图案

为了突出标题文字，再次选择"钢笔工具"，在选项栏中设置工具选项后，继续在矩形下方绘制欧式花纹图案。

步骤06 用"钢笔工具"绘制路径并描边

选择"钢笔工具"，调整工具选项，绘制图形，并为绘制的图形设置描边效果，绘制后可以看到画面中完整的标题图案效果。

步骤07 设置并输入文字

经过前面的操作，完成了标题栏图案的绘制，接着就可以添加标题文字了。选择"横排文字工具"，在图案中输入文字"产品详情"。为了让文字与画面风格更统一，打开"字符"面板，在面板中对文字的属性进行调整。

步骤08 继续用"横排文字工具"输入文字

打开"字符"面板，在面板中对文字的字体和大小进行调整，设置稍小一些的字号，然后在标题下方输入"PRODUCT DETAILS"。不同的字号更能突出文字的层次关系。

技巧提示：快速缩放文字

运用文字工具在画面中输入文字后，如果要更改文字的大小，除了可以应用"字符"面板或选项栏中的"设置字体大小"进行调整外，也可按下快捷键**Ctrl+T**，使用变换的方式快速调整。

步骤09 将手链复制到画面中

打开素材文件04.jpg，选择"移动工具"，把图像拖曳至新建的文件中，命名为"手链1"图层。为了让手链图像成为整个画面中的焦点，添加图层蒙版，把手链旁边的多余背景隐藏。

步骤10 复制手链图像

为了让顾客看到不同颜色的手链效果，可以把"手链1"图层复制。按下快捷键Ctrl+J，创建"手链1拷贝"图层，再将复制的手链图像向右移至另一侧。

步骤11　设置"色相/饱和度"变换颜色

创建"色相/饱和度1"调整图层，打开"属性"面板，分别对"红色"和"黄色"的"色相"做调整，然后用黑色画笔涂抹除红色外的其他的手链部分，实现商品的局部调色。

步骤12　绘制指示线条并输入文字

为了让输入的商品介绍信息指示更明确，选择"钢笔工具"，在选项栏中设置工具选项，在手链旁边绘制指示线条，然后在绘制的线条上方输入与商品相对应的文字说明。

步骤13　完成更多指示文字的设置

继续使用同样的方法，向画面中添加更多的文字和线条图案等。

技巧提示：复制图层或图层组

在设置商品细节描述图时，经常需要复制图层或图层组。**Photoshop** 中复制图层或图层组的方法相同，只需要将图层或图层组选中，然后将其拖曳至"创建新图层"按钮，即可快速完成图层或图层组的复制操作。

步骤14　用"椭圆工具"绘制圆形

为了突出不同大小的珠子的区别，选择"椭圆工具"，在选项栏中单击"填充"右侧的下拉按钮，在展开的下拉列表中单击"渐变"按钮，设置渐变选项后，在文字"直径8MM"上方绘制圆形，然后将绘制的圆形复制，并调整其大小。

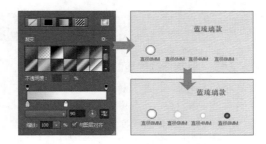

步骤15　使用"矩形工具"绘制方形

确定商品详情文字的输入位置后，新建"组2"图层组，用"矩形工具"在画面中间位置绘制一个描边的矩形效果。

步骤16　继续绘制图形并输入文字

为了增强图形的整体效果，选择"钢笔工具"，在矩形的左上角绘制一个深灰色的三角形，再把绘制的三角形复制，移到矩形的另外3个角位置。结合"矩形工具"和"横排文字工具"，在前面创建的矩形中间位置绘制红色的小矩形，并输入手链的商品介绍信息。

步骤17 复制图层组更改文字描述信息

将"组2"图层组复制，将复制的对象向右移动，然后调整图层组中的图形和文字信息，完成商品主要信息的输入。

步骤18 复制标题栏更改标题文字

经过前面的操作，完成了商品详情的展示，接下来开始对商品的材质特点进行设计。创建"材质介绍"图层组，把前面绘制的标题图案复制到此图层组，然后用"横排文字工具"在标题栏中输入文字。

步骤19 使用"矩形工具"绘制图形

为了确定材质图像的摆放位置，设置前景色为R186、G22、B22，选择"矩形工具"，在标题左下方绘制一个红色的矩形。

步骤20 复制手链素材并锐化图像

再次打开手链素材图像，用"移动工具"将其拖曳至新建的文件中，命名为"手链2"图层，将该图层创建为智能对象图层。为了让手链细节更清晰，执行"滤镜>锐化>USM锐化"菜单命令，设置滤镜选项，锐化图像。

步骤21 创建剪贴蒙版隐藏图像

锐化图像后，需要把不需要突出表现的部分隐藏。执行"图层>创建剪贴蒙版"菜单命令，创建剪贴蒙版，将矩形外的其他商品图像隐藏起来。

步骤22 输入文字

选择"横排文字工具"，选择较粗的方正大标宋作为主文字字体，在手链旁边单击并输入材质"黑玛瑙"。为了让文字的层次关系更突出，调整文字字体和颜色等，继续输入更多描述文字。

步骤23 继续完成更多图形及文字的设计

由于这里的手链所使用的材质并不止一种，为了表现更多的材质特征，将"组4"图层组复制，创建"组4拷贝"和"组4拷贝2"图层组。根据版面需要调整图层组中的图像位置，并根据展示的细节设置相关的文字信息，完成本实例的制作。

 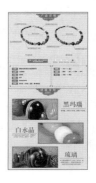

实例 109　多彩的美甲商品描述设计

本实例是为某品牌指甲油设计的商品描述页面，图像中为了突出指甲油瓶色彩鲜亮、保持时间长久等优点，将指甲油瓶抠取出来放置在画面的中间位置，并结合相关的文字加以补充说明。此外，为了便于顾客了解商品的具体效果，在画面底部展示了涂抹指甲油后的指甲效果。画面中鲜艳的色彩搭配既符合女性的审美特征，也增强了画面的表现力。

素　材	随书资源\素材\13\05、06.jpg
源文件	随书资源\源文件\13\多彩的美甲商品描述设计.psd

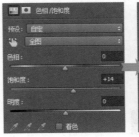 

步骤01　复制并抠取指甲油瓶图像

启动Photoshop程序，新建一个文件，打开素材文件05.jpg，把照片拖曳至新建的文件中。由于受到拍摄环境的影响，背景颜色太暗了，也不是很好看，所以用"橡皮擦工具"把照片的原背景擦掉，使画面显得更为干净。

步骤02　设置"色相/饱和度"去除杂色

按下快捷键Ctrl++，适当放大图像，可以看到因为拍摄原因，指甲油瓶的黑色瓶盖上出现了蓝色的反光，影响了画面的整体效果。因此创建"色相/饱和度1"调整图层，打开"属性"面板，在面板中选择"蓝色"，把"饱和度"滑块向左拖曳至-100位置，去掉蓝色的反光。

步骤03　调整"色相/饱和度"

由于原照片中指甲油瓶的颜色偏灰，与实物颜色相差较大，所以需要对饱和度加以提升。创建"色相/饱和度2"调整图层，打开"属性"面板，先对整体饱和度进行设置，将"饱和度"滑块向右拖曳至+14位置，再选择"红色"，用于调整指甲油瓶的颜色，分别向右拖曳"色相""饱和度"和"明度"滑块。

步骤04 继续调整"色相/饱和度"

为了使照片中每个指甲油瓶的颜色都变得更加鲜艳，继续在"属性"面板中对色相/饱和度进行调整。分别选择"绿色""蓝色""青色"和"洋红"选项，然后对选中颜色的"色相""饱和度"进行相应的设置。

步骤05 设置"色阶"增强层次感

经过上一步操作，指甲油瓶的颜色虽然变鲜艳了，但是因为对比度不强，瓶子的质感没有突显出来。因此创建"色阶1"调整图层，打开"属性"面板，向右拖曳黑色滑块，使照片中指甲油瓶的暗部区域变得更暗，再向左拖曳灰色滑块，使中间调部分也变暗，设置后在图像窗口中可看到更加闪亮有层次的商品效果。

步骤06 绘制图形并创建剪贴蒙版

添加主商品指甲油瓶后，为了让顾客更直观地感受到指甲油的效果，还需要添加涂抹指甲油后的手指甲效果。选择"矩形工具"，在瓶子下方绘制一个黑色的矩形，打开素材文件06.jpg，把打开的照片复制到矩形上。执行"图层>创建剪贴蒙版"菜单命令，创建剪贴蒙版，控制显示范围。

步骤07 创建"黑白"调整图层转换颜色

本实例主要是表现指甲油的效果，所以需要对涂抹指甲油的素材图像颜色进行调整。创建"黑白1"调整图层，在打开的"属性"面板中单击"自动"按钮，自动调整颜色值，去掉彩色，让画面色彩变得更简单。

步骤08 用"渐变工具"编辑图像

由于此处只需要对手指部分的颜色进行去除，以突出指甲油效果。因此，选择"渐变工具"，在选项栏中单击渐变条右侧的下拉按钮，在展开的"渐变"拾色器中单击"黑，白渐变"，将鼠标移至指甲图像下方，从下往上拖曳线性渐变，当拖曳至合适位置后释放鼠标，还原上半部分的指甲的颜色。

步骤09　使用"矩形工具"绘制绿色矩形

处理指甲图像后，还需要输入商品的介绍信息。为了迎合指甲油环保健康的特质，把前景色设置为绿色R65、G94、B2，选择"矩形工具"，在手指甲下方单击并拖曳鼠标，绘制一个绿色矩形，并适当调整其混合模式。

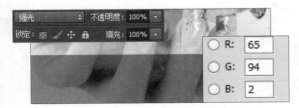

步骤10　使用"自定形状工具"绘制花朵图案

选择"自定形状工具"，单击"形状"右侧的下拉按钮，在展开的"形状"拾色器中单击"模糊点2边框"形状，然后在矩形上单击并拖曳鼠标，绘制一朵白色的小花图案。

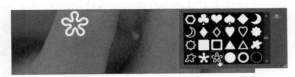

步骤11　设置并输入文字

选择"横排文字工具"，在绘制的花朵图案旁边输入文字"魔指世界"，打开"字符"面板，对文字属性进行设置。为了方便顾客阅读，将文字的字体设置为较规整的方正黑体，文字的颜色设置为白色。

步骤12　输入文字并对齐文本

继续使用"横排文字工具"在图形上完成更多文字的输入，输入后感觉画面的视觉中心不够突出。打开"段落"面板，单击面板中的"居中对齐文本"按钮，以居中对齐的方式安排输入的文字。

步骤13　绘制圆角矩形添加文字

为了便于顾客掌握指甲油的颜色信息，可以在对应的指甲油瓶下方绘制颜色相近的图像并附上文字说明。选择"吸管工具"在蓝色的瓶子中间位置单击，将前景色设置为R77、G204、B254，选择"圆角矩形工具"，在瓶子下绘制一个蓝色的圆角矩形，选择"横排文字工具"，在圆角矩形上输入文字"清新蓝"。

步骤14　继续绘制图形输入文字

继续使用同样的方法，在另外几个指甲油瓶下方绘制对应颜色的圆角矩形，然后输入相应的颜色信息。

步骤15　继续进行文字与图形的绘制

使用同样的方法，运用图形绘制工具和"横排文字工具"在画面上半部分的空白区域添加更多的商品描述信息，完成本实例的制作。

实例 110 | 指示更多细节的商品描述设计

　　本实例是为某品牌女鞋设计的商品描述图，在设计时使用白色作为背景，先在画面中展示鞋子的整体效果，并设置具体的货号、材质、尺码等基本信息，再将鞋子的细节放大，通过图形与文字对商品细节进行点缀和说明，达到轻快、简洁的效果。

设计分析

　　► 设计要点 01：女鞋商品信息区域中的尺码、货号等信息内容较多，为了清晰地展示出信息，同时将不同信息区分开，使用"矩形工具"绘制了多个矩形放置文字，让顾客阅读起来更轻松。

　　► 设计要点 02：为了让鞋子的细节与文字联系更加紧密，在设计时使用线条进行修饰，既增强了设计感，也使画面更为紧凑。

　　► 设计要点 03：采用局部图解的方式，将鞋子的重要细节部分单独展示出来，让顾客更清楚鞋子的特点，是否是自己所需要的商品。

版式分析

　　本实例分为上、下两个部分，上半部分采用左图右文的方式对商品进行详细介绍，下半部分则使用多个圆形对版面进行分隔，在主商品周围形成圆形的弧形，能够更好地引导顾客的视线，向顾客展示更多的鞋子细节。

素 材	随书资源\素材\13\12、13.jpg
源文件	随书资源\源文件\13\指示更多细节的商品描述设计.psd

配色方案

　　为了使顾客能够更为清楚、直观地看到鞋子的整体和局部效果，画面采用白色作为背景色，与浅色的高跟鞋风格更加统一。此外，为了增强画面的色彩表现力，在标题图案上使用较鲜艳的红色与蓝色搭配，为单调的画面增加了色彩，使得画面简单又不失美感。

技术要点

　　► 结合"矩形工具"和"横排文字工具"进行标题栏的设计。

　　► 把鞋子素材 12.jpg 复制到画面上半部分，使用"钢笔工具"抠出高跟鞋，得到更干净的画面，并在右侧输入对应的商品介绍信息。

　　► 用"钢笔工具"将鞋子素材 13.jpg 抠出并复制到画面下半部分，应用"椭圆工具"和"矩形工具"绘制图形，通过创建剪贴蒙版进行商品细节的展示。

实例 111　突出品牌文化的商品描述设计

本实例是为某品牌女鞋设计的商品详情页，画面中利用灰度图像和彩色图像进行搭配，色彩之间的对比让品牌文化更加突出，同时搭配相关的文字信息，为顾客呈现出完整的品牌视觉传播效果。

素　材	随书资源\素材\13\14.jpg～17.jpg
源文件	随书资源\源文件\13\突出品牌文化的商品描述设计.psd

设计分析

▶　设计要点 01：将文字的字体进行多样化处理，并与图形相搭配，得到更具有艺术感的标题栏。

▶　设计要点 02：将照片的颜色处理为灰色，突出了品牌的历史感，同时利用色彩将设计元素的层次关系突显出来。

▶　设计要点 03：将品牌的发展历史以视觉化的坐标轴方式表现出来，为顾客留下直观的品牌印象。

版式分析

本实例在布局上较为灵活，画面通过图像作引导线，对版面中的各个区域进行分隔，并利用工整的文字设计，让画面在错落有致的同时不会给人带来凌乱的感受。

配色方案

本实例在配色时，为了突出鞋子品牌悠久的历史，用浅黄色作为背景色，同时在画面中利用无彩色和有彩色的对比差异，深化了品牌文化，使整个设计显得更有创意。

技术要点

▶　使用"移动工具"把拍摄的素材照片复制画面中，通过创建剪贴蒙版把多余的图像隐藏。

▶　用"横排文字工具"在图像旁边输入文字，为了突出文字的主次关系，对文字的字体、大小、颜色进行调整。

▶　使用图形绘制工具在图像中绘制图形，完善整体效果。

实例 112 | 简洁明快的售后服务描述设计

本实例是为某店铺设计的售后服务描述页面，为了方便顾客阅读购买商品的整个服务流程，让顾客知道当购买商品后遇到质量、色差、发货等问题时，如何能够在最快、最短的时间内解决问题，在画面中使用不同颜色的图形来突出展示，画面划分显得更为明确、精细。

素 材	随书资源\素材\13\07.psd～11.psd
源文件	随书资源\源文件\13\简洁明快的售后服务描述设计.psd

► **设计要点 01**：画面中用简单的卡通图案代替文字信息，增加了图像的表现力，方便观者更直观地感受专业的售后服务。

► **设计要点 02**：在图像下方用不同颜色的矩形突显具体的关于商品质量、破损、色差等问题的解决和处理方法，为顾客免去后顾之忧。

► **设计要点 03**：画面中心的文字通过不同颜色与下方的图形区分开，增强了文字的可读性。

版式分析

本实例的版式设计使用不同颜色的矩形对商品质量、破损、色差等常见问题进行分隔，在每组信息中，使用默认的左对齐方式安排文字，帮助顾客解决商品购买过程中的各类问题。

配色方案

为了让单调的商品售后问题变得更有趣味性，本实例在画面中运用了多种不同色相的颜色进行搭配，通过在画面中绘制各种不同颜色的圆角矩形来表现关于商品质量、商品色差、商品发货等问题的解决方案，增强顾客的信任感，进而让顾客能够更放心地购买商品。

技术要点

► 使用"圆角矩形工具"在画面中绘制图形，利用"移动工具"把相关的矢量图标复制到绘制的圆角矩形中。

► 使用"横排文字工具"在图形上输入文字，并根据版面调整输入文字的大小、颜色等。

► 利用"自定形状工具"绘制白色的箭头，清晰地表达商品的购买流程。

实例 113　复古质感的售后服务流程设计

在商品细节描述区，除了要展示商品的细节、功效外，还需要将网店购物流程、退换货流程等添加到描述区。本实例即是为某店铺设计的售后服务流程图，画面选择了具有复古风格的图像作为背景图像，通过文字与图形的完美搭配，向顾客完整地展示了整个流程。

素　材	随书资源\素材\13\18.jpg
源文件	随书资源\源文件\13\复古质感的售后服务流程描述.psd

设计分析

▶　**设计要点 01**：由于版面中文字较多，所以在设计的时候为了方便顾客阅读，使用图标对文字内容进行指示，以归纳总结的方式提示顾客阅读整个服务流程。

▶　**设计要点 02**：画面中通过文字与图形的结合，以箭头作为联系元素，突出整个流程中各环节的先后顺序，让画面看起来更具有视觉导向性。

配色方案

本实例将深蓝色和深红色相搭配，利用色相之间的强烈反差，突出设计图中的重点信息，让顾客能够在第一时间抓住画面中的关键信息。

版式分析

在本实例中，采用了单向垂直排列的页面布局方式来安排内容，既符合人们的阅读习惯，又增加画面的稳定感。同时，在细节划分上又适当应用水平排列的布局方式进行变换，让版面显得更有条理性。

技术要点

▶　使用"移动工具"把底纹素材拖曳至新建的文件中，通过更改混合模式加深纹理效果。

▶　使用"椭圆工具"和"圆角矩形工具"绘制规则的几何图形，在绘制的图形中添加自定义形状，结合图层样式为图形设置浮雕效果，增强立体感。

▶　结合"横排文字工具"和"字符"面板在画面中输入对应的详细信息。

第 14 章
优惠券与收藏区设计

在网店页面中，除了店招、导航、欢迎模块和商品细节描述外，还包含关于店铺优惠信息的优惠券和收藏内容的收藏区，它们的设计较为丰富，大小也不固定，会根据页面整体设计而发生相应的变化。设计优惠券和收藏区时，有时还可以根据网店装修风格将它们与促销广告、导航栏等其他模块组合起来，让顾客在浏览页面时，更方便地领取店铺中提供的优惠券或者将喜欢的商品或店铺添加至个人收藏夹。

本章内容

实例 114 | 优惠券与促销广告的完美结合

　　在设计优惠券的时候，有时也会将其与欢迎模块、促销广告结合起来设计，让顾客对商品产生兴趣的同时，及时领取优惠券购买商品。本实例将通过具体的操作步骤讲述如何在促销广告中引入优惠券的设计。

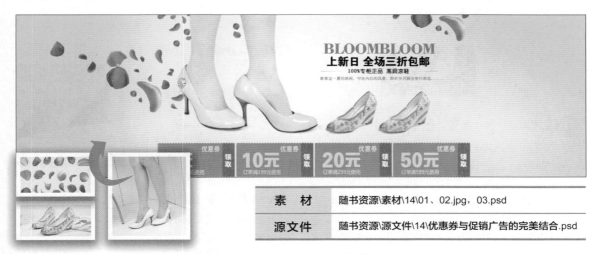

素　　材	随书资源\素材\14\01、02.jpg，03.psd
源文件	随书资源\源文件\14\优惠券与促销广告的完美结合.psd

步骤01 创建图层组绘制背景图案

启动Photoshop程序，新建一个文档，由于设计中会包含较多的图层，为了方便管理和编辑图层，创建"广告"图层组，然后在组中新建"文案""花瓣"和"背景"图层组。选中"背景"图层组，新建"图层1"图层，把前景色设置为R255、G191、B192，按下快捷键Alt+Delete，将背景填充为粉红色，定义图像的风格。

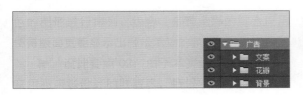

步骤02 用"画笔工具"编辑图层蒙版

填充颜色后发现画面颜色显得很单一，没有层次感。所以为此图层添加图层蒙版，选择"画笔工具"，设置前景色为黑色，在画面中间位置涂抹，得到渐变的背景效果。

步骤03 复制并添加鞋子图像

既然是促销广告，那么主要商品必须是要有的。打开素材文件01.jpg，选择"移动工具"，把图像拖曳至新建文件的中间位置，再按下快捷键Ctrl+T，调整图像大小，然后添加图层蒙版，把多余的背景隐藏。

步骤04 设置"表面模糊"滤镜模糊图像

按下快捷键Ctrl++，放大图像，可以看到模特皮肤上纤细的汗毛，使得皮肤看起来不够光洁。按下快捷键Ctrl+J，复制图层，创建"图层2拷贝"图层，执行"滤镜>模糊>表面模糊"菜单命令，设置滤镜，模糊图像。

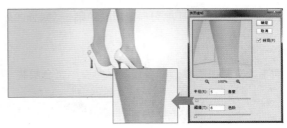

步骤05 编辑蒙版还原清晰的主体对象

由于磨皮是针对皮肤的，而上一步操作对鞋子也进行了模糊，因此选择"画笔工具"，设置前景色为黑色，在高跟鞋位置涂抹，还原清晰的鞋子效果。

步骤06 设置"曲线"调整肤色

经过磨皮，虽然模特的皮肤变得光滑、细腻了，但是皮肤颜色还是偏黄，不够白皙。按住Ctrl键不放，单击"图层2拷贝"图层蒙版，载入选区。创建"曲线1"调整图层，在打开的"属性"面板中单击并向上拖曳曲线，提亮肤色，再选择"蓝"选项，单击并向上拖曳曲线，使皮肤颜色更加白皙。

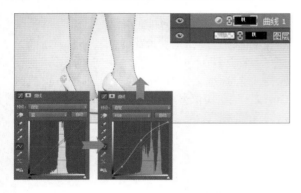

步骤07 设置"色彩平衡"修饰鞋子颜色

调整了皮肤颜色，接下来是鞋子颜色的调整。创建"色彩平衡1"调整图层，打开"属性"面板，在面板中设置颜色选项，加深红色和黄色。设置后用黑色画笔在鞋子外的区域涂抹，还原其颜色。

步骤08 用"色相/饱和度"更改颜色

原照片中的鞋子颜色与背景色过于相似，使得主体不够突出。按住Ctrl键不放，单击"色彩平衡1"调整图层蒙版，载入选区。新建"色相/饱和度1"调整图层，在打开的"属性"面板中拖曳"色相"和"饱和度"滑块，将鞋子颜色设置为优雅的蓝色。

步骤09 复制图像并调整女鞋大小

打开素材文件02.jpg，把图像复制到新建的文件中，得到"图层3"图层。由于原素材图像尺寸太大，按下快捷键Ctrl+T，打开自由变换编辑框，对图像进行缩小，以适合版面效果。

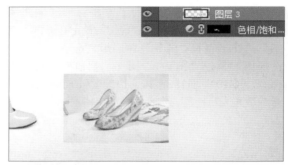

步骤10 创建图层蒙版隐藏多余背景

确保"图层3"图层为选中状态，单击"图层"面板中的"添加图层蒙版"按钮，为"图层3"图层添加图层蒙版。选择"画笔工具"，把前景色设置为黑色，在高跟鞋旁边的背景处涂抹，将多余的背景隐藏。

步骤 11　载入选区并复制选区内的图像

为了向顾客展示不同颜色的鞋子效果，给顾客更多的选择，可以添加更多不同颜色的高跟鞋。按住Ctrl键不放，单击"图层3"蒙版缩览图，载入选区。按下快捷键Ctrl+J，复制选区内的图像，得到"图层4"图层，把复制的图层中的鞋子向左移至另一位置。

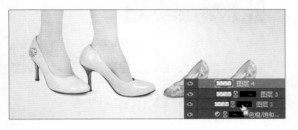

步骤 12　使用"色相/饱和度"调整鞋子颜色

按住Ctrl键不放，单击"图层4"图层缩览图，载入新的鞋子选区。新建"色相/饱和度2"调整图层，打开"属性"面板，在面板中选择"青色"，把"色相"滑块向右拖曳至红色位置，把鞋子颜色更改为红色，再向右拖曳"饱和度"滑块，提高颜色饱和度。

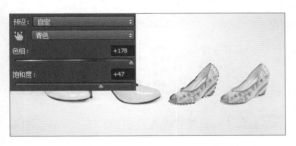

步骤 13　使用"套索工具"抠取素材

经过前面的操作，完成了主商品高跟鞋的处理，接下来是装饰元素的添加。单击"花瓣"图层组，打开素材文件03.psd，选择"套索工具"，在花瓣图像中单击并拖曳鼠标，选中其中一个花瓣图像，然后选择"移动工具"，把选区内的花瓣拖至鞋子旁边。

步骤 14　复制花瓣图像

由于此画面中不止需要一片花瓣，为了得到更多飘散的花瓣效果，连续按下快捷键Ctrl+J，复制更多的花瓣图像，然后将其拖曳至不同的位置，根据画面需要再适当调整花瓣的大小。

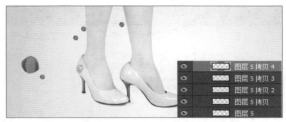

步骤 15　添加更多花瓣装饰

打开花瓣素材图像，继续使用同样的方法，将更多的花瓣图像拖曳至鞋子图像上。选中其中一片花瓣图像，创建"色相/饱和度3"调整图层，在打开的"属性"面板中设置参数，调整花瓣的颜色，统一图像颜色。

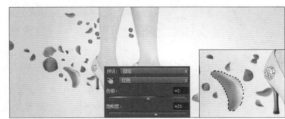

步骤 16　在图像右侧输入促销信息

选择所有花瓣图层，按下快捷键Ctrl+Alt+E，盖印选中图层，然后将盖印得到的花瓣图像移至鞋子的右侧，最后单击"文案"图层组，在画面中输入广告促销文字。

步骤17 用"矩形工具"绘制矩形

制作好广告图像后，接下来是优惠券的制作。新建"优惠券1"图层组，设置前景色为R243、G88、B98，选择"矩形工具"，在广告图像下方单击并拖曳鼠标，绘制一个红色的矩形。

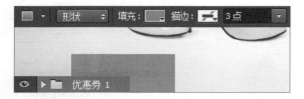

步骤18 绘制颜色深一些的矩形

将前景色更改为R203、G30、B60，在已绘制的矩形旁边再绘制一个颜色较深的矩形，组成优惠券基本形态。

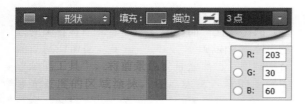

步骤19 使用"自定形状工具"绘制图形

为了让绘制的优惠券更漂亮，选择"自定形状工具"，单击"形状"右侧的下拉按钮，在展开的"形状"拾色器中单击"邮票"形状，在矩形上方单击并拖曳鼠标，绘制邮票图形。

步骤20 复制图形并排图形效果

连续按下两次快捷键Ctrl+J，复制两个邮票图形，调整其位置，得到并排的图形效果，然后将邮票图形合并，得到"形状1"图层。

步骤21 复制图形调整位置

按下快捷键Ctrl+J，复制"形状1"图层，得到"形状1拷贝"图层。选择"移动工具"，把复制的图形向下拖曳到红色矩形下方，得到对称的图形效果。

步骤22 创建蒙版制作锯齿状边缘

隐藏"形状1"和"形状1拷贝"图层，为"矩形1"添加图层蒙版，按住Ctrl键不放，单击"形状1"图层缩览图，载入选区，单击"矩形1"图层蒙版，按下快捷键Alt+Delete，将选区填充为黑色。再按住Ctrl键不放，单击"形状1"图层缩览图，载入选区，单击"矩形1"图层蒙版，按下快捷键Alt+Delete，将选区填充为黑色，得到锯齿状的边缘效果。使用同样的方法，为"矩形2"图层设置相同的蒙版效果。

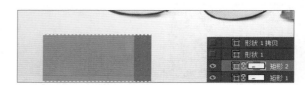

步骤23 设置并输入文字

经过前面的操作，完成了优惠券外形的绘制，下面就是优惠券文字信息的输入。选用"横排文字工具"在优惠券中间输入数字5，为了突出优惠券面值，把字体设置为较粗的方正综艺简体，颜色设置为黄色。继续使用同样的方法，进行更多文字和优惠券的设计，完成本实例的制作。

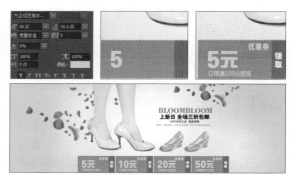

实例 115 　文艺复古风格的优惠券设计

　　本实例是为某品牌服装店设计的优惠券，在设计过程中将优惠券与促销广告结合在一起，表现优惠券适用的范围为秋季上新商品。同时，针对不同顾客的购买力，设置了多种不同面额的优惠券，为顾客提供了更多的选择。

素　材	随书资源\素材\14\04.jpg、05.psd
源文件	随书资源\源文件\14\文艺复古风格的优惠券设计.psd

步骤 01 　复制图像创建选区

启动Photoshop程序，新建一个文档，新建"背景图"图层组，打开素材文件04.jpg，把图像拖曳至"背景图"图层组中。由于图像下方需要添加优惠券，所以用"矩形选框工具"选择图像上半部分，单击"添加图层蒙版"按钮，添加蒙版，把选区外的图像隐藏。

步骤 02 　用"曲线"提亮图像

由于本实例需要制作文艺复古风格的图像，而原图像明显太暗了，与要表现的风格不太吻合，所以需要对色调进行调整。按住Ctrl键不放，单击"图层1"图层蒙版，载入选区，新建"曲线1"调整图层，先提亮图像。

步骤 03 　设置"颜色填充"图层填充颜色

设置后发现图像还是很暗，创建"颜色填充1"调整图层，将填充颜色设置为R249、G242、B226，设置后将图层混合模式设置为"叠加"，"不透明度"设置为69%，叠加高亮的颜色，使图像变得更亮。

步骤04　用"画笔工具"修饰细节

经过上一步操作，虽然提亮了图像，但是模特面部有点曝光过度了。因此单击"颜色填充1"调整图层蒙版，选用黑色画笔在模特面部皮肤位置涂抹，还原该区域的图像亮度。

步骤05　复制图层更改蒙版

为了让图像的高光部分变得更亮，按下快捷键Ctrl+J，复制图层，得到"颜色填充1拷贝"图层，再选择"画笔工具"，设置前景色为黑色，在画面下半部分涂抹，还原隐藏部分的图像影调。

步骤06　设置"色阶"进一步提亮画面

新建"色阶1"调整图层，打开"属性"面板，在面板中将灰色滑块向左拖曳，降低图像中间调部分的亮度。此时在图像窗口中可看到调整后的图像变得更加唯美。

技巧提示："色阶"选项滑块的设置

"色阶"选项下包括**3**个选项滑块，拖曳黑色滑块，可以调整图像中阴影部分的亮度；拖曳灰色滑块，可以调整图像中间调部分的亮度；拖曳白色滑块，可以调整图像中高光部分的亮度。

步骤07　绘制正圆图形

处理好背景图像后，为了突出服饰品牌文化，将前景色设置为R213、G197、B171，选择"椭圆工具"，按住Shift键不放，在图像中间单击并拖曳鼠标，绘制正圆图形，绘制后将图层的"不透明度"调整为55%。

步骤08　添加枫叶图像并输入文字

选择"横排文字工具"，在画面中单击并输入相应的文字。输入后打开素材文件05.psd，将其拖曳至椭圆图形下方。按住Ctrl键不放。单击"椭圆1"图层缩览图，载入选区，单击"添加图层蒙版"按钮，添加蒙版，把椭圆内部的枫叶图像隐藏。

步骤09　用"矩形工具"绘制图形

完成背景的设置后，接下来进行优惠券的绘制。为了方便设置和管理优惠券信息，新建"优惠券1"图层组，先设置前景色为R253、G250、B180，用"矩形工具"绘制一个黄色矩形，再将前景色设置为R254、G113、B141，用"矩形工具"绘制一个粉红色矩形。

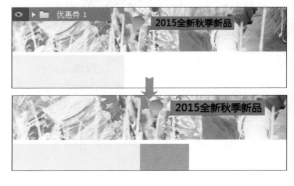

步骤 10 **使用"自定形状工具"绘制图形**

由于大多数优惠券的边缘都是锯齿状的，因此选择"自定形状工具"，单击选项栏中"形状"右侧的下拉按钮，在展开的"形状"拾色器中单击"邮票"形状，设置前景色为R254、G113、B141，绘制红色的邮票图形，使其与下方的矩形组合。

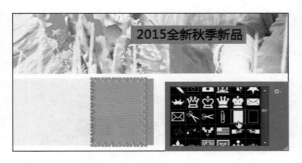

步骤 11 **用"钢笔工具"绘制三角形效果**

为了使绘制的优惠券表现出立体的视觉效果，还需要为其添加投影。选择"钢笔工具"，设置前景色为灰色，绘制模式为"形状"，在优惠券左下角连续单击，绘制三角形效果。

步骤 12 **设置"高斯模糊"滤镜模糊图像**

绘制后，投影看起来太假，为了让投影更加逼真，需要进行模糊处理。在模糊图像前，先将形状栅格化，创建"图层3"图层。执行"滤镜>模糊>高斯模糊"菜单命令，打开"高斯模糊"对话框，在对话框中设置"半径"选项，模糊图像。

步骤 13 **复制图形并调整投影位置**

在优惠券一侧添加投影后，另一侧也需要添加相同的投影效果。按下快捷键Ctrl+J，复制图层，得到"图层3拷贝"图层。执行"编辑>变换路径>水平翻转"菜单命令，水平翻转图像，再适当调整其位置，得到对称的投影效果。

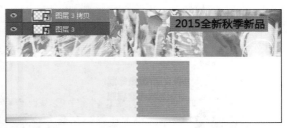

步骤 14 **在矩形上输入优惠券信息**

经过前面的操作，完成了优惠券的绘制。为了让顾客了解优惠券的面值和使用要求，选择"横排文字工具"，在优惠券上输入相应的优惠信息，为了表现文字层次关系，输入后可结合"字符"面板对文字的颜色、大小进行调整。

步骤 15 **复制图层组更改优惠券信息**

由于一个店铺中的优惠券面额往往不止一种，所以将"优惠券1"图层组复制，把复制的优惠券向右移至不同的位置，然后选择"横排文字工具"，单击优惠券中的文字，对优惠券的面额和使用要求进行更改。至此，已完成此实例的制作。

实例 116 | 统一风格的优惠券设计

本实例是为某天猫店铺设置的优惠券，通过选用靓丽的蓝色、黄色、红色等不同的颜色块突出优惠信息，让顾客一眼就注意到店铺的优惠信息，吸引顾客的眼球。此外，利用字体的大小营造出一定的层次感和主次感，使画面中的重点信息更加突出。

| 源文件 | 随书资源\源文件\14\统一风格的优惠券设计.psd |

设计分析

▶ **设计要点 01：** 画面采用了不同颜色的色块来区分各种不同的区域，鲜艳的色彩搭配给人带来愉悦的心情。

▶ **设计要点 02：** 画面中使用粗体文字将店铺优惠券不同的面额呈现出来，为顾客提供了更多的选择，方便顾客在购买商品时领取更合适的店铺优惠券。

▶ **设计要点 03：** 上、下分隔的版式布局让页面中各部分的功能划分更加明确。

版式分析

本实例将画面分为上、下两个区域，上半部分为优惠券领取的步骤与方法，下半部分则为不同面额的优惠券，这种安排方式让功能分布更加清晰，易于被顾客接受，给人整齐有序的感觉。

配色方案

不同的颜色可以带给人不同的视觉感受，由于本实例中的优惠券有不同的面额和适用范围，所以在设计使中用蓝色、红色和绿色 3 种不同的颜色进行表现，使得简单的优惠券领取也变得多姿多彩，从而激发顾客的购买热情。

技术要点

▶ 使用"矩形工具"在画面中绘制同等大小的矩形，并根据版面需要对矩形的颜色进行调整，再用"自定形状工具"对矩形的边缘进行修饰，得到锯齿状的边缘效果。

▶ 使用"圆角矩形工具"在优惠券下方绘制图形，对绘制的图形进行模糊处理，设置为投影效果。

▶ 使用"横排文字工具"为画面添加所需的文字信息，并通过"字符"面板设置文字属性。

实例 117　卡通风格的优惠券设计

本实例是为某店铺设计的优惠券，制作时通过使用可爱的卡通形象来拉近顾客与店铺之间的距离，增加画面的亲切感，而整个画面采用统一的色调，让顾客的视觉体验更加良好，更容易得到其认可。下面分析此实例的设计要点、版面布局等。

素　材	随书资源\素材\14\06.jpg、07.psd
源文件	随书资源\源文件\14\卡通风格的优惠券设计.psd

设计分析

▶ **设计要点 01**：将优惠券信息添加到画面中，激发顾客的购买欲望。

▶ **设计要点 02**：通过添加卡通形象加以修饰，让简单的画面更富有乐趣，而背景中浅浅的底纹为画面增添了动感。

▶ **设计要点 03**：在文字信息的处理上，使用变化而协调的字体组合让枯燥的文字更有视觉跳跃感，同时也让画面中要表现的信息的主次更加分明。

版式分析

本实例在版面的处理上采用了较紧凑的布局安排内容，图像分为左、右两个部分，左侧为优惠券，右侧则为收藏区，两个部分进行了合理分隔，让人感觉在统一中产生了细微的变化，整个布局显得自然、灵活。

配色方案

棕色常常让人联想到自然、泥土等，它给人以质朴、可靠的感觉。在本实例中，为了获得顾客更多的信任感，整个画面以浅棕色为主色调，并与颜色相近的卡通形象相搭配，营造出温暖的怀旧情愫，让顾客感觉更加亲切。

技术要点

▶ 使用"移动工具"把底纹和卡通图像拖曳至新建的文件中，为图像添加装饰元素。

▶ 应用"横排文字工具"在画面中输入优惠券信息，为表现立体的文字效果，使用"图层样式"为文字添加描边和颜色叠加等效果。

▶ 使用"矩形工具"在输入的文字下方绘制矩形，突出优惠券信息。

实例 118 | 手绘风格的收藏区设计

　　本实例是为家居用品店设计的收藏区，在设计过程中将拍摄的家居用品照片转换为手绘风格，通过调整颜色使其与店铺装修风格统一起来。为方便顾客了解更多商品，还在图像左下角使用不同的家居照片来展示，突出了店铺中商品的多样性。

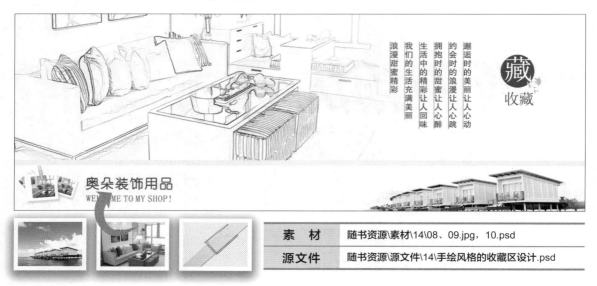

素　材	随书资源\素材\14\08、09.jpg，10.psd
源文件	随书资源\源文件\14\手绘风格的收藏区设计.psd

步骤 01　在新建的文件中为背景填充颜色

启动Photoshop程序，新建一个文档，将前景色设置为R241、G232、B227，按下快捷键Alt+Delete，运用设置的前景色填充背景，定义收藏区的整体风格。

步骤 02　复制家居素材至背景中

打开素材文件08.jpg，选择"移动工具"，把图像拖曳至新建文档的左侧。由于原素材照片尺寸太大，按下快捷键Ctrl+T，对图像进行缩小设置以符合画面需要。

步骤 03　设置滤镜模糊图像

执行"滤镜>模糊>高斯模糊"菜单命令，在打开的对话框中设置选项，模糊图像，再执行"滤镜>模糊>特殊模糊"菜单命令，在打开的对话框中设置选项，进一步模糊图像。

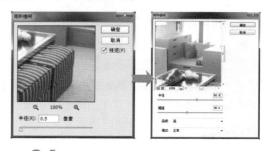

步骤 04　执行"去色"命令去掉颜色

按下快捷键Ctrl+J，复制家居图像，得到"图层1拷贝"图层。执行"图像>调整>去色"菜单命令，去除图像颜色，再按下快捷键Ctrl+J，复制图层，得到"图层1拷贝2"图层。

步骤05 反相图像应用"最小值"滤镜

执行"图像>调整>反相"菜单命令，反相图像。为了突出暗部区域的轮廓，执行"滤镜>其他>最小值"菜单命令，打开"最小值"对话框，在对话框中设置参数，单击"确定"按钮。

步骤06 更改图层混合模式

返回图像窗口，选择"图层1拷贝2"图层，将此图层的混合模式设置为"颜色减淡"，此时可以看到将照片转换为手绘线稿效果。选择"图层1""图层1拷贝"和"图层1拷贝2"图层，按下快捷键Ctrl+Alt+E，盖印选中图层，得到"图层1"图层，降低"不透明度"至70%。

步骤07 用"渐变工具"设置渐隐的画面效果

选择"矩形工具"，在"图层1"图层下方绘制一个矩形，然后单击"图层1"图层，添加图层蒙版，选择"渐变工具"，在选项栏中设置各项参数后，从图像右侧向左拖曳渐变，创建渐隐效果，使家居图像融入到背景中。

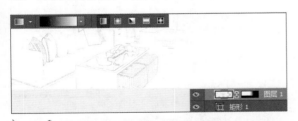

技巧提示：渐变类型的选择

在"渐变工具"选项栏中提供了"线性渐变""径向渐变""角度渐变""对称渐变"和"菱形渐变"5种不同的渐变类型，只需要单击对应的渐变按钮，就可以选择该类型的渐变。

步骤08 调整线稿颜色

由于转换后的手绘图像为黑白效果，与背景颜色不协调，所以还需要对图像进行着色。按住Ctrl键不放，单击"图层1"图层蒙版，载入选区。新建"颜色填充1"调整图层，设置填充色为R148、G106、B55，设置后将图层混合模式调整为"颜色加深"。

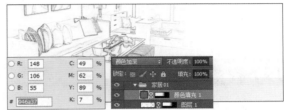

步骤09 设置"色彩平衡"平衡图像颜色

经过上一步操作，家居图像由黑白转换为彩色效果，但是其颜色与背景颜色还是不协调，还需要平衡其色彩。创建"色彩平衡1"调整图层，打开"属性"面板，在面板中分别对"阴影"和"中间调"颜色进行设置，使家居图像由黄色转换为暗红色。

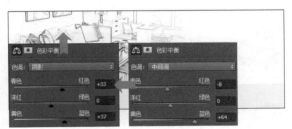

步骤10 设置"色阶"和"可选颜色"

创建"色阶1"调整图层，在打开的"属性"面板中设置选项，调整图像的亮度。新建"选取颜色1"调整图层，打开"属性"面板，在面板中对"红色"进行调整。调整后在图像窗口中看到家居商品颜色与画面整体的色调变得更加统一了。

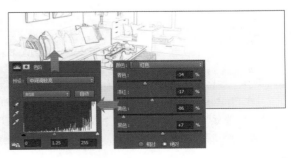

步骤 11　添加另外的素材图像

为了使画面变得更加丰富，可以再添加一些图像。打开素材文件09.jpg，新建"家居02"图层组，选择"移动工具"，把图像拖入"家居02"图层组中，应用与前面相同的方法，对图像进行颜色和显示区域的调整，把图像拼合到一起。

步骤 12　复制家居商品图像至文件左下角

新建"家居03"图层组，把素材文件08.jpg复制到此图层组中，按下快捷键Ctrl+T，打开自由变换编辑框，对图像进行缩放操作，使图像变得更小。

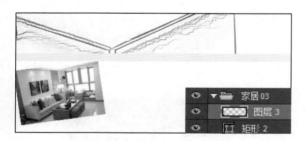

步骤 13　创建蒙版隐藏部分图像

选择"矩形工具"，在家居图像上绘制白色的矩形背景，然后选择"多边形套索工具"，在家居图像中连续单击，创建选区。单击"图层"面板中的"添加图层蒙版"按钮，添加蒙版，再把夹子图像10.psd复制到画面中，制作成相夹效果。

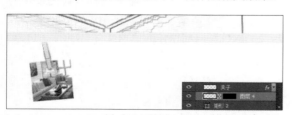

步骤 14　设置"投影"样式为相框添加投影

为了让添加的相夹图像呈现立体的视觉效果，选择"矩形2"图层，执行"图层>图层样式>投影"菜单命令，打开"图层样式"对话框，在对话框中设置投影的各项参数，设置后单击"确定"按钮，完成投影的添加。

步骤 15　复制更多的相框及照片

如果图像下方只有一个相夹图像，画面看起来会显得单调，所以把相框与照片盖印，分别移至其左、右两侧，然后根据需要适当调整其大小。

步骤 16　输入文字添加装饰图形

为了收藏区的完整度，结合"横排文字工具"和"直排文字工具"在画面左下角和右侧的留白区域添加文字，并应用图形绘制工具添加简单的图案加以修饰，完成本实例的操作。

技巧提示：图层蒙版的添加与删除

在 **Photoshop** 中，要为图层添加图层蒙版，可以单击"图层"面板底部的"添加图层蒙版"按钮，快速添加图层蒙版；也可以执行"图层 > 图层蒙版 > 显示全部"命令，创建图层蒙版。如果对添加的蒙版不满意，可以单击蒙版缩览图，将其拖曳至"删除图层"按钮，删除蒙版。

实例 119 | 插画风格的收藏区设计

本实例是为儿童用品店设计的收藏区，画面中用卡通图像作为背景，使画面显得更轻松、活泼。同时，在文字的处理上，为了让顾客知道收藏店铺可以得到哪些好处，利用红包、优惠券来吸引顾客的眼球，提高店铺收藏与点击率。

素　材	随书资源\素材\14\11、12.jpg，13.psd
源文件	随书资源\源文件\14\插画风格的收藏区设计.psd

步骤 01　创建图层组复制图像

启动Photoshop程序，新建一个文件，先创建"背景图案"图层组，用于进行背景图案的制作。打开素材文件11.jpg，把图像复制到"背景图案"图层组中，根据版面布局调整图像的大小和位置，直至填满整个画面。

步骤 02　复制图像更改混合模式

由于素材图像为矢量图形，感觉画面太平了，为了增强其质感，打开纹理素材12.jpg，将图像拖曳至"图层1"图层上，得到"图层2"图层，将此图层的混合模式设置为"正片叠底"，"不透明度"设置为46%，为图像叠加纹理效果。

步骤 03　设置"色阶"增强对比

叠加纹理后感觉图像对比不强，有点偏灰。创建"色阶1"调整图层，打开"属性"面板，在面板中选择"增强对比度1"选项，快速提高图像的对比度，使画面更有层次感。

步骤 04 调整"色彩平衡"修饰颜色

创建"色彩平衡1"调整图层，打开"属性"面板，在面板中分别对"阴影"和"中间调"颜色进行调整，加深红色和黄色，增强背景图像的复古感。

步骤 05 用"矩形选框工具"选择图像边缘

为了使图像的层次更加突出，可以对其添加晕影。选择"矩形选框工具"，在选项栏中设置各项参数，设置后沿图像边缘单击并拖曳鼠标，绘制选区，由于这里要选择边缘部分，再按下快捷键Shift+Ctrl+I，反选选区，选择图像。

✎ **技巧提示：羽化选区**

使用选区工具创建选区后，执行"选择 > 修改 > 羽化"菜单命令，打开"羽化选区"对话框，在对话框中可设置选项并羽化选区。

步骤 06 设置"曲线"调整边缘亮度

新建"曲线1"调整图层，打开"属性"面板。要为图像添加晕影，就需要将边缘部分的亮度降低，因此在"属性"面板中单击并向下拖曳曲线。

步骤 07 用"椭圆工具"绘制渐变圆形

经过前面的操作，完成了背景图像的设计，接下来是收藏信息的设置。在输入信息前，用"椭圆工具"在背景右侧绘制一个椭圆形，用"直接选择工具"选中绘制的圆形，调整填充颜色，得到渐变填充的椭圆效果。

步骤 08 设置样式增强立体感

调整椭圆颜色后发现图像还是"浮"于背景中，也没有立体感。执行"图层>图层样式>斜面和浮雕"菜单命令，打开"图层样式"对话框，先在"样式"下拉列表框中选择"内斜面"，然后调整样式选项，再将高光"不透明度"设置为81%，阴影"不透明度"设置为50%，单击"确定"按钮，应用样式。

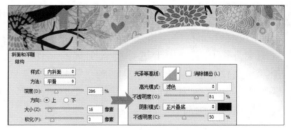

步骤 09 用"横排文字工具"输入文字

选择"横排文字工具"，在椭圆顶部单击并输入文字"收藏有礼"，然后打开"字符"面板，对文字的属性进行调整。由于此文字为主标题文字，所以把字体设置为较粗的方正超粗黑简体，再把文字颜色设置为与背景颜色对比较明显的红色。

步骤 10 添加红包素材并输入更多文字

打开素材文件13.psd，选择"移动工具"，把红包拖至文字右侧。选择"横排文字工具"，在红包旁边输入文字"优惠券免费送"，输入后发现文字字号与"收藏有礼"的字号相同，层次关系没有表现出来，因此将文字字号缩小，得到更有表现力的文字效果。

步骤 11 用"横排文字工具"输入红包面额

为了让顾客被收藏区的红包所吸引，还需要进行红包面额的设置。选择"横排文字工具"，在红包上单击并输入数值"20"，输入后的文字颜色与红包颜色过于接近。打开"字符"面板，把文字颜色更改为黄色，使得红包的面额更能引起顾客的注意。

步骤 12 设置"图层样式"使文字显得更立体

执行"图层>图层样式>斜面和浮雕"菜单命令，打开"图层样式"对话框。在对话框中先设置"斜面和浮雕"样式，让文字呈现立体的浮雕效果，再勾选"投影"复选框，设置"投影"的各项参数，为红包值添加投影效果。

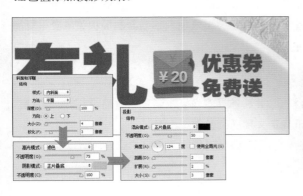

步骤 13 用"钢笔工具"绘制不规则图形

为了吸引顾客，还可以在红包下方输入促销信息。设置前景色为R156、G15、B57，使用"钢笔工具"在文字下方绘制红色的多边形，让绘制的图形与上面的文字风格更加协调。

技巧提示：更改图形外形

　　使用"钢笔工具"绘制图形后，如果需要更改图形的外形轮廓，可选择"直接选择工具"，然后单击图形上的锚点，调整其位置即可。

步骤 14 用"横排文字工具"设置并输入文字

选择"横排文字工具"，打开"字符"面板，在面板中把文字颜色调整为红色，然后在多边形上单击并输入文字。输入后为突出一部分优惠信息，在数值"300"和"60"上单击并拖曳，选中文字，将文字的颜色更改为黄色。

步骤 15 完成更多收藏区文字的设计

继续使用"横排文字工具"在下方绘制文本框，然后在文本框中输入文字，输入后打开"段落"面板，单击面板中的"居中对齐文本"按钮，对齐文字，使画面的视觉中心点更为集中。至此，已完成本实例的制作。

实例 120 | 古典风格的收藏区设计

本实例是为某茶具用品店铺设计的收藏区，主要应用棕色、暗紫色和米白色为画面营造出一种古典怀旧的氛围，通过简短的文字说明和具有代表性的图形来丰富画面，使画面显得设计感十足。

素　材	随书资源\素材\14\14.jpg、15.psd
源文件	随书资源\源文件\14**古典风格的收藏区设计**.psd

设计分析

► **设计要点 01**：使用米格字对"收藏"两个字进行修饰，使画面产生一定的历史感，增强了顾客对店铺的信任。

► **设计要点 02**：将暗紫色茶具剪影放在画面的左侧，能够直观地显示出店铺的商品信息。

► **设计要点 03**：在文字的安排上，通过把输入的"收藏"两个字进行反转设计，使文字更有创意。

版式分析

在版面设计时，采用左图右文的布局方式，通过文字与图形之间的颜色差异让"收藏店铺获得优惠券"这个主题突显出来，从左到右的安排方式更是显示出一种均衡、对称的稳定感。

配色方案

在配色方案中，为了迎合古典风格这一主题，使用了较为复古的米色和棕色，在进行颜色搭配时，为了缓解相近颜色的枯燥感，采用暗红色的色块对重要元素进行突出表现，使画面的层次关系变得更加明朗，也让要表现的主要信息自然而然地成为视觉中心。

技术要点

► 复制纹理素材图像至背景中，调整图层混合模式，并将茶具图像复制到背景左侧，拼合图像效果。

► 使用"矩形工具"在画面中绘制矩形，用于确定文字底纹颜色。

► 使用"横排文字工具"输入收藏信息，结合"字符"面板调整输入文字的属性。

实例 121　手机端收藏区应用设计

本实例是为天猫手机端设计的收藏区应用效果，由于手机端的版面非常有限，所以其收藏区多采用默认的格式。在设计的时候，运用"钢笔工具"绘制图形，通过创建图层蒙版添加小朋友图像，将设置好的图像作为背景，并在画面中添加收藏文字信息。

素　材	随书资源\素材\14\16.jpg
源文件	随书资源\源文件\14\手机端收藏区应用设计.psd

设计分析

▶ **设计要点 01**：背景中采用了许多不同颜色的图形进行排列、组合，多种色彩的综合应用使得版面更能显示出轻松活泼的氛围。

▶ **设计要点 02**：由于本实例是为手机端儿童用品店铺设计的收藏区，所以针对手机端天猫店铺的表现方式，用简洁的图形和文字将重要的信息有效地表现出来。

版式分析

本实例把画面分为上下两个部分，上半部分用不同形状的图形组合到一起作为背景，把小朋友的照片置于画面的视觉中心位置，并在右侧用醒目的颜色表现"收藏"信息，下半部分则从左至右设计导航区。

配色方案

为了突出店铺中商品的特点和消费群体，画面均选择鲜艳的绿色、橙色、黄色搭配，这些纯度较高的色彩既符合小朋友的心理特征，也让顾客在看到图像的时候，一眼就知道该店铺主要销售的商品种类。

技术要点

▶ 使用"钢笔工具"在背景中绘制不规则图形，并结合选项栏中的参数，将绘制图形填充为不同的颜色。

▶ 使用"横排文字工具"在图形旁边输入文字，并结合"字符"面板更改文字属性。

第 15 章
客服区设计

　　在网店装修设计中，除了店招、导航、欢迎模块和商品细节描述等区域的设计之外，还有一个较为重要的设计点，那就是客服区。网店的客服与实体店铺中的售货员的作用一样，通过在网店页面中添加客服区，可以及时为顾客解决疑惑，提高网店的服务质量，从而提高顾客的回头率和商品的成交率。网店客服区的设计大致包含旺旺头像、客服名称和客服服务时间等，有时为了突显店铺的专业性和服务品质，还会在设计时添加装饰性元素，让客服区显得更亲切、美观。

本章内容

实例 122 | 别致淡雅的客服区设计

本实例是为某家居用品店设计的客服区，在设计中将店铺所销售的家居饰品与客服区组合在一起，参考家居用品照片的色彩和风格，使画面呈现出清新、别致的感觉，将客服区放置在家居用品图像上，与画面主题更加吻合。

素 材	随书资源\素材\15\01.jpg、02.psd
源文件	随书资源\源文件\15\别致淡雅的客服区设计.psd

步骤 01 新建文档并复制图像

启动Photoshop程序，新建一个文档。打开素材文件01.jpg，将其拖曳至新建文件中，按下快捷键Ctrl+T，对图像的大小进行适当调整，填满整个文件，用作客服区的背景。

步骤 03 继续修复图像

继续使用"仿制图章工具"对墙面进行修复，去掉背景中多余的门、墙面转角，使画面变得更加整洁。

步骤 02 用"仿制图章工具"修复图像

为了让画面更为干净，可以对背景进行简化。按下快捷键Ctrl+J，复制图层，创建"家居照片 拷贝"图层，选择"仿制图章工具"，按住Alt键不放，在墙面转角旁边的图像上单击，取样图像，然后在转角处涂抹。

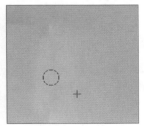

步骤04 设置"曲线"调整曝光

去掉背景杂物后，发现照片因为曝光不足，整体偏暗，画面显得比较脏，因此需要将其提亮。创建"曲线1"调整图层，打开"属性"面板，在面板中先选择"蓝"通道，单击并向上拖曳曲线，提亮蓝通道图像，再选择RGB通道，单击并向上拖曳曲线，提亮图像。

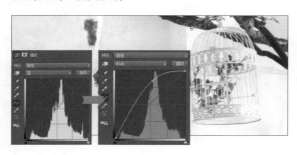

步骤05 用"画笔工具"编辑蒙版

提亮图像后，发现图像右侧有部分图像出现了曝光过度的情况。单击"曲线1"图层蒙版，选择"画笔工具"，将前景色设置为黑色，用画笔在曝光过度的区域涂抹，还原涂抹区域的图像的亮度。

步骤06 调整"可选颜色"增强色彩

为了突出背景中的装饰元素，接下来还可以对色彩进行调整，观察图像发现背景中红色花朵和青色叶子的颜色太过暗淡。创建"选取颜色1"调整图层，打开"属性"面板，在面板中选择对应的"红色"和"青色"选项，调整颜色百分比，增强色彩。

步骤07 用"色阶"提亮中间调区域

经过调整感觉图像还是显得不够亮，无法营造出温馨的氛围。创建"色阶1"调整图层，打开"属性"面板，在面板中单击"预设"下拉按钮，在展开的下拉列表中选择"中间调较亮"选项，提亮中间调部分。

步骤08 应用渐变调整图层蒙版

提亮图像后，由于右侧部分图像太亮了，因此单击"色阶1"图层蒙版，选择"渐变工具"，并在选项栏中选择"黑，白渐变"，从图像右侧向左拖曳线性渐变。这时蒙版右侧显示为黑色，即还原了右侧图像的亮度。

步骤09 设置"曲线"提亮图像

创建"曲线2"调整图层，打开"属性"面板，在面板中单击并向上拖曳曲线，进一步提亮图像，得到非常唯美的背景效果。

> 技巧提示：通过绘制修改曲线
>
> 　　使用"曲线"调整图像的亮度时，除了可以通过拖曳鼠标的方式来调整外，也可以单击"通过绘制来修改曲线"按钮，然后在曲线中单击并绘制线条进行图像影调的设置。

步骤 10 绘制并羽化选区

由于画面两侧相对较亮，而中间部分看起来相对要暗一些，因此选择"矩形选框工具"，在画面中间位置单击并拖曳鼠标，绘制矩形选区。执行"选择>修改>羽化"菜单命令，羽化选区。

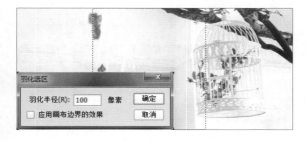

步骤 11 编辑调整图层蒙版

这里需要还原两侧偏亮的图像，按下快捷键Shift+Ctrl+I，反选选区，单击"曲线2"图层蒙版，将前景色设置为黑色，按下快捷键Alt+Delete，将选区填充为黑色。此时画面中选区内的图像将还原至曲线调整前的效果。

步骤 12 根据"色彩范围"选择图像

为了让画面的颜色更加漂亮，可对图像进行着色。单击"家居照片拷贝"图层，执行"选择>色彩范围"菜单命令，打开"色彩范围"对话框，在对话框中选择"高光"选项，单击"确定"按钮，将照片的高光部分添加至选区中。

步骤 13 创建"纯色"填充图像

单击"图层"面板中的"创建新的填充或调整图层"按钮，在打开的列表中单击"纯色"选项，打开"拾色器（纯色）"对话框，在对话框中设置填充颜色为R228、G218、B226。设置后为了让填充颜色与背景融合，再将"颜色填充1"图层的混合模式更改为"正片叠底"，"不透明度"设置为50%。

步骤 14 绘制矩形调整不透明度

经过前面的操作，完成了背景图像的处理，接下来就是客服信息的设计。先创建"文字描述"图层组，选择"矩形工具"，在画面左侧单击并拖曳鼠标，绘制一个白色的矩形，绘制后可以适当降低图形的不透明度。

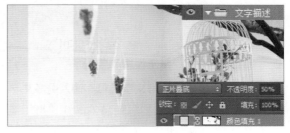

步骤 15 使用"自定形状工具"绘制图案

针对店铺中家居商品的风格，可以在客服区添加欧式花纹加以装饰。选择"自定形状工具"，单击"填充"右侧的下拉按钮，在展开的下拉列表中设置填充颜色，设置后再单击"形状"右侧的下拉按钮，在展开的"形状"拾色器中单击"装饰5"形状，在白色的矩形顶部单击并拖曳鼠标，绘制图形。

步骤 16　绘制图形添加文字

选择"矩形工具"，继续在绘制的花纹图像下绘制一个矩形。为了让图形更有创意，绘制后结合路径编辑工具对矩形的外形进行调整，然后使用"横排文字工具"在图形中间输入文字"收藏本店"。

步骤 17　添加旺旺图像

既然是制作客服区，那么旺旺图像肯定是不能少的。打开素材文件02.psd，将图像拖曳至绘制的图形下方，然后选择"横排文字工具"，在旺旺图像旁边输入文字"客服中心"。

步骤 18　使用"横排文字工具"输入更多文字

为了让顾客了解更多的客服信息，继续使用"横排文字工具"在画面中输入相关的客服工作时间、在线咨询及联系方式等。输入后复制旺旺图像，创建"旺旺拷贝"图层，调整图层中旺旺图像的大小和位置。

步骤 19　使用"圆角矩形工具"绘制图形

添加旺旺图像后，为了突出旁边的"和我联系"字样，可以为文字设置醒目的背景。选择"圆角矩形工具"，在选项栏中单击"填充"右侧的下拉按钮，在展开的下拉列表中设置填充选项并调整描边选项后，设置"半径"为3像素，在文字"和我联系"处单击并拖曳鼠标，绘制图形。

步骤 20　绘制不规则图形

设置前景色为R208、G169、B150，选择"钢笔工具"，在文字下方连续单击，绘制不规则图形。绘制后选择"多边形工具"，设置"边数"为5，在图形旁边绘制星星图形。

步骤 21　在图形中添加文字

连续按下快捷键Ctrl+J，复制多个星星图形，调整位置后得到并排的星星效果。用"横排文字工具"在图形上输入文字，再使用同样的方法，进行更多图形及文字的设计，完成本实例的制作。

实例 123 | 水墨风格的客服区设计

本实例是为一家销售茶叶的店铺所设计的客服区。茶是中华民族的国饮，具有悠久的历史，在设计时利用传统的水墨画风格将商品的特色表现出来，同时，在文字的搭配上，使用行书风格的字体对主题加以说明，营造出更加古朴的艺术氛围。

素　　材	随书资源\素材\15\02.psd～05.psd，水墨01、水墨02.abr
源文件	随书资源\源文件\15\水墨风格的客服区设计.psd

步骤 01　新建图层填充背景

启动Photoshop程序，新建一个文档。新建"图层1"图层，设置前景色为R230、G230、B230，按下快捷键Alt+Delete，将背景填充为灰色，使其与"水墨风格"主题更加吻合。

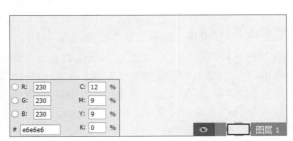

步骤 03　继续绘制水墨元素

载入"水墨02"画笔，在"画笔预设"选取器中单击要载入的画笔，调整画笔大小后，单击"图层"面板中的"创建新图层"按钮，新建"图层3"图层，将前景色设置为黑色，在背景处单击，绘制墨点。

步骤 02　载入画笔绘制水墨元素

既然是水墨风格，那么水墨元素自然是必不可少的。载入"水墨01"画笔，在"画笔预设"选取器中单击要载入的画笔，调整其大小后，单击"图层"面板中的"创建新图层"按钮，新建"图层2"图层，将前景色设置为黑色，在背景左侧连续单击两次，绘制墨点。

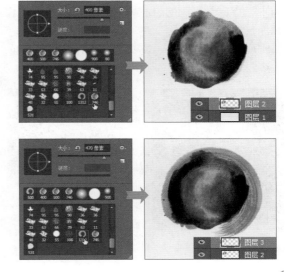

步骤04 复制图像调整画笔属性

打开素材文件03.psd，把图像复制到墨点图案下方，为了让边框呈现更自然的效果，需要对其边缘进行调整。选择"画笔工具"，在"画笔预设"选取器中单击"水彩水洗"画笔，调整画笔大小。

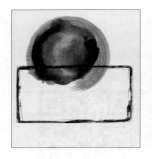

步骤05 继续用画笔涂抹边框

将鼠标移到边框左侧，单击并涂抹，在涂抹的过程中，可以按下键盘中的[或]键，调整画笔笔触大小。经过反复的涂抹操作，可以看到边框边缘呈现自然的渐隐效果。

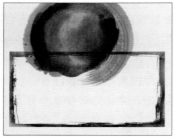

步骤06 设置并涂抹图像

为了让边框表现自然的磨损效果，选择"画笔工具"，在"画笔预设"选取器中单击"喷枪硬边低密度粒状"画笔，调整画笔大小，然后在边框边缘涂抹。

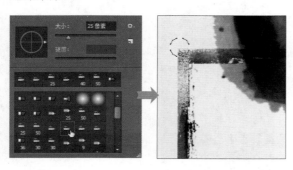

步骤07 使用"吸管工具"吸取颜色

按下键盘中的[或]键，调整画笔笔触大小，经过反复的涂抹操作，隐藏部分边框图像。为了便于后面在边框中输入文字，可以对边框内部的图像填充颜色，将除背景和边框图像外的所有图层隐藏，选择"吸管工具"，将鼠标移至边框内部单击。

步骤08 根据"色彩范围"选择图像

执行"选择>色彩范围"菜单命令，打开"色彩范围"对话框，在对话框中将"颜色容差"调整为100，此时可以看到边框外的其他部分显示为白色，单击"确定"按钮，创建选区。新建"颜色填充1"调整图层，将填充颜色设置为R230、G230、B230。

步骤09 使用"矩形工具"绘制选区

由于此处只需要对边框内部进行颜色填充，因此单击"颜色填充1"调整图层蒙版，选择"矩形选框工具"，单击"添加到选区"按钮，在除边框内部以外的背景位置单击并拖曳鼠标，绘制选区。设置前景色为黑色，按下快捷键Alt+Delete，将该区域蒙版填充为黑色，隐藏填充颜色。

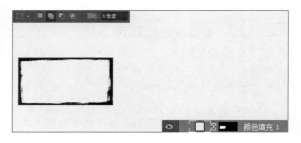

步骤 10　盖印图层

选择边框所在的"图层4"和上方的"颜色填充1"图层，按下快捷键Ctrl+Alt+E，盖印选中图层，得到"颜色填充1（合并）"图层。选择"移动工具"，单击并向右拖曳鼠标，移动盖印的边框图像的位置。

步骤 11　载入并复制选区内的图像

为了得到更多的边框效果，按住Ctrl键不放，单击"图层4"图层蒙版，载入选区，选择边框部分，再单击"图层4"图层缩览图，按下快捷键Ctrl+J，复制选区内的图像，得到"图层5"图层。选择"移动工具"，移动"图层5"图层中的边框图像，调整其位置，得到并排的边框效果。

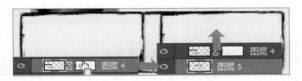

步骤 12　添加蒙版编辑图像

连续按下快捷键Ctrl+J，复制图层，创建"图层5拷贝"和"图层5拷贝2"图层，为复制的图层添加蒙版，使用黑色画笔涂抹边框图像，得到更加自然的衔接效果。

步骤 13　创建"黑白"调整图层

打开素材文件04.psd，将图像复制到客服区图像上。由于此画面整体为黑白色，所以按住Ctrl键不放，单击"图层6"图层，载入选区，新建"黑白1"调整图层，将图像转换为黑白效果。

步骤 14　复制图形并添加二维码效果

继续使用同样的方法，复制更多的边框图像。根据画面的整体效果，添加图层蒙版，隐藏部分边框图像后，打开素材文件05.psd，将其复制到边框图像上。

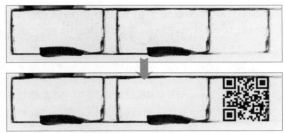

步骤 15　使用"横排文字工具"输入文字

经过前面的操作，完成了水墨背景图像的制作，接下来就是客服信息的添加。选择"横排文字工具"，在画面中输入对应的客服信息。为了让文字表现出层次感，输入后可结合"字符"面板调整文字大小、颜色、字体等。

步骤 16　添加旺旺图像

最后打开素材文件02.psd，选择"移动工具"，把旺旺图像复制到文字"客服中心"旁边，按下两次快捷键Ctrl+J，复制两个旺旺头像，分别移到两处"找他服务"旁边。根据版面适当缩放旺旺头像，完成本实例的制作。

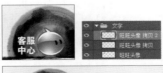

实例 124 | 彰显品牌风格的客服区设计

本实例是为某有机蔬菜店设计的客服区，在设计中使用清新的绿色为背景色，与店铺中所销售蔬菜的绿色、健康的特点相呼应，同时在画面中添加了一些装饰性的蔬菜叶子、辣椒等元素，丰富画面的同时也加深了画面的感染力。

素 材	随书资源\素材\15\02.psd，06.jpg，07.psd～09.psd
源文件	随书资源\源文件\15\彰显品牌风格的客服区设计.psd

步骤01 在新建的文件中为背景填充颜色

启动Photoshop程序，新建一个文档。将前景色设置为R206、G233、B153，按下快捷键Alt+Delete，用设置的前景色填充背景，定义客服区的整体风格。

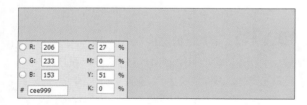

步骤02 根据"色彩范围"选择云朵

打开素材文件06.jpg，执行"选择>色彩范围"菜单命令，打开"色彩范围"对话框，在对话框中用吸管工具在天空中的云朵位置单击，设置选择范围，单击"确定"按钮，选择图像。

步骤03 复制图像并调整大小

为了让背景图像显得更加丰富，选择"移动工具"，把选区中的云朵图像复制到纯色的背景中，按下快捷键Ctrl+T，打开自由变换编辑框，将云朵调整至合适大小。

步骤04 调整不透明度

添加云朵后发现颜色太亮，显得不自然。选中"图层1"图层中的云朵图像，将"不透明度"降低至16%，单击"添加图层蒙版"按钮，在云朵边缘位置用黑色画笔涂抹，使云朵与下方的背景衔接更加自然。

步骤05 复制图像并调整位置

按下快捷键Ctrl+J，复制云朵图像，得到"图层1拷贝"图层。执行"编辑>变换>水平翻转"菜单命令，水平翻转复制的云朵图像，然后将其移至画面的另一侧。

步骤06 使用"套索工具"选择图像

打开素材文件07.psd，选择工具箱中的"套索工具"，在右侧的蔬菜叶子位置单击并拖曳鼠标，创建选区，选择图像，然后用"移动工具"把选区中的图像拖曳至客服区图像上，得到"图层2"图层。

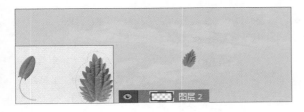

步骤07 复制更多的叶子效果

连续按下多次快捷键Ctrl+J，复制更多叶子图像，分别选择各图层中的图像，按下快捷键Ctrl+T，打开自由变换编辑框，调整编辑框中的叶子大小和位置后，按下Enter键，应用变换效果，得到自由分布的叶子效果。将"图层2"至"图层2拷贝7"图层的"不透明度"设置为25%，降低不透明效果。

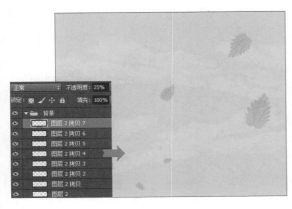

步骤08 使用"套索工具"选择图像

打开素材文件07.psd，选择工具箱中的"套索工具"，在左侧的蔬菜叶子位置单击并拖曳鼠标，创建选区，选择图像，然后用"移动工具"把选区中的图像拖曳至客服区图像上，得到"图层3"图层。

步骤09 创建"纯色"填充图像

为了让画面更有新意，可以对叶子的颜色做更改。按住Ctrl键不放，单击"图层3"图层缩览图，载入选区。新建"颜色填充1"调整图层，打开"拾色器（纯色）"对话框，在对话框中设置填充颜色为R84、G169、B205。选择"颜色填充1"图层，将混合模式设置为"色相"。

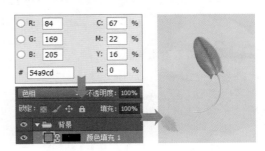

步骤10 输入文字添加装饰元素

经过前面的操作，完成了背景的设置，接下来进行客服信息的添加。选择"横排文字工具"，在画面顶部输入文字，为了让输入的文字更有层次感，对输入文字的字体、大小进行调整。打开素材文件09.psd，将其复制到文字"收藏有礼"的左侧。

步骤 11 添加旺旺和时间元素

打开素材文件02.psd和08.psd，将打开的图像分别复制到"客服中心"和"上班时间"前，让顾客更加清楚各部分要表现的主要信息。

步骤 12 设置"渐变叠加"样式更改颜色

添加时间元素后，发现其颜色与整体色调不协调，需要对颜色进行修饰。执行"图层>图层样式>渐变叠加"菜单命令，打开"图层样式"对话框，设置从浅绿色到深绿色的渐变颜色，设置后单击"确定"按钮，应用渐变叠加效果。

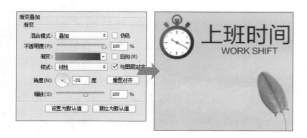

步骤 13 输入客服信息

创建"客服"图层组，选择"直排文字工具"，在"客服中心"下方输入"售前客服"，再选择"横排文字工具"，在"售前客服"旁边输入客服名"林林"。输入后选择"圆角矩形工具"，绘制一个白色的矩形，用于指定客服联系方式。

📖 技巧提示：将图层移入或移出图层组

使用图层组可以帮助人们更好地管理图层，在**Photoshop**中选中图层后，将其拖曳至创建的图层组上，即可将选中图层移入图层组。如果要将图层组中的图层移出，则选中图层并将其拖曳至图层组外的其他位置。

步骤 14 设置图层样式

为了让绘制的圆角矩形更加出彩，双击图层，打开"图层样式"对话框，先单击"斜面和浮雕"样式，设置样式选项，增强图形的立体感，再单击"渐变叠加"样式，设置从黄色到白色的渐变颜色，然后单击"描边"样式，设置描边颜色为黄色。

步骤 15 应用样式效果

设置完成后单击"确定"按钮，应用图层样式，此时可看到更有立体感的浮雕按钮。打开旺旺图像，将其复制到按钮上方，然后选用"横排文字工具"在旺旺图像旁输入文字"和我联系"。

步骤 16 继续添加更多文字和图案

由于店铺中的客服人员不止一个，所以选择"和我联系"图层组，连续按下快捷键Ctrl+J，复制多个客服按钮，然后调整其排列方式，在每个按钮旁边输入客服人员的姓名，最后为了增强顾客的信任感，结合文字工具和图形绘制工具在画面最下方添加无理由退换货、正品保证等信息，完成本实例的制作。

实例 125　突显品质的个性客服区设计

本实例是为某古董销售店设计的客服区，在设计时选择了可以带来视觉冲击的黄色旧纸张纹理作为背景，这样的设计方式更符合店铺中的商品特征。此外，由于喜欢收藏和购买古董的人大多追求质感，所以在客服图像的安排上采用了工整的排列方式，方便顾客选择与咨询。

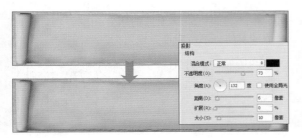

素　材	随书资源\素材\15\02.psd，10.jpg～13.jpg，11.psd
源文件	随书资源\源文件\15\突显品质的个性客服区.psd

步骤 01　创建图层组复制图像

启动Photoshop程序，新建一个文件。打开素材文件10.jpg，选择"移动工具"，把图像拖曳至新建文件中，得到"纹理背景"图层，按下快捷键Ctrl+T，打开自由变换编辑框，调整编辑框中背景图像的大小。

步骤 02　设置"投影"样式添加投影

打开素材文件11.psd，使用同样的操作方法，把图像复制到背景中。为了让复制的画轴表现出立体的视觉效果，执行"图层>图层样式>投影"菜单命令，打开"图层样式"对话框，在对话框中根据画面需要设置"投影"选项，设置后单击"确定"按钮，应用样式。

步骤 03　用"色相/饱和度"调整颜色

为了增强画面的复古感，可以对颜色进行调整。按住Ctrl键不放，单击"画轴"图层缩览图，载入选区。新建"色相/饱和度1"调整图层，打开"属性"面板，在面板中单击并向左拖曳"饱和度"滑块，降低画轴图像的颜色饱和度。

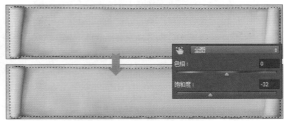

步骤 04　根据"色彩范围"调整图像

打开素材文件12.jpg，这里只需要使用画面中的建筑主体，因此执行"选择>色彩范围"菜单命令，打开"色彩范围"对话框，在对话框中用吸管工具在天空部分单击，设置选择范围。

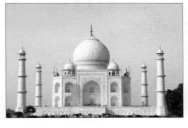

步骤 05 创建选区

为了选择整个天空部分，再单击"添加到取样"按钮，继续在左侧预览图像中的天空位置连续单击，调整选择范围，直到整个天空区域都变成白色，单击"确定"按钮，创建选区，选中蓝色的天空图像。

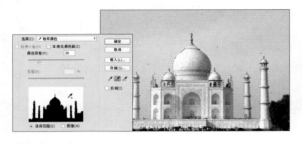

步骤 06 执行"反选"命令选择图像

由于需要选择的对象为建筑，所以按下快捷键Shift+Ctrl+I，或者执行"选择>反选"菜单命令，反选选区，选择图像中的建筑部分。

步骤 07 复制图像添加蒙版

单击工具箱中的"移动工具"按钮，把选区内的建筑图像拖曳至画轴左下角位置，命名为"建筑"图层。按下快捷键Ctrl+T，打开自由变换编辑框，调整建筑的大小和位置，再单击"添加图层蒙版"按钮，选择"画笔工具"，设置前景色为黑色，涂抹图像，将多余的建筑图像隐藏起来。

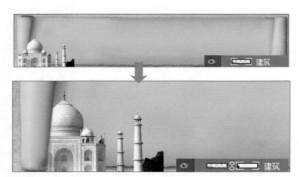

步骤 08 载入选区调整"黑白"效果

画面中添加的建筑图像颜色与图像的整体风格不搭，还需要进行颜色的调整。按住Ctrl键不放，单击"调整"面板中的"黑白"按钮，创建"黑白1"调整图层，打开"属性"面板，勾选"色调"复选框，设置为与背景相近的颜色，使画面的颜色更加统一。

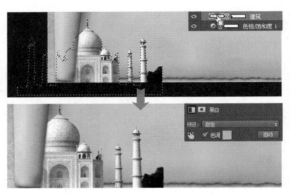

步骤 09 复制图像设置对称的画面

按住Ctrl键不放，单击"建筑"和"黑白1"图层，将这两个图层拖曳至"创建新图层"按钮，复制图层，得到"建筑 拷贝"和"黑白1拷贝"图层。执行"编辑>变换>水平翻转"菜单命令，翻转图像，将建筑移至画轴的另一侧，结合"画笔工具"调整蒙版应用范围。

步骤 10 调整不透明度

观察图像发现添加的建筑图像太抢眼了，因此同时选中"建筑"及其上方的所有图层，将选中的多个图层的"不透明度"设置为30%。

步骤 11 打开图像调整"色彩范围"

打开素材文件13.jpg，这里只需要使用画面中的树木部分，执行"选择>色彩范围"菜单命令，打开"色彩范围"对话框，在对话框中用吸管工具在画面中间的树木位置单击，并勾选"反相"复选框，设置选择范围。

步骤 12 根据"色彩范围"选择并抠取图像

设置完成后单击"确定"按钮，返回图像窗口，根据设置的选择范围创建选区，选择图像，按下快捷键Ctrl+J，复制选区内的图像，抠出树木区域。

步骤 13 复制图像

为了让抠出的图像更为干净，选择"橡皮擦工具"，把树木旁边多余的图像擦除，然后使用"移动工具"把抠出的树木图像拖曳至画轴中间位置， 按下快捷键Ctrl+T，打开自由变换编辑框，将树木调整至合适大小。

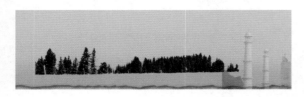

技巧提示：用菜单打开自由变换编辑框

如果要对图像的大小进行调整，除了可以按下快捷键 **Ctrl+T**，打开自由变换编辑框外，也可以执行"编辑 > 自由变换"菜单命令，打开该编辑框。

步骤 14 调整图像的不透明度

为了使树木融入到画轴中，选择"树木"图层，将此图层的"不透明度"设置为10%，降低不透明度。单击"添加图层蒙版"按钮，为此图层添加蒙版，选择"画笔工具"，设置前景色为黑色，在树木边缘涂抹，隐藏多余的图像。

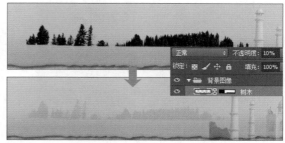

步骤 15 创建"黑白"调整图层

经过上一步操作，虽然图像与背景结合得已经不错了，但是为了让画面色调更加统一，还是需要对颜色进行调整。按住Ctrl键不放，单击"树木"图层缩览图，载入选区。新建"黑白2"调整图层，勾选"色调"复选框，设置颜色，设置后把图层"不透明度"降至55%。

步骤 16 设置"曲线"提亮图像

继续使用同样的方法，向画面添加更多的素材，为了让顾客的视线更集中，可以对中间部分的画轴进行提亮。按住Ctrl键不放，单击"画轴"图层缩览图，载入选区。新建"曲线1"调整图层，在打开的"属性"面板中单击并向上拖曳曲线。

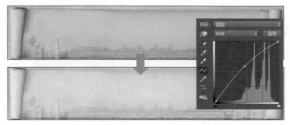

步骤 17 创建剪贴蒙版拼合图像

为了确定所有添加的图像都位于画轴内，同时选中"画轴"图层上的所有图层，执行"图层>创建剪贴蒙版"菜单命令，创建剪贴蒙版，将超出画轴部分的建筑、树木等图像隐藏。

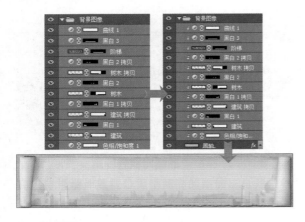

步骤 18 使用"横排文字工具"添加文字

打开素材文件02.psd，将其复制到画轴左上角位置，然后选择"横排文字工具"，在旺旺头像旁边输入文字"客服中心"和英文"SERVICE CENTER"。

步骤 19 绘制图形添加更多文字

由于此店铺中的客服分为售前客服和售后客服，所以需要分开进行设计。先创建"售前组"图层组，设置前景色为R174、G108、B78，使用"矩形工具"绘制矩形，并用"横排文字工具"在矩形上输入文字"售前组"。

步骤 20 使用"圆角矩形工具"绘制图形

选择"圆角矩形工具"，设置"半径"为3像素，在画面中单击并拖曳鼠标，绘制一个黑色的矩形。为了让绘制的图形更有层次感，复制图层，将图形填充颜色设置为白色。

步骤 21 设置图层样式

由于这里制作的是客服按钮，为了增强按钮的质感，执行"图层>图层样式>斜面和浮雕"菜单命令，打开"图层样式"对话框，在对话框中勾选"斜面和浮雕"样式，设置选项，再勾选"渐变叠加"和"描边"样式，设置选项。

步骤 22 复制并添加旺旺图像

设置完成后单击"确定"按钮，应用样式，得到更加立体的按钮效果。选择"横排文字工具"，在按钮上输入文字"和我联系"，并添加旺旺图标。

步骤 23 完成更多客服图标的设计

由于店铺中的客服有很多个，所以复制客服按钮，然后分别调整位置，得到整齐排列的按钮效果。继续使用同样的方法，进行售后组的设置，完成本实例的操作。

实例 126 ｜ 传统的侧边栏客服区设计

本实例是为某店铺的侧边栏设计的客服区，由于侧边栏的尺寸大小有限，因此在设计时会有很多限制，只能通过简单的图案加以修饰。

素　材	随书资源\素材\15\14.psd
源文件	随书资源\源文件\15\传统的侧边栏客服区设计.psd

设计分析

▶ **设计要点 01：** 由于侧边栏的尺寸有限，在设计时对画面进行了横向的分隔，使其产生一定的层次感。

▶ **设计要点 02：** 设计的过程中，为了体现客服区的亲切感和实用性，在画面中添加了一些小图形，点缀整个图像。

▶ **设计要点 03：** 为了使画面中的客服图像更加突出，根据店铺的整体装修风格，在设计中使用了明度较强的红色、白色来表现。

版式分析

本实例使用了横向分隔的方式来对侧边栏的客服区进行布局，方便顾客直观地找到需要的内容，同时这样的布局安排也让画面显得更为工整，提高了操作的实用性。

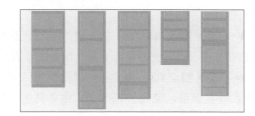

配色方案

本实例的配色主要根据店铺的整体装修风格来展开，为了迎合"高端定制"这一主题，画面中主要运用暗红色作为主要配色，通过加入白色或黑色来调和红色所带来的视觉冲击力，让画面的色彩达到更为和谐的状态。

技术要点

▶ 使用"矩形工具"绘制并定义客服区外形，使用"圆角矩形工具"进行客服区的细致划分，通过添加样式赋予图形立体感。

▶ 使用"横排文字工具"在画面中添加所需要的客服信息，并结合"字符"面板设置文字属性，突出文字间的层级关系。

▶ 运用"钢笔工具"绘制客服图标，把店铺所对应的二维码图像复制到相应的位置。

实例 **127** | 素雅风格的客服区设计

本实例是为某服装店设计的客服区，为了营造一种舒适、自然的氛围，画面用浅黄色作为主色，使整个画面呈现出素雅、怀旧的感觉，从而拉近了顾客与店铺之间的距离，在文字的处理上，用统一规整的黑体来表现，给人专业的品质感。

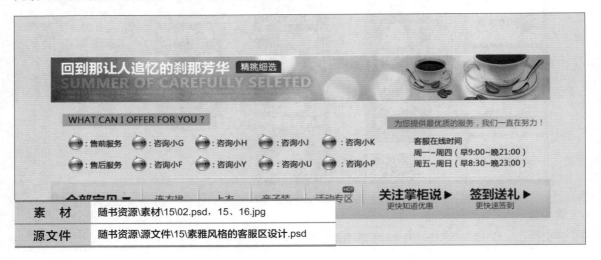

素　材	随书资源\素材\15\02.psd, 15、16.jpg
源文件	随书资源\源文件\15\素雅风格的客服区设计.psd

设计分析

▶ **设计要点 01**：咖啡给人的感觉是生活品质的象征，寓意着悠闲、轻松，在设计客服区标题时，选择咖啡素材与店铺中的商品风格更为统一，营造出一种惬意、舒适的氛围，让顾客感觉亲切、自然。

▶ **设计要点 02**：为了提升整个设计图像信息的层次，在设计时使用了渐变色对背景进行填充。

▶ **设计要点 03**：为了将众多的信息清晰地展现在顾客面前，使用修饰图形、线条将各个功能区域进行自然地分隔。

版式分析

本实例中画面横向分为 3 个区域，在各个区域中又进行了合理分隔，显得错落有致，让人感觉在统一中产生了细微的变化，整个布局显得非常自然、灵活，有利于信息的表现和传递。

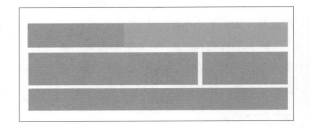

配色方案

本实例在配色时，为了营造悠闲、轻松、舒适的氛围，使用大面积的淡黄色构成了画面的主色调，通过同一色相中颜色的明度与纯度变化来塑造单纯、统一的画面效果，与画面主题衔接更加自然。

技术要点

▶ 使用"矩形工具"在画面中绘制不同大小的矩形，对图像进行分区。

▶ 把旺旺图标添加到绘制的矩形中，并根据客服信息，使用"横排文字工具"输入对应的文字内容。

▶ 添加咖啡、光晕背景至标题区域，创建剪贴蒙版，拼合图像。

实例 128　规则整齐的客服区设计

本实例是为淘宝店设计的客服区，在设计过程中利用矩形对主要客服信息进行分组和布局，提升客服的可信度和专业度，同时在每组信息中都提取一个中心点，便于消费者掌握更多的客服内容，增强了图像的表现力。

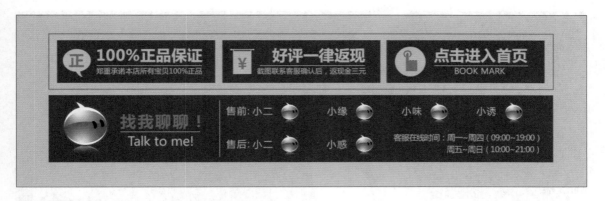

素　材	随书资源\素材\15\02.psd
源文件	随书资源\源文件\15\规则整齐的客服区设计.psd

设计分析

▶　**设计要点 01**：利用矩形对整个设计图中的分组信息进行布局，给人工整、严谨的感受，显得更为专业。

▶　**设计要点 02**：在每组文字信息中都设置了一个中心点，利用不同的颜色将其突显出来，加深印象，便于阅读和记忆。

▶　**设计要点 03**：设计图中的信息较为丰富，为了突出其重点和强调主次关系，利用了不同的颜色和字号来表现。

版式分析

本实例在布局中将画面纵向分为了两个区域，并对各个区域做更进一步的分隔，将要表现的重要信息进行分组归类，使要表现的主要信息得以清晰地表现出来，便于顾客查看和阅读。

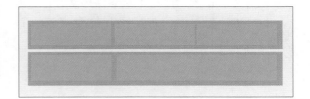

配色方案

由于整个版面中的信息较多，选用了纯色的背景来表现，让信息显得更加集中。为了提高顾客的信任感和信赖感，在青灰色的背景中加入颜色更深的蓝色加以修饰，画面显得更加协调而有张力。

技术要点

▶　使用"图案叠加""颜色叠加"等修饰图像中的设计元素。

▶　利用"横排文字工具"在画面中添加说明文字，并通过"字符"面板设置文字的属性。

▶　通过"矩形工具"绘制图形，突出画面中的部分文字内容；利用"魔棒工具"创建选区，并对选区进行颜色的更改与调整。

实例 129 | 单色调风格的客服区设计

　　本实例是为某店铺设计的客服区，把较为理性的蓝色作为主色调，表现客服的专业和诚恳，修饰元素上采用了展示局部耳麦的方式进行辅助表现，用客服的办公工具来突显客服的形象，并通过整齐的文字和旺旺头像排列营造出一种视觉上的工整感。

素　材	随书资源\素材\15\02.psd，17.jpg，18.psd
源文件	随书资源\源文件\15\单色调风格的客服区设计.psd

设计分析

　　▶　设计要点 01：在本实例的设计中，用耳麦作为主要的表现对象，直观地传递出该区域的功能和作用。

　　▶　设计要点 02：整个画面通过统一的蓝色调来提升可信赖感，有助于店铺客服形象的提升。

　　▶　设计要点 03：在每个客服旁边都添加了文字，顾客可以根据文字选择客服进行咨询。

版式分析

　　本实例利用耳麦将画面自然地分隔为左、右两个部分，左侧用于放置客服主体文字、客服在线时间等信息，右侧放置客服区，并在其下方添加品质保证、商品售后等信息，增强顾客的信任感。

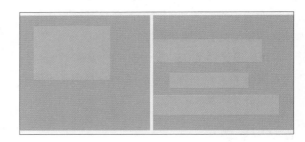

配色方案

　　蓝色代表了理性、冷静和沉稳，在本实例中主要使用了蓝色调进行配色，给人以强烈的信赖感，提升了客服的形象，让顾客能够对客服产生信任。

技术要点

　　▶　将夜景图像 17.jpg 复制到新建文件中，更改混合模式和不透明度，拼合图像，再通过复制操作把耳麦图像 18.psd 置于画面左侧。

　　▶　使用"横排文字工具"在画面中输入客服名称及客服信息，并在旁边添加旺旺图标。

　　▶　使用"矩形工具"绘制灰色矩形，然后用"钢笔工具"在图形中完成标识图案的绘制。

第 16 章
网店装修的综合应用

网店的装修效果会影响顾客对店铺的整体印象，它是一个店铺的门面。网店装修包含的内容较多，如店招、导航、欢迎模块、促销广告、细节描述及客服区等，如何将这些元素合理有序地安排在一个页面中，是非常值得设计者思考的。如果店铺中的元素处理得不合理，就无法将信息准确地传达出来，会让顾客不知道店铺主要销售的商品是什么、有什么作用等。本章将通过 3 个典型的实例讲解网店装修的综合应用。

本章内容

实例 130 服装类店铺装修设计

本实例是为某品牌婚纱所设计的详情页，以突出品牌形象、呈现商品价值为设计理念，设计中通过对商品整体的描述、品牌徽标的突出、品牌故事的传达、细节部分的展示，以及处处为顾客着想的周到服务，让顾客感受到商品的价值。

素　材	随书资源\素材\16\01.jpg～05.jpg，06.psd，07.jpg～10.jpg
源文件	随书资源\源文件\16\服装类店铺装修设计.psd

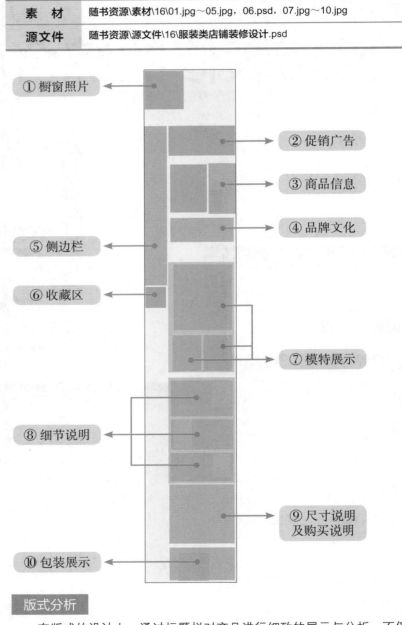

① 橱窗照片
② 促销广告
③ 商品信息
④ 品牌文化
⑤ 侧边栏
⑥ 收藏区
⑦ 模特展示
⑧ 细节说明
⑨ 尺寸说明及购买说明
⑩ 包装展示

版式分析

在版式的设计上，通过标题栏对商品进行细致的展示与分析，不仅思路清晰，而且简单明了，顾客能够清楚地看到各区域要传递的相关商品信息，整个版式显得更有条理；在侧边栏部分，通过竖向排列的布局安排，使商品的查找变得更容易，让顾客能够轻松找到满意的商品。

步骤01　在新建文件中添加素材图片

启动Photoshop程序，由于网店中详情页的宽度限制为750像素或950像素，所以新建空白文件，尺寸设置为950像素×5482像素，分辨率设置为标准网页分辨率72ppi。打开素材文件01.jpg，将素材图片拖入新建文件中。

步骤02　创建剪贴蒙版

因为详情页的内容很多，划分不同的图层组会更方便管理，所以单击"创建新组"按钮█，将新建图层组命名为"促销广告"，将素材图片拖入组中。根据图片大小，单击"矩形工具"按钮█，在画面适当的位置创建一个矩形图形，得到"矩形1"图层。在"图层1"上单击鼠标右键，选择"创建剪贴蒙版"，得到所需图片。

步骤03　使用"横排文字工具"输入文字

为了使画面色调更为统一，在画面中运用"横排文字工具"输入颜色与图片色调类似的蓝色文字，同时为了突出部分文字信息，再将文字"夏日清香"改为红色。

步骤04　添加更多文字

为了使顾客了解更多的商品促销信息，使用"横排文字工具"继续在画面中输入更多文字信息，并根据版面要求对输入的文字属性进行调整。

步骤05　添加形状图形装饰文字

因为只有文字会显得很单调，所以新建图层，使用"直线工具"与"椭圆工具"绘制形状，绘制完成后，生成"形状1"与"椭圆1"图层。将这两个图层分别复制两次，按下快捷键Ctrl+T，自由调整复制的图形的大小和位置，使图形起到更好的装饰作用，调整完成后按Enter键。

步骤06　使用"矩形工具"添加更多形状图形

此款婚纱为高级定制服装，为了突出这一特点，在文字"高端手工制作"下添加清新靓丽的绿色矩形。单击"矩形工具"按钮█，绘制矩形图形，生成"矩形2"图层。使用"横排文字工具"，在矩形图形上单击并输入文字信息，在"字符"面板中调整各项参数。

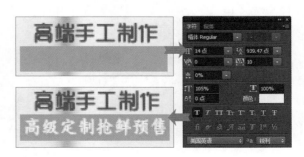

步骤07 使用"栅格化图层"得到缺角效果

为了使字体更有创意，可以运用文字缺角效果，而栅格化的文字图层才能删除文字局部。所以右击文字图层，选择"栅格化图层"，然后删除文字局部。单击"钢笔工具"按钮，把不要的文字部分圈出，单击鼠标右键，选择"建立选区"，按Delete键删除选区内容，得到字母缺角效果，然后使用上述方法装饰其他文字。

步骤08 使用"图层样式"装饰文字

双击英文文字图层，在打开的"图层样式"对话框中勾选"图案叠加"复选框，为文字添加图案，调整好各项参数。装饰后的文字显得更有创意。

步骤09 继续添加"图层样式"

因为要更加突显"夏日清香"这个重要的主题，所以双击"夏日清香"文字图层，在弹出的"图层样式"对话框中勾选"图案叠加"与"投影"复选框，并在相应的选项组中进行设置。

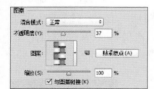

步骤10 新建"品牌名片"图层组

新建"品牌名片"图层组，由于每个板块的标题相似，所以在"品牌名片"图层组中再新建"标题"图层组，方便后面板块使用，使用"横排文字工具"在标题左边单击并输入所需文字。

步骤11 绘制形状图形

分别使用"直线工具""自定形状工具"与"矩形工具"在画面合适位置绘制图形，使标题栏更加美观。

步骤12 添加素材图片

选择"矩形工具"，设置前景色为R229、G229、B229，在标题下绘制一个矩形图形，作为品牌名片的背景；在品牌名片下添加商品素材，可以使顾客直观地看到商品与参数值的对比。打开素材文件02.jpg，将图片拖至文件"品牌名片"背景图层上。

步骤13 创建"色相/饱和度"调整色调

由于素材图片与宣传页色调一致会使画面更美观，所以单击"调整"面板中的"色相/饱和度"按钮，设置"色相"为+5，使素材图片偏向黄绿色，设置"饱和度"为-8，使画面黄绿的鲜艳程度趋于自然；完成后双击素材图层，在打开的"图层样式"对话框中勾选"投影"复选框，并设置好各项参数。

步骤 14　创建"自然饱和度"调整花朵色彩

由于拍摄光线原因，花朵颜色较暗，所以需要提高它的颜色鲜艳度。使用工具箱中的"磁性套索工具"勾勒出花朵的部分，并适当羽化8像素。新建"自然饱和度1"调整图层，设置"自然饱和度"为+80，设置后可以看到花朵颜色变得鲜艳。

步骤 15　添加商品文字信息

添加了商品整体展示效果，接下来就是服装详情的输入。使用"横排文字工具"，用黑色较规范的字体，在画面右侧空白位置单击，输入商品信息，并使用白色标出符合商品条件的信息。为了让符合条件的信息更加醒目，使用"矩形工具"，在符合条件的文字下方绘制不同颜色的矩形图形。

步骤 16　使用"椭圆工具"绘制圆形背景

衣服因为材质不同，洗涤的方法也不同，可以明确标出洗涤的注意事项，提醒顾客洗衣时需要注意的问题。使用工具箱中的"椭圆工具"，在文字"洗涤说明"字样的下方绘制图形，按下快捷键Ctrl+J，复制多个形状图层并调整其位置，得到并排的图形效果。打开素材文件06.psd，把衣服洗涤图标复制到对应的圆形上方。

步骤 17　为图形添加文字说明

为了让顾客更清楚衣服洗涤时的注意事项，选用"横排文字工具"在图形旁边添加对应的文字说明信息。

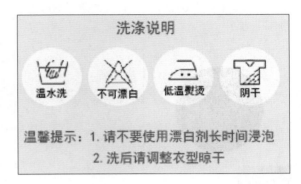

步骤 18　新建"品牌故事"图层组

新建"品牌故事"图层组，按下快捷键Ctrl+J，复制"品牌名片"下的"标题"图层组，并下拉至"品牌故事"图层组下。由于接下来要制作的是"品牌故事"，所以选用"横排文字工具"修改标题文字信息。

步骤 19　使用"矩形工具"绘制背景

使用"矩形工具"在标题下方绘制图形作为品牌故事的背景，将品牌名片的背景颜色作为品牌故事的背景颜色，使上下颜色协调统一。

步骤20 添加品牌徽标

为了突出品牌文化，需要添加该品牌服装的品牌徽标图形。在添加图形前，选用"椭圆工具"在背景左侧绘制一个小圆，用于确定徽标的大小，然后打开素材文件07.jpg，将打开的徽标图形置于椭圆上方。

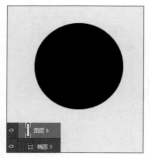

步骤21 为品牌故事添加品牌文化信息

为了让徽标图形置于椭圆内部，再按下快捷键Ctrl+Alt+G，创建剪贴蒙版，将超出圆以外的图形隐藏，在徽标右侧的留白处运用"横排文字工具"输入品牌文化信息。

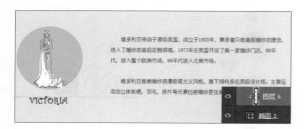

步骤22 绘制矩形突出标题文字

由于标题文字的背景颜色与前一部分"品牌名片"的标题背景颜色过于接近，这里为了突出"品牌文化"，选用"矩形工具"在"标题拷贝"图层组下绘制一个白色的矩形，突出标题文字信息。

步骤23 新建"模特实拍"图层组

在详情页装修过程中，要想让顾客更直观地感受到服装效果，可以添加模特上身效果展示图。创建"模特实拍"图层组，运用与步骤18相同的操作方法，复制、创建"标题"图层组，并运用"横排文字工具"更改标题文字。

步骤24 使用"钢笔工具"绘制不规则图形

为了使画面的细节设计更出彩，可以在模特实拍图上添加阴影，做出纸片投影的效果。具体方法为新建图层，使用工具箱中的"钢笔工具"勾出阴影轮廓，再按下快捷键Ctrl+J，建立选区，选择"渐变工具"，在选区内由下向上拖曳鼠标，创建阴影效果。

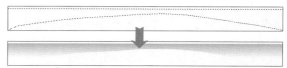

步骤25 添加模特素材图片

接下来需要添加模特展示效果，选择"矩形工具"，先在画面中绘制一个矩形，确定模特展示区域，然后打开素材文件03.jpg，将打开的素材图像复制到矩形上方，选择"矩形选框工具"，选择主体婚纱部分，添加图层蒙版，把多余的图像隐藏起来。

步骤 26　使用"色彩平衡"调整颜色

添加模特照片后，发现照片颜色黄黄的，显得不够唯美，因此需要对颜色进行修饰。按住Ctrl键不放，单击"图层8"图层，载入选区。新建"色彩平衡1"调整图层，这里需要表现更梦幻的色彩效果，所以在"属性"面板中设置参数，加深青色和蓝色。

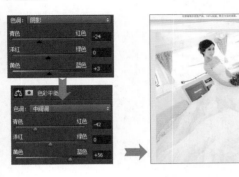

步骤 27　使用"曲线"提亮图像

创建"曲线1"调整图层，打开"属性"面板，为了让画面变得更加明亮，在面板中单击并向上拖曳曲线，可以看到原来发黄的照片变得更加唯美。

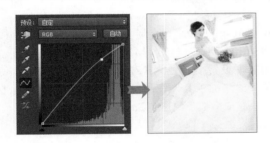

步骤 28　继续添加素材图像

为了让顾客能多方位了解服装上身效果，打开素材文件04.jpg、05.jpg，采用与步骤24相同的方法，将更多婚纱照片添加至婚纱详情页面中，然后根据画面的整体风格对婚纱照片进行颜色的调整，统一画面色调。

步骤 29　添加店铺徽标

为了提升店铺的品牌力，可以在模特图片左上角添加品牌信息。创建"婚纱品牌"图层组，使用"横排文字工具"在最上面一个模特图像的左上角位置输入婚纱品牌名称，输入后按下快捷键Ctrl+J，复制图层组中的文字，将其移到另外两张照片上。

步骤 30　绘制形状图形与添加文字

为了使模特展示区显得更为完整，可以继续在图像上添加元素。结合"直线工具"和"自定形状工具"，在3幅模特展示图像中间绘制图形，然后运用"横排文字工具"在图形中间输入文字。

步骤 31　新建"细节展示"图层组

经过前面的制作，完成了商品上身效果的展示与设计，接下来为了吸引顾客，还需要展示婚纱的卖点。新建"细节展示"图层组，先复制并修改"标题"图层组中的文字信息，再打开素材文件02.jpg并添加到"细节展示"图层组下。

步骤32 使用"矩形选框工具"绘制选区

由于这里只需要将婚纱的细节和卖点展示出来，所以选择"矩形选框工具"，在需要突出显示的区域单击并拖曳鼠标，绘制选区。单击"图层"面板中的"添加图层蒙版"按钮，隐藏选区外的图像。

步骤33 创建调整图层调整颜色

隐藏图像后，发现新添加的婚纱照片颜色与画面的整体色调不协调，需要对它的颜色进行调整。创建"色彩平衡3"调整图层，加深青色和蓝色，再创建"色阶1"调整图层，提亮图像。

步骤34 绘制矩形制作文字半透明背景

为了让顾客更清晰地感受此款婚纱的设计亮点，选用"横排文字工具"在婚纱图像右侧单击并输入文字，输入后使用"矩形工具"在输入的文字下方绘制一个白色的矩形，然后适当降低图形的不透明度，突出矩形上的文字效果。

步骤35 添加细节说明文字

继续使用同样的方法，把另外两张婚纱照片添加到"细节展示"图层组下，根据整个页面的风格，对照片的颜色进行调整，统一其色调，然后结合"矩形工具"和"横排文字工具"在每个细节图像旁边添加文案，完成商品细节的展示设计。

步骤36 绘制选区并填充颜色

为方便顾客选购适合的规格，新建"尺寸"图层组，添加尺寸示意表，使用"矩形选框工具"在细节展示页面下绘制一个矩形选区，然后按住Shift键不放，继续绘制多个矩形选区。新建图层，设置前景色为R223、G215、B203，使用"油漆桶工具"在图像窗口中单击，为选区上色，完成后按下快捷键Ctrl+D，取消选区。

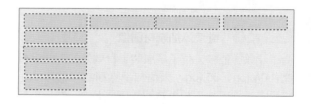

步骤37 继续绘制选区填充颜色

使用"矩形选框工具"继续绘制长方形，为剩余的框涂上白色，完成后取消选区。

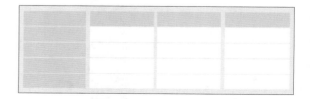

步骤38　输入文字添加尺寸信息

为了让顾客更了解衣服详细的尺码，使用"横排文字工具"在表格中输入商品尺寸信息。

规格	胸围	腰围	身高+鞋高
S	78-82CM	61-65CM	165-173CM
M	81-85CM	65-70CM	165-173CM
L	85-89CM	68-72CM	165-173CM
XL	88-92CM	71-75CM	165-173CM

注：模特胸围 85CM　腰围 65CM　身高170CM　试穿M号　合身

步骤39　绘制矩形并输入温馨提示文字

接下来添加温馨提示小纸条，体现贴心服务。使用"矩形工具"在尺码表下绘制一个长方形，双击形状图层，在打开的"图层样式"对话框中勾选"投影"复选框，调整好各项参数；选择"横排文字工具"，结合"字符"面板对文字的属性进行设置，在小纸条上单击并输入所需要的文字。

温馨提示：根据个人的穿着习惯和爱好，婚纱尺码会和平时穿衣有所不同，此表格符合大部分新娘的尺码，仅供参考，具体尺码请联系客服，有特别要求的亲还可以定制哦！

步骤40　添加素材图片完成"尺寸"图层组

接下来在尺寸资料旁添加素材图片，使尺寸表不再那么单调。打开素材文件08.jpg，把图片拖动至尺寸表格的左侧。使用"椭圆工具"在素材图层上方绘制椭圆形，覆盖住需要的部分素材，然后按下快捷键Ctrl+Alt+G，创建剪贴蒙版，得到椭圆形素材，完成"尺寸"图层组的设计。

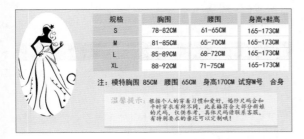

步骤41　绘制"购买须知"背景

新建"购买须知"图层组，为了突显店家的售前售后服务，购买须知用与大背景不同的颜色作为背景。首先使用"矩形工具"在尺寸信息下绘制一个长方形，创建购买须知背景，然后使用"直线工具"在背景的上下方各绘制一条虚线，划分上下内容。

步骤42　绘制椭圆形状并添加文字信息

使用"椭圆工具"在适当位置创建一个正圆形，再次使用"椭圆工具"在正圆形上创建一个包围正圆的圆形虚线，将这两个形状复制多次并摆放整齐。使用"横排文字工具"在圆形背景上单击并输入需要的文字信息。

步骤43　使用"矩形工具"绘制包装背景

包装的好坏体现了商品的价值，直接影响顾客的购买决心，所以可添加包装图。新建"关于包装"图层组，使用"矩形工具"在"购买须知"下方绘制包装背景，使用"横排文字工具"在背景矩形上单击并输入"关于包装"字样。按下快捷键Ctrl+J，复制"购买须知"下的虚线形状图层，拖动至"关于包装"字样下。

步骤44 使用"钢笔工具"抠取包装效果

打开素材文件09.jpg，使用"钢笔工具"沿着包装的边缘建立轮廓，右击并选择"建立选区"命令，将选区直接拖至"关于包装"字样下。

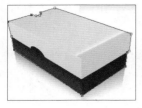 

步骤45 加入更多包装图像

由于不同规格的商品有不同的包装，因此，为方便顾客知道商品的多种包装效果，需要将更多包装盒效果添加到画面中。通过采用与步骤44相同的操作方法，抠取包装盒放于画面中。为了让包装盒呈现立体的效果，再使用"图层样式"功能为图像添加投影效果。

步骤46 使用"矩形工具"绘制透明背景

为了突出"关于包装"的文字说明，可以在画面中为文字说明添加半透明的装饰背景。使用"矩形工具"在画面右上方位置绘制矩形，调整形状图层的"不透明度"为37%。

步骤47 添加说明文字

为包装添加中英文说明文字可以体现商品的格调，使用"横排文字工具"在半透明背景上创建文字信息，完成"关于包装"图层组的设计。

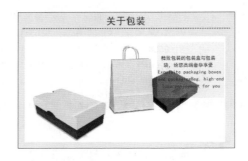

步骤48 添加橱窗照背景

经过前面的操作，完成了商品详情页中商品细节描述的设计，接下来进行橱窗效果的设计。创建"橱窗照"图层组，打开素材文件10.jpg，将图像复制到文件顶部位置。

步骤49 使用"矩形工具"绘制图形

添加橱窗背景图后，接下来需要确定橱窗的编排位置，选择"矩形工具"，在选项栏中调整工具选项后，按住Shift键不放，在画面的左上角位置单击并拖曳，绘制一个白色描边矩形。按下快捷键Ctrl+J，复制矩形，并把复制的矩形缩小后移至原白色矩形的左下角位置。

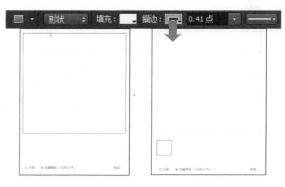

步骤50　盖印图像

执行"文件>置入嵌入的智能对象"菜单命令，置入素材文件01.jpg，由于这里只需要展示主体婚纱效果，所以执行"图层>创建剪贴蒙版"菜单命令，将矩形外的图像隐藏。复制婚纱图像，移至另一个稍小的矩形上，应用同样的方法创建剪贴蒙版，把矩形外的图像隐藏起来，完成橱窗照的制作。

步骤51　绘制黑色的矩形

浏览淘宝不难发现，在每个商品详情页左侧都有一个侧边栏，用于顾客选择商品的分类，下面就进行分类信息栏的设计。创建"分类"图层组，选择"矩形工具"，在商品描述区旁边的留白区域绘制一个较深一些的矩形，然后创建"标题"图层组，用"矩形工具"再绘制一个黑色矩形，用于输入分类信息标题。

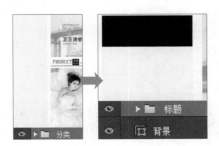

步骤52　使用"横排文字工具"输入标题文字

选择"横排文字工具"，在绘制的黑色矩形上单击并输入分类标题"宝贝分类"。为了突出文字，输入后在"字符"面板中对文字的字体和颜色进行调整。

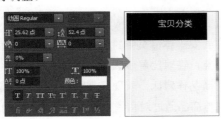

步骤53　继续添加文字

选择"横排文字工具"，在绘制的黑色矩形上单击并输入英文"W"，打开"字符"面板，调整文字属性，继续在输入的字母旁边输入中文信息，使画面显得更有品味。

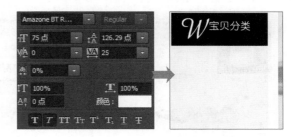

步骤54　输入文字绘制图形

选择"横排文字工具"，继续在黑色的矩形上输入英文"elcome To"，将英文补充完整。创建"查看所有宝贝"图层组，选择"钢笔工具"，绘制图形，用于设置商品的详细分类。

步骤55　添加更多分类信息

为了让分类信息呈现自然的卷角感，创建"折角"图层，选用"钢笔工具"在黑色的图形上绘制颜色较浅一些的灰色图形，组合成带折角的图像；选用"横排文字工具"在图形上输入文字信息。使用相同的方法，在侧边栏中创建更多图形并添加对应的分类信息，完成本实例的制作。

实例 131 | 儿童玩具店装修设计

本实例是为某儿童玩具店设计的详情页，将素材图片依次修复用在详情页中，接着将玩具车图像抠取出来与文字结合，让玩具车更富动感。同时，在色彩搭配上，以白色为底色，吸取车身上的红蓝两色作为对比，使画面更加和谐。

素　材	随书资源\素材\16\11.jpg～16.jpg，16-1.jpg，17.psd～19.psd，20.jpg，28.psd
源文件	随书资源\源文件\16\儿童玩具店装修设计.psd

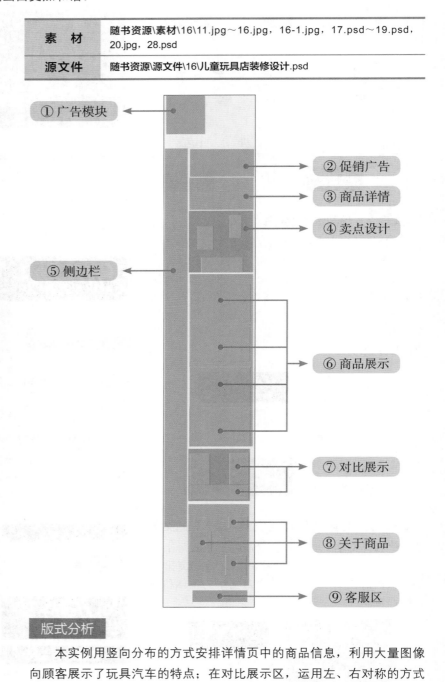

① 广告模块
② 促销广告
③ 商品详情
④ 卖点设计
⑤ 侧边栏
⑥ 商品展示
⑦ 对比展示
⑧ 关于商品
⑨ 客服区

版式分析

本实例用竖向分布的方式安排详情页中的商品信息，利用大量图像向顾客展示了玩具汽车的特点；在对比展示区，运用左、右对称的方式把店铺中的商品与其他同类商品作对比，表现该品牌玩具车质量很好；在商品售后区，将文字信息与商品通过对角线分布，让画面疏密有致。

步骤 01　使用"污点修复画笔"修复局部图像

启动Photoshop程序，打开素材文件11.jpg，由于经过多次拍摄，玩具车模型上出现了磨损和划痕，为了给顾客留下好的印象，需要先修复这些瑕疵。按下快捷键Ctrl+J，复制图层，得到"图层1"图层，运用"缩放工具"放大显示玩具汽车，单击工具箱中的"污点修复画笔工具"按钮，在需要修补的地方单击鼠标。

步骤 02　使用"仿制图章工具"修复图像

继续修复图像，由于硬度越高仿制出来的效果越明显，而车身需要较明显的仿制效果。所以这里选择"仿制图章工具"，在选项栏中设置较高的硬度值，然后选中被仿制的地方，按住Alt键，单击鼠标并拖动进行仿制。

技巧提示：修复图像工具

　　"仿制图章工具"将更改的地方改成与图中其他部分相同的样子，多用于大面积修复；"污点修复画笔工具"类似于"涂抹工具"的效果，可将污点抹去，多用于去掉斑点。

步骤 03　调整"色彩平衡"控制颜色分布

为了使车身颜色更接近玩具车实物颜色，打开"调整"面板，单击"色彩平衡"按钮，创建"色彩平衡1"调整图层，分别调整"中间调""高光""阴影"的颜色。

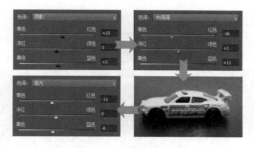

步骤 04　在选区中创建"曲线"调整亮度

为了突出玩具车主体，可以适当降低玩具车四周的亮度。使用"矩形选框工具"，在选项栏中设置"羽化"值为200像素，在图像中间位置绘制选区，执行"选择>反选"菜单命令，反选玩具车四周。新建"曲线1"调整图层，由于这里要降低边缘部分图像的亮度，因此在"属性"面板中单击并向下拖曳曲线。

步骤 05　调整"色阶"与"亮度/对比度"

经过上一步操作，虽然降低了边缘亮度，但是车子与背景对比还是不够强烈。所以创建"色阶1"调整图层，加强对比，然后创建"亮度/对比度1"调整图层，输入"亮度"为21，"对比度"为12，提亮图像，加强对比。此时发现图像出现局部曝光过度的情况，用黑色画笔在曝光过度的区域涂抹，还原其亮度。

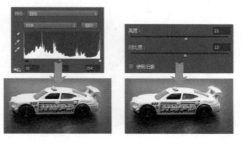

步骤06 创建"曲线"调整图片色彩

因为摄影光线原因,照片的颜色与玩具车实体色彩有所偏差,需要将玩具车校色,调整至实体的淡蓝色。创建"曲线2"调整图层,分别选择"红"和"蓝"通道,在"属性"面板中调整对应的通道曲线,修复偏色的商品照片。

步骤07 调整"亮度/对比度"加强明暗对比

为了进一步提高对比,创建"亮度/对比度2"和"亮度/对比度3"图层,分别对玩具汽车的高光部分和阴影部分的亮度和对比度进行调整。调整完成后按下快捷键Shift+Ctrl+Alt+E,盖印处理后的图层。至此,已完成玩具汽车照片的美化与修饰。为了让玩具车色彩更统一,可以使用同样的方法对其他车子素材图像进行润色和修饰操作。

步骤08 使用"矩形工具"制作广告模块背景

新建空白文件,用于制作整体的装修效果,根据网店装修尺寸要求,在"新建"对话框中设置新建文件的尺寸为750像素×5400像素,分辨率为72ppi,设置后单击"确定"按钮,新建文件。在新建的文件中创建"广告模块"图层组,首先做广告模块的背景。设置前景色为R217、G219、B216,新建"图层1"图层,选择"矩形工具",在画面适当的位置绘制图形。

步骤09 使用"创建剪贴图层"编辑素材图片

接下来做一个充满童趣的广告模块。首先添加卡通素材图片,打开素材文件12.jpg,将图像拖入"广告模块"图层组下,放置于广告模块背景图层上。要使素材图片在宣传页背景之内,就需要隐藏素材图片多余的部分,在素材图层上单击鼠标右键,选择"创建剪贴蒙版",将素材图片包含在背景框中。

步骤10 使用"渐变工具"制作渐变效果

为了让置入的图像与灰色背景呈现自然的过渡效果,选择"图层2"图层,添加图层蒙版,选择"渐变工具",在选项栏中设置"黑,白渐变",在需要隐藏图像的部分从左向右拖曳鼠标,释放鼠标后即得到渐变效果。

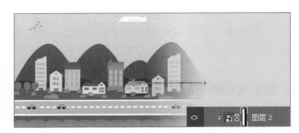

步骤11 创建"黑白"调整图层编辑素材图片

为了使广告模块更富设计感,可以做出彩色与黑白渐变的效果。按住Ctrl键不放,单击"图层1"图层,载入选区,单击"调整"面板中的"黑白"按钮,创建"黑白1"调整图层,在"属性"面板的"预设"下拉列表框中选择"较亮",将彩色图片转换成黑白图片。

步骤 12　继续编辑素材图片

为了得到自然的彩色与黑白的渐变效果，选择"画笔工具"，设置前景色为白色，在画面需要变成彩色的部分涂抹。

步骤 13　从素材图片中抠取图像

为了突出广告主题，可以添加产品展示效果图。打开素材文件13.jpg修图后的文件，拼合图像后使用"钢笔工具"沿玩具车绘制路径，按下快捷键Ctrl+Enter，将路径转换为选区，选中车子图像，选择"移动工具"，把选区中的玩具车拖至广告模块画面右侧的位置。

步骤 14　设置选项输入文字

单击"横排文字工具"按钮，在玩具车下方输入文字，为了让画面中的文字与背景图像显得更为协调，打开"字符"面板，调整文字字体、颜色等选项。

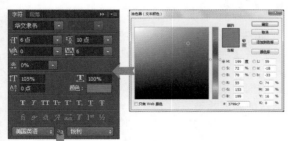

步骤 15　绘制标题的形状图形

制作好汽车宣传广告后，接下来是商品详细参数的设置。新建"产品参数"图层组，然后在该图层组下新建"标题"图层组，用于标题栏的设计。将前景色设置为R190、G51、B0，选择"矩形工具"，在选项栏中单击"填充"右侧的下拉按钮，在展开的下拉列表中单击"渐变"按钮，设置渐变颜色，在广告图像下单击并拖曳鼠标，绘制矩形，得到"矩形1"图层。

步骤 16　为所有板块添加标题

选择"钢笔工具"，在矩形左上方单击并拖曳鼠标，绘制与矩形颜色相近的图形，绘制后栅格化图形，得到"图层4"图层。为了体现板块的主要内容，选择"横排文字工具"，在绘制的图形上输入文字"产品参数"。

步骤 17　复制多个标题

由于同一网店中每个板块的标题样式大体相同，所以可以将制作的"标题"图层组复制。按下快捷键Ctrl+J，复制标题栏，然后根据要表现的商品特点，应用"横排文字工具"更改标题栏文字。

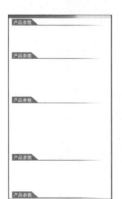

步骤 18 加入素材图像

复制标题栏以后，接下来在"产品参数"图层组中添加商品并设置详细参数，为了让顾客更加直观地了解玩具汽车的尺寸，打开素材文件**11.jpg**修图后的文件，拼合图像后选用"钢笔工具"抠出玩具车，然后把抠出的汽车图像复制到"产品参数"标题栏的左下方。

步骤 19 绘制线条并添加尺寸数值

为了使顾客更加直观地了解商品参数与特性，可以结合图形和文字表现车子的具体尺寸。选择"直线工具"，在车的周围分别绘制7个形状图形，得到标尺，然后在绘制的直线旁边输入具体的数值信息。

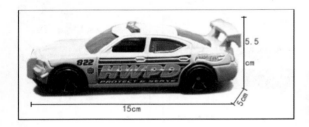

步骤 20 添加商品参数说明文字

标示了汽车的长、宽值以后，接下来为了让顾客更清楚汽车的材质、类型等，选择"横排文字工具"，在汽车右侧和下方的留白处输入具体的商品参数。为了突出文字的主次关系，输入后在需要突出表现的文字下方绘制蓝色的矩形。

步骤 21 为"产品卖点"板块添加素材图像

新建"产品卖点"图层组。打开素材文件15.jpg、16.jpg修图后的文件，拼合图像后选择"钢笔工具"抠出图像中的玩具小汽车，然后把抠出的图像复制到"产品卖点"图层组下，得到"图层6"和"图层7"图层，复制"图层5"图层，得到"图层5拷贝"图层，将此图层中的汽车移至"图层7"图层上。

步骤 22 使用"自定形状工具"绘制箭头

为了表现动感的玩具车效果，可以在汽车旁边添加装饰图案。设置前景色为R190、G51、B0，选择"自定形状工具"，在"形状"拾色器中单击"箭头5"形状，在汽车图像右下角绘制一个箭头符号，按下快捷键Ctrl+J，复制箭头，执行"编辑>变换>水平翻转"命令，翻转箭头并将其移至汽车左上角位置。

步骤 23 添加说明文字

产品卖点是为了激发顾客的购买欲望，所以为了让顾客了解这款玩具汽车的优点，选择"横排文字工具"，在汽车旁边输入卖点信息。输入后根据版面情况调整文字的大小和颜色等，得到错落有致的画面效果。

步骤24　创建"产品展示"图层组

新建"产品展示"图层组，将处理好的商品图像添加到该图层组下，由于这款玩具车有蓝色和白色两种，所以为了更好地区分商品，运用"横排文字工具"在汽车图像上输入相应的颜色信息。

步骤25　创建"产品对比"图层组

新建"产品对比"图层组，用本店铺的商品与其他店铺作对比，突显本店铺商品的优点。使用"矩形工具"在"产品对比"标题下创建6个矩形形状并将它们排列好，作为对比图片的背景。打开处理前与处理后的商品照片，分别复制到不同的矩形上方。

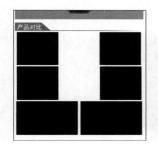

步骤26　添加商品对比文字信息

由于此处只需要突出局部效果，因此创建剪贴蒙版，把多余的区域隐藏起来，得到对比展示效果。选择"横排文字工具"，在汽车图像旁边输入本店商品与其他店铺中同类商品的对比信息，为了让商品指示信息更明确，输入后选用"自定形状工具"在文字旁边绘制红色的箭头图案。

步骤27　添加"关于产品"文字信息

新建"关于产品"图层组，使用"横排文字工具"用较规范的字体添加与商品有关的说明文字。为了让商品介绍信息显得更为生动，打开素材文件17.psd～19.psd，分别拖至说明文字旁。

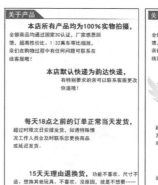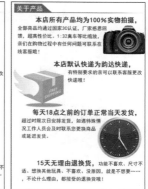

步骤28　添加客服背景

新建"客服"图层组，使用"矩形工具"在合适位置绘制矩形，得到"图层21"图层，制作客服区背景。双击背景图层，在打开的"图层样式"对话框中勾选"渐变叠加"复选框，选择线性渐变，并做出中间亮两边暗的效果。

步骤29　绘制矩形制作客服旺旺区

旺旺客服制作需要根据店家提供的旺旺客服数量决定绘制多少个矩形框，使用工具箱中的"圆角矩形工具"创建矩形形状，在画面合适位置绘制，绘制完成后按下快捷键Ctrl+J，复制多个矩形形状，排列整齐。

步骤**30** 使用"渐变工具"制作投影效果

打开素材文件28.psd，为了使素材中的旺旺头像更加立体逼真，可为它添加投影。按下快捷键Shift+Ctrl+Alt+E，盖印可见图层，按下快捷键Ctrl+T，自由变换图形，单击鼠标右键，选择"垂直翻转"并将其移动到画面合适位置；单击"添加图层蒙版"按钮**□**，为翻转的图层添加蒙版，使用"渐变工具"，在选项栏中设置黑色到透明的线性渐变，设置完成后在画面拉出渐变，隐藏部分图像。

步骤**31** 复制多个旺旺头像

在每个客服旺旺区都放置旺旺头像，让画面更加统一。按下快捷键Ctrl+J，复制多个旺旺头像，按下Ctrl+T，自由变换图形，缩小旺旺头像，将头像分别放置在各个矩形上。

步骤**32** 添加文字信息

要突显旺旺客服的作用，使用"横排文字工具"在矩形的旺旺头像旁添加"和我联系"字样。

步骤**33** 输入客服说明文字

添加说明文字能够体现客服的专业和认真，使用"横排文字工具"在客服背景上单击并输入较活泼的文字，为客服添加说明文字。

步骤**34** 为文字添加图层样式

双击文字图层，在打开的"图层样式"对话框中勾选"外发光"复选框，为文字添加发光效果，并对相应的选项进行设置。

步骤**35** 创建"色相/饱和度"降低饱和度

因为要与背景相匹配，所以将客服区做出与广告模块相同的效果。选择"客服"图层组，按下快捷键Ctrl+E，合并所选组，得到"客服"图层。创建"色彩/饱和度1"调整图层，调整"饱和度"值为–100，得到黑白效果。

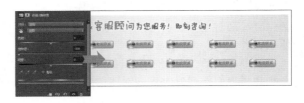

步骤**36** 用"画笔工具"编辑蒙版

选择"画笔工具"，设置前景色为白色，单击"画笔预设"选取器中的"柔边圆"画笔，在画面需要变回彩色的部分涂抹。

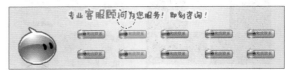

步骤**37** 用"画笔工具"编辑蒙版

使用"画笔工具"涂抹画面客服区中间部分，将涂抹区域的图像颜色还原为彩色，得到彩色与黑白渐变的效果。

技巧提示：调整画笔笔触大小

使用"画笔工具"编辑图像时，可以按下键盘中的【或】键，将画笔放大或缩小；也可以通过拖曳"画笔预设"选取器中的"大小"滑块调整画笔大小。

步骤38 使用"置入"命令置入图像

为了让详情页更完整，接下来制作商品橱窗展示效果。打开素材文件20.jpg，将打开的图像复制到新建的店铺装修设计图上，得到"图层23"图层组，创建"橱窗照"图层，将"图层23"移至图层组中。

步骤39 用"矩形工具"绘制图形

选择"矩形工具"，在选项栏中设置工具选项，在画面左侧的留白位置单击并拖曳鼠标，绘制矩形，用于确定要添加的照片的具体位置。

步骤40 创建剪贴蒙版

执行"文件>置入嵌入的智能对象"菜单命令，将素材文件16-1.jpg置入网店装修设计图中，命名为"图层24"，由于这里只在上一步所绘制的矩形中显示商品效果，因此执行"图层>创建剪贴蒙版"菜单命令，创建剪贴蒙版，将矩形外的图像隐藏。

步骤41 复制图像创建剪贴蒙版

同时选中"矩形6"和"图层24"图层，将这两个图层拖曳至"创建新图层"按钮，得到"图层6拷贝"和"图层24拷贝"图层，按下快捷键Ctrl+T，打开自由变换编辑框，缩小图像，然后将复制的"矩形6拷贝"的描边颜色更改为红色。

步骤42 用"矩形工具"绘制图形

经过前面的操作，完成橱窗照的设计与制作，接下来是侧边栏的设计。由于侧边栏包括的分类信息较多，为了便于管理，先创建"侧边栏"图层组，选择"矩形工具"，在选项栏中设置工具选项，然后绘制一个浅灰色矩形，确定侧边栏背景色调；再创建"店内搜索"图层组，使用"矩形工具"在灰色矩形顶部绘制一个白色的矩形。

步骤43 用"圆角矩形工具"绘制矩形

选择"圆角矩形工具"，在选项栏中调整工具选项，为图形设置描边选项，然后将"半径"设置为3像素，从而使绘制的矩形边缘更圆滑，设置好后在白色矩形上方单击并拖曳鼠标，绘制一个圆角矩形。为了得到更丰富的画面效果，结合"矩形工具"和"圆角矩形工具"，在白色的背景上绘制更多的图形。

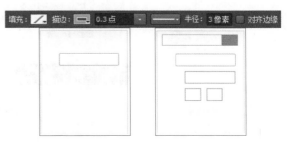

步骤44 使用"自定形状工具"绘制搜索图标

由于这里制作的是商品搜索栏，所以为了让绘制的图形的目的更明确，还可以添加搜索图标。选择"自定形状工具"，单击"形状"右侧的下拉按钮，在展开的"形状"拾色器中单击"搜索"形状，将鼠标移至红色的矩形上，单击并拖曳鼠标，绘制白色的搜索图标，然后在下方的搜索栏左侧单击并拖曳鼠标，绘制灰色的搜索图标。

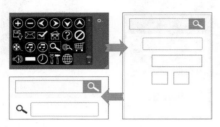

步骤45 设置并应用样式

在网店装修中，会绘制一个交互的操作按钮，为了让按钮表现出立体感，选中最下方的矩形图层，执行"图层>图层样式>描边"菜单命令，打开"图层样式"对话框，在对话框中勾选"描边"和"渐变叠加"复选框，设置对应的样式选项，为文字添加样式效果。

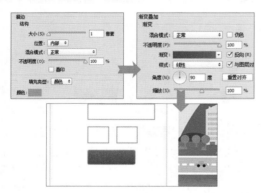

步骤46 添加搜索文字

选择"横排文字工具"，在搜索区域输入搜索关键字。创建"新品推荐"图层组，选择"矩形工具"，在图层组上绘制一个黑色的矩形。

步骤47 设置并应用样式

执行"图层>图层样式>斜面和浮雕"菜单命令，打开"图层样式"对话框，在对话框中勾选"斜面和浮雕""纹理""渐变叠加"复选框，然后在右侧设置对应的样式选项，设置完成后单击"确定"按钮，为图形应用样式，得到与画面风格更吻合的标题效果。

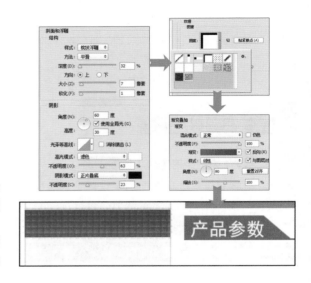

步骤48 绘制椭圆添加样式

选择"椭圆工具"，在标题栏左侧单击并拖曳鼠标，绘制一个白色小圆，执行"图层>图层样式>渐变叠加"菜单命令，打开"图层样式"对话框。为了让绘制的小圆与红色的背景区别更明显，在"图层样式"对话框中将图形的渐变颜色更改为黄色渐变效果。

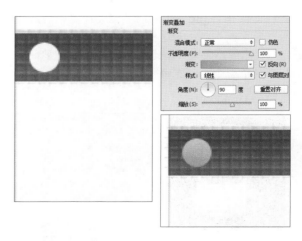

步骤 49 绘制图形添加文字

为了让标题信息指示更明确，选择"自定形状工具"，单击"形状"右侧的下拉按钮，在展开的"形状"拾色器中单击"箭头2"形状，在黄色圆形上单击并拖曳，绘制红色的箭头图形，再复制箭头，将其颜色更改为白色后，移至标题栏的右侧，最后用"横排文字工具"在标题栏输入文字。

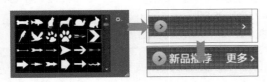

步骤 50 绘制图层创建剪贴蒙版

绘制标题栏后，接下来就是新品推荐。选择"矩形工具"，在标题栏中单击并拖曳鼠标，绘制一个白色的矩形，并为矩形添加描边效果，然后执行"文件>置入嵌入的智能对象"菜单命令，把处理好的汽车图像置入到矩形上方，得到"图层25"图层。由于这里只需要在矩形内部显示商品效果，所以执行"图层>创建剪贴蒙版"菜单命令，创建剪贴蒙版，将超出矩形的玩具汽车隐藏。

步骤 51 添加更多的商品图像

由于店铺中的新品并不止一个，所以将矩形复制，然后置入另一个玩具汽车图像，设置后创建"宝贝分类"图层组，进行商品分类的设计。选择"矩形工具"，在选项栏中设置填充颜色为渐变，为了让颜色更统一，这里将渐变颜色设置为红色，然后在"新品推荐"区域单击并拖曳鼠标，绘制渐变色矩形。

步骤 52 绘制图形添加"投影"样式

选择"钢笔工具"，设置绘制模式为"形状"，然后在选项栏中设置与上一步所绘制的矩形颜色相近的渐变色，在矩形的左上角连续单击，绘制三角形。为了让绘制的图形表现出更立体的投影效果，绘制后双击图层，打开"图层样式"对话框，设置"投影"样式。

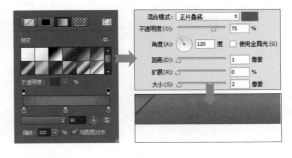

步骤 53 更多图形与文字的设计

继续使用图形绘制工具在画面中绘制更多的图形，然后使用"横排文字工具"在绘制的图形上输入详细的分类信息，完成本实例的制作。

 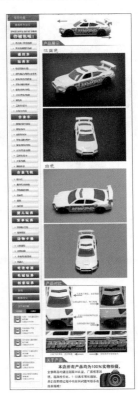

实例 132 | 化妆品类店铺装修设计

本实例是为化妆品店铺设计的首页，在设计时使用线条对画面进行不规则的分隔和修饰，运用蓝绿色与白色营造出清爽、舒适的感觉。同时，为了突出商品纯天然、无添加的特色，在画面中加入水花、花朵素材加以修饰，使得整个版面显得更生动、更富有感染力。

素　材	随书资源\素材\16\21.jpg～25.jpg，26.psd～28.psd，29.jpg～36.jpg，37.psd，38.jpg
源文件	随书资源\源文件\16\化妆品类店铺装修设计.psd

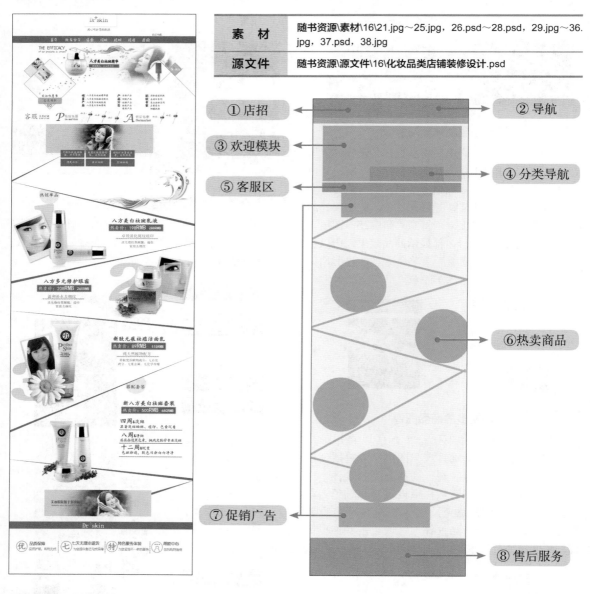

版式分析

观察此网店首页的布局，欢迎模块中将商品与模特按左右对称的方式安排，利用规则的矩形让画面中的商品形象更加生动；在商品热卖区域，将广告商品通过左文右图或右文左图的方式进行排列，自然地构建出 S 形的曲线，能够让顾客的视线随着商品或文字的走向进行自由移动，另外这样的布局方式还能表达出一种轻松自由的感觉，并营造出视觉上的动态感。

步骤01　使用"矩形工具"制作徽标背景

启动Photoshop程序，新建空白文件，尺寸设置为750像素×5400像素，分辨率为72ppi。完成后新建"店招"图层组，由于商品是纯植物的化妆品，所以将整个页面的装修风格确定为自然清爽风格，选择"矩形工具"，设置前景色为白色，在画面适当的位置绘制图形，生成"矩形1"图层，双击该形状图层，在打开的"图层样式"对话框中勾选"投影"和"描边"复选框，并在对话框中设置选项，为图形添加样式效果。

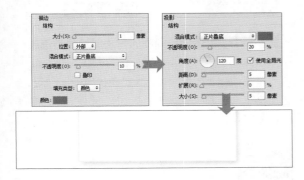

步骤02　使用"横排文字工具"添加徽标

为了加深品牌印象，可在店招位置添加店铺徽标。选择"横排文字工具"，在白色的矩形中间位置单击并输入店铺名称，输入后双击文字图层，在打开的"图层样式"对话框中勾选"渐变叠加"复选框，并设置好各项参数。设置前景色为R223、G104、B21，使用"自定形状工具"在Logo中绘制一个加号符号。

步骤03　添加商品广告文字

为了让店招区域显得更为丰富，选择"横排文字工具"，继续在白色的矩形上方输入更多的文字。

步骤04　使用"矩形工具"制作导航背景

完成店招设计后，接下来就是导航条的设计。新建"导航"图层组，因为定义为自然清爽的风格，所以将前景色设置为R2、G164、B167，在店招下绘制矩形图形，制作导航条背景，得到"矩形2"图层，使用"横排文字工具"在导航条背景上添加导航文字，导航条制作完成。

步骤05　添加图层蒙版隐藏图像

新建"欢迎模块"图层组，打开素材文件21.jpg，使用"矩形选框工具"框选需要的素材部分，然后将选区内的图像拖入欢迎模块中。为了让拖入的模特图像与背景融合到一起，使用"橡皮擦工具"，选择"柔边圆"画笔在模特图像边缘涂抹，隐藏部分图像，并将图层的"不透明度"设置为70%，使画面显得更加唯美。

步骤06　使用相同的方法添加水花图像

为了表现商品洁面的功效，打开素材文件22.jpg，按照步骤05中的方法，在模特图像的左侧添加水花图像，得到"图层2"图层。同样，为了得到唯美的画面效果，将图层的"不透明度"设置为65%。

步骤07 绘制图形添加商品效果

完成水花图像的设置后，接下来就需要向欢迎模块中添加商品。在添加商品前，选择"矩形工具"，在欢迎模块中绘制不同大小的矩形，用于确定商品的摆放位置。执行"文件>置入嵌入的智能对象"菜单命令，将素材文件23.jpg～25.jpg置入到画面中。为了将多余图像隐藏，再分别选择置入的图像图层并创建剪贴蒙版效果。

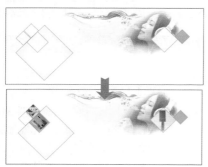

步骤08 创建"色阶"调整图层调整明暗

观察置入的商品图像，发现化妆品因拍摄时曝光不足，画面整体颜色偏暗。因此载入商品选区，创建"色阶1"调整图层，调整图像的亮度，使图像变得明亮起来。

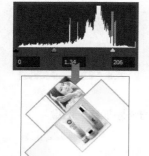 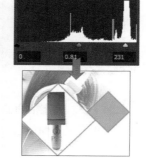

步骤09 加入更多素材图片

使用同样的方法，在欢迎模块中添加更多的素材图像。添加后选择"横排文字工具"，在画面中输入商品促销文字，为了让输入的文字更有层次感，可以结合"字符"面板对输入的文字进行大小、颜色的调整。

步骤10 使用"横排文字工具"输入分类信息

为了让顾客更加方便地选购商品，可加入分类导航模块。新建"分类导航"图层组，并在"分类导航"下新建"字1"图层组。使用"横排文字工具"在欢迎模块右下角单击并输入分类文字，选择"直线工具"，在主体文字和其他文字中间单击并向下拖曳鼠标，绘制垂直的线条效果。

步骤11 继续使用同样的方法添加分类信息

由于商品的分类并不止一种，所以在"分类导航"图层组下创建"字2"和"字3"图层组，结合"横排文字工具"和"直线工具"在画面中完成更多分类信息的设置。

步骤12 使用"横排文字工具"添加客服区文字

新建"客服"图层组，使用文字工具在分类模块下单击并输入客服区文字信息，完成后在"字符"面板中调整好文字的各项参数，使其和简洁清爽的风格统一。

步骤13 使用"直线工具"绘制线条

为了使客服看起来美观有创意，选择"直线工具"，在显示的选项栏中设置选项后，在需要添加旺旺客服图标的位置单击并拖曳鼠标，绘制倾斜的线条。打开素材文件28.psd，将旺旺头像分别放置到直线上，按下快捷键Ctrl+T，打开自由变换编辑框，将旺旺图像调整至合适的大小。

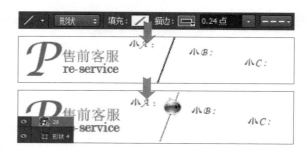

步骤 14 复制线条和旺旺图像

选中线条和旺旺图像所在图层，连续按下快捷键Ctrl+J，复制更多线条和旺旺图像，然后将复制的图像分别移至客服姓名旁边，得到更动感的客服区效果。

步骤 15 使用"矩形工具"绘制广告背景

新建"促销广告"图层组，设置前景色为R211、G221、B199，选择"矩形工具"，在旺旺客服下绘制矩形作为促销广告背景。

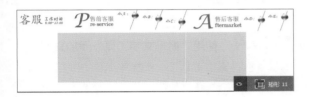

步骤 16 置入模特素材图像

执行"文件>置入嵌入的智能对象"菜单命令，把素材文件29.jpg置入到画面中。为了让置入的模特图像表现出自然的过渡效果，选择"画笔工具"，设置前景色为黑色，在模特图像边缘涂抹，隐藏部分图像。

步骤 17 隐藏图像添加商品介绍信息

经过上一步操作，虽然将一部分图像隐藏起来了，但是还有一些超出矩形的图像被显示出来。因此执行"图层>创建剪贴蒙版"菜单命令，创建剪贴蒙版，隐藏图像。选择"矩形工具"，在人物图像下方绘制多个同等大小的矩形，然后选用"横排文字工具"在矩形上方输入商品介绍信息，输入后单击"段落"面板中的"居中对齐文本"按钮，将文字设置为居中对齐效果，使画面显得更加紧凑。

步骤 18 创建促销广告2

为了使页面上、下两部分形成对称的画面感，创建"促销广告2"图层组，使用相同的方法，在装修页面底部也制作一个商品促销广告。

步骤 19 使用"钢笔工具"绘制不规则分隔线

新建"热卖商品"图层组，用于添加店铺中热卖的商品。为了营造轻松的画面感，在热卖商品区以S形曲线的布局安排内容，先创建"线"图层组，选择"钢笔工具"，在画面中绘制一条渐变形状的线条，然后将绘制的线条复制，结合"直接选择工具"对线条的外形轮廓进行设置，得到错位排列的线条。

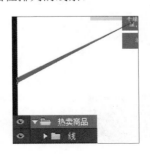

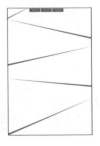

步骤20 置入水花素材图像

经过上一步操作，对热卖商品区进行了简单的划分，下面就是细节的处理。为了迎合商品清洁、爽肤的功效，创建"水花"图层组，执行"文件>置入嵌入的智能对象"菜单命令，将素材文件30.jpg置入到画面中，根据画面需要调整水花的大小和位置。

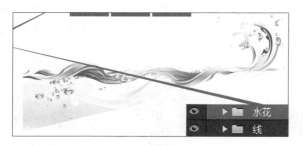

步骤21 使用图层蒙版拼合图像

由于这里只需要保留部分水花效果，因此选中置入的"30"图层，单击"图层"面板中的"添加图层蒙版"按钮，添加图层蒙版，使用黑色画笔在水花图像边缘涂抹，将多余的水花隐藏起来。

步骤22 设置"自然饱和度"调整水花颜色

观察图像发现添加到画面中的水花颜色不够鲜艳，为了增强画面的视觉冲击力，需要提高颜色鲜艳度。按住Ctrl键不放，单击"30"图层蒙版，将蒙版区域载入选区。创建"自然饱和度1"调整图层，打开"属性"面板，由于这里需要提高颜色鲜艳度，所以把"自然饱和度"和"饱和度"滑块向右拖曳。

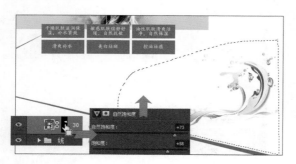

步骤23 使用"椭圆工具"绘制热销标签

接下来需要制作商品分类标题，选择"椭圆工具"在水花图像左侧的线条上单击并拖曳鼠标，绘制一个小圆。为了使画面风格更统一，把绘制的小圆颜色设置为R220、G241、B242，右击"椭圆1"形状图层，在弹出的快捷菜单中选择"栅格化图层"命令，栅格化形状。选择"橡皮擦工具"，把多余的圆形删除，得到热销标签背景。

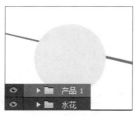 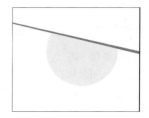

步骤24 使用"横排文字工具"添加文字

选择"横排文字工具"，在标签上单击并输入文字"热销单品"，输入后打开"字符"面板，为了方便顾客阅读，这里将标题文字的字体设置为工整的楷体。

步骤25 设置并输入商品序号

选择"横排文字工具"，在标签上单击并输入数字"1"，输入后打开"字符"面板，为了突出商品序号，将数字的字体设置为方正显仁简体，并把文字的字号设置为较大的90点。

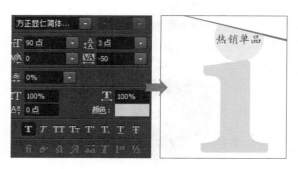

步骤26　加入商品图像

设置好商品的序号后，下面就可以向画面添加热卖商品了。执行"文件>置入嵌入的智能对象"菜单命令，把素材文件31.jpg置入到装修文件中，使用"钢笔工具"沿商品图像绘制路径，按下快捷键Ctrl+Enter，将路径转换为选区，单击"添加图层蒙版"按钮 █ ，隐藏多余的背景，把商品抠取出来。

步骤27　设置"亮度/对比度"

由于拍摄时曝光不足，照片中的商品看起来偏暗，而且感觉很脏，需要提亮。按住Ctrl键不放，单击"31"图层缩览图，载入商品选区。新建"亮度/对比度1"调整图层，在打开的"属性"面板中向右拖曳"亮度"滑块，快速提亮图像。

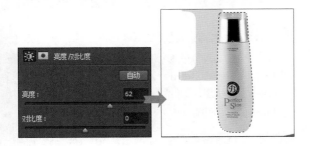

步骤28　设置"色阶"

经过上一步操作，虽然商品变亮了，但是感觉亮度还是不够。再次载入商品选区，新建"色阶3"调整图层，再一次对商品的亮度进行调整。

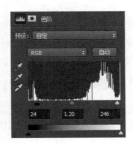 

步骤29　盖印图层添加投影

为了让添加到画面中的商品表现出立体的视觉效果，接下来还要为商品设置投影。按住Ctrl键不放，连续单击"31""亮度/对比度1""色阶3"图层，同时选中多个图层，按下快捷键Ctrl+Alt+E，盖印选中图层，得到"色阶3（合并）"图层。执行"编辑>变换>垂直翻转"菜单命令，垂直翻转图像，将其移至原商品图像下方，添加图层蒙版，使用黑色画笔涂抹，隐藏部分倒影，得到逼真的投影效果。

步骤30　添加更多商品图像

复制"色阶3（合并）"图层，结合图层蒙版编辑图层，得到更多的商品效果。为了让顾客了解商品的主要功效，需要添加模特图像展示使用商品后的效果，先使用"矩形工具"绘制一个灰色矩形。

步骤31　设置图层样式

绘制图形后，执行"图层>图层样式>光泽"菜单命令，打开"图层样式"对话框，在对话框中勾选"光泽"和"投影"复选框，然后在对话框右侧分别对这两个样式选项进行设置，设置后单击"确定"按钮。

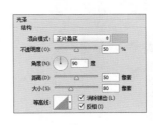 

步骤32 应用样式效果

返回图像窗口，此时可看到添加样式后的矩形表现出更强的光泽感。

步骤33 创建剪贴蒙版拼合图像

使用"矩形工具"在灰色矩形中间再绘制一个稍小一些的矩形，执行"文件>置入嵌入的智能对象"菜单命令，把素材文件32.jpg置入到装修文件中，执行"图层>创建剪贴蒙版"菜单命令，创建剪贴蒙版，隐藏多余的图像。

步骤34 用"曲线"调整图像亮度

观察置入的模特图像，发现模特的皮肤还不够白皙。按住Ctrl键不放，单击图层缩览图，将其载入至选区。新建"曲线1"调整图层，打开"属性"面板，在面板中分别选择RGB和"蓝"通道，由于这里要让皮肤变得更白，所以分别单击并向上拖曳曲线。

步骤35 添加更多的热卖商品

经过前面的操作，完成了商品及商品功能展示的设计。为了让顾客更清楚商品名称、价格、使用效果等，结合图形绘制工具和"横排文字工具"在商品右侧绘制图形，并输入对应的商品说明信息，最后使用相同的方法，在画面中添加更多热卖商品。

步骤36 用"矩形工具"绘制图形

为了提高顾客的信任度，可以在页面最底部添加售后服务信息。新建"售后服务"图层组，为了将商品展示与服务保证分隔开，使用"矩形工具"绘制矩形形状，放置在广告图下面，并且使用文字工具在矩形形状上单击并输入店铺徽标。

步骤37 绘制小圆和线条图案

使用"椭圆工具"在矩形下方绘制描边的圆形，然后按下快捷键Ctrl+J，复制多个圆形图案，得到并排的画面效果，再选择"直线工具"，在圆圈之间绘制线条图案。

步骤38 用"横排文字工具"输入服务信息

选择"横排文字工具"，在画面中输入售后服务信息。输入文字后，为了表现服务信息的主次关系，结合"字符"面板对输入文字的字号、颜色加以修饰，完成本实例的设计。